Kryptographie

Verfahren, Ziele, Einsatzmöglichkeiten

Kryptographie

Verfahren, Ziele, Einsatzmöglichkeiten

Gisbert W. Selke

O'REILLY ESSENTIALS

Beijing • Cambridge • Köln • Paris • Sebastopol • Taipei • Tokyo

Kommentare und Fragen können Sie gerne an uns richten:
O'Reilly GmbH & Co. KG
Balthasarstr. 81
50670 Köln
Tel.: 02 21/97 31 60 0
Fax: 02 21/97 31 60 8
E-Mail: kommentar@oreilly.de

1. Auflage 2000

Die Deutsche Bibliothek - CIP - Einheitsaufnahme
Ein Titeldatensatz für diese Publikation ist
bei der Deutschen Bibliothek erhältlich.

Lektorat: Kerstin Grebenstein, Köln
Korrektorat: Friederike Daenecke, Zülpich
Fachgutachter: Thomas Merz, München
Satz: Stefan Göbel, Reemers EDV-Satz, Krefeld
Umschlaggestaltung: Edie Freedman, Hanna Dyer & Risa Graziano, Boston
Produktion: TYPisch Müller, München
Belichtung, Druck und buchbinderische Verarbeitung: Freiburger Graphische Betriebe, Freiburg

ISBN 3-89721-155-6

Dieses Buch ist auf 100% chlorfrei gebleichtem Papier gedruckt

Inhaltsverzeichnis

Meinen Eltern,
Hannelore und Wilfried Selke,
die mir gezeigt haben,
daß Denken Spaß macht

Vorwort

Vertrauliche Kommunikation im Internet…

… kann es denn so etwas überhaupt geben? Eine per E-Mail gesendete Nachricht läuft über viele Zwischenstationen, ehe sie ihr Ziel erreicht, und niemand weiß, wer zwischendurch heimlich mitliest. Ganz ähnlich sieht es aus, wenn man im WWW etwas bestellen möchte und zur Bezahlung die Kreditkartennummer eingeben muß. Auch hier weiß niemand, wer da vielleicht lauschen könnte, und es ist noch nicht einmal auszuschließen, daß bei einer solchen Bestellung jemand heimlich Angaben wie etwa die Lieferadresse abändert. Berichte in Zeitungen und Zeitschriften über »Hacker« und andere finstere Eindringlinge in Datennetze scheinen diese Befürchtungen zu bestätigen. Ende September 1999 veröffentlichte die Wochenzeitschrift »Die Zeit« unter dem Titel »Verrat unter Freunden« einen ausführlichen Bericht darüber, wie der amerikanische Geheimdienst NSA deutsche Unternehmen abhört und die Ergebnisse an amerikanische Konkurrenzfirmen weiterleitet.

Diesen Gefahren kann man begegnen, indem man die Erkenntnisse der Kryptographie nutzt. Dies ist die Wissenschaft davon, wie man Nachrichten verschlüsselt. Während sie früher überwiegend von den Geheimdiensten praktiziert wurde, also in doppeltem Sinn eine »Geheimwissenschaft« war, ist sie in den vergangenen Jahrzehnten mehr und mehr aus deren Dunstkreis herausgetreten. Die Erkenntnisse der Kryptographie sind nun auch im Privat- und im Berufsleben verfügbar. Mehr noch: Ohne es zu merken, profitiert heute fast jedermann von ihren Ergebnissen, sei es beim Geldabheben am Bankautomaten, sei es beim Telefonieren mit einem GSM-Handy.

Dieses Buch soll Ihnen zeigen, mit welchen Methoden Sie selbst im Netz der Netze Vertraulichkeit herstellen können und wie Sie Ihre Daten vor Manipulationen schützen können. Die Sicherheit, die Sie so erreichen können, steht derjenigen in nichts nach, die Sie auch außerhalb der EDV-Welt gewohnt sind. Voraussetzung für den Erfolg ist allerdings, daß Sie die typischen Schwachstellen bei der Datenkommunikation und -speicherung kennen. Auch dabei will dieses Buch Ihnen helfen.

Für einen verantwortungsvollen Umgang mit Sicherheitsproblemen reicht es nicht aus, sich eine Liste der auf dem Markt angebotenen Verschlüsselungsprodukte anzusehen. Vielmehr muß man die grundlegenden Konzepte und Strategien kennen, die die Kryptographen im Laufe der Zeit entwickelt haben. Nur so hat man eine Chance, die Qualität von Software-Systemen zur Verschlüsselung beurteilen zu können, und nur so kann man sicherstellen, daß ein Erzeugnis auch richtig eingesetzt wird. Deswegen verzichtet dieses Buch darauf, einzelne Produkte zu beschreiben oder Benutzungsanleitungen zu geben. Statt dessen werden die zentralen Begriffe und Verfahren der Kryptographie sowie ihre Einsatzbereiche dargestellt.

Hierbei tut sich allerdings ein Dilemma auf: Einerseits ist die Verschlüsselungskunst durch mathematische Methoden geprägt, andererseits halbiert jede Formel in einem Buch die Anzahl der Leser, wie schon der Astrophysiker Stephen Hawking bemerkte. Die zugrundeliegenden Ideen lassen sich jedoch *fast* ohne Formelapparat greifbar machen, und deswegen läßt sich dieses Buch auch ohne Mathematikkenntnisse lesen. Wer Spaß an den technischen Einzelheiten bekommt, findet aber an vielen Stellen Verweise auf aktuelle weiterführende Literatur.

Für wen ist dieses Buch gedacht?

Dieses Buch wendet sich an alle EDV- und Internet-Anwender, die ein berufliches oder privates Interesse am Schutz ihrer Daten haben. Hinzu kommen Studierende von Mathematik und Informatik, die einen ersten Einstieg in ein hochaktuelles und sich schnell entwickelndes Forschungsgebiet finden wollen. Durch den weitgehenden Verzicht auf technische Einzelheiten ist dieses Buch aber auch für Studierende aller anderen Fachrichtungen geeignet, denn es schafft eine Grundlage für eine informierte Diskussion über Möglichkeiten und Grenzen von Datenschutz und -sicherheit.

Zum Adressatenkreis gehören aber ganz besonders auch alle diejenigen, die in Unternehmen oder Organisationen Verantwortung für die Datensicherheit tragen. In dem eingangs erwähnten »Zeit«-Artikel beklagen Verfassungsschützer

»mangelndes Problembewußtsein« bei deutschen Unternehmen und stellen fest, »daß es nur ein einziges Mittel gegen das Abhören gebe: alle wichtigen Nachrichten verschlüsseln«. Die Lektüre dieses Buches kann Angestellten im IT-Bereich und im mittleren Management, die dieses Problembewußtsein entwickelt haben, zur Orientierung dienen.

Schließlich versetzen die Inhalte auch JuristInnen und Datenschutzbeauftragte in die Lage, Sicherheits- und Datenschutzkonzepte kompetent zu bewerten.

Mein Dank geht an...

alle diejenigen, die mir auf die eine oder andere Weise beim Schreiben dieses Buches geholfen haben, manchmal auch ohne es selbst zu wissen. Hier sind die ReferentInnen und TeilnehmerInnen zweier Seminare zur Kryptopolitik zu nennen, die unter der Leitung von Prof. Dr. Peter A. Henning stattgefunden haben. Mein besonderer Dank geht darüber hinaus an Jörg Brust, Christoph H. R. Lankers, Thomas Merz, Dr. Martina Niemeyer, Helmut Schröder und Harald Selke, die das Manuskript gelesen und mir unschätzbare Hinweise gegeben haben, um es zu verbessern. Spezieller Dank gebührt Kerstin Grebenstein vom O'Reilly Verlag, die mit ihrem Engagement sowohl beim Konzipieren dieses Buches wie auch bei ungezählten Detailfragen wesentlich dazu beigetragen hat, es verständlicher und lesbarer zu machen. Schließlich geht mein Dank an alle diejenigen, die mich während des Niederschreibens verständnisvoll ertragen haben.

Gisbert W. Selke, Bonn, im Winter 1999/2000
PGP-Fingerprint: D1DA 5710 506B 7F78 D929 DE9F 9F79 E090

Sichere Kommunikation durch Kryptographie

1

1.1 Verschlüsselung als effektiver Schutz beim Datenaustausch

Eine der wichtigsten Grundlagen der menschlichen Gemeinschaft ist die Sprache. Mit ihrer Hilfe können wir anderen etwas mitteilen: Wir können einzelnen Empfängern Mitteilungen machen wie »Heute abend läuft der neue ›James Bond‹ im Kino« oder ihnen Anordnungen geben, wie etwa »Gib mir einen Martini – gerührt, nicht geschüttelt«. Gelegentlich dient eine sprachliche Handlung auch dazu, eine Verpflichtung einzugehen oder anzuerkennen: »Ich stehe Ihrer Majestät ganz zu Diensten.«

Manchmal wendet sich der Absender einer Nachricht auch an einen größeren Kreis von Empfängern, den er vielleicht selbst nicht genau kennt, wie beispielsweise Ian Fleming beim Schreiben seiner Bücher.

All diese Kommunikationsvorgänge, ob sie sich nun der gesprochenen oder der geschriebenen Sprache bedienen, haben eines gemeinsam: Ein Sprechakt kommt selten allein. Häufig ist er eingebunden in einen Austausch einer Serie von Nachrichten zwischen zwei oder mehreren Personen, die im Wechsel die Rolle von Sender und Empfänger übernehmen. Mitunter stehen sich die Beteiligten direkt gegenüber, aber oft kommunizieren sie über ein Medium miteinander. Waren früher einmal Boten die einzige Möglichkeit, Nachrichten an einen Partner in der Ferne zu senden, stehen uns heute Telefon, Fax, Brief, E-Mail usw. zur Verfügung.

So alltäglich die Kommunikation für uns ist, wird uns doch immer wieder klar, wieviel dabei mißlingen kann. Dazu gehört nicht nur, daß ein Empfänger unsere Mitteilung gelegentlich anders versteht, als wir es beabsichtigt hatten. Dazu gehört vielmehr auch, daß sich unerwünschte Dritte in die Unterhaltung einschalten. Ein vertrauliches Gespräch kann belauscht werden, ein Brief in falsche Hände gelangen. Andererseits kann eine Nachricht, die wir erhalten, während der Übermittlung verfälscht worden sein, sei es versehentlich (etwa, weil ein Fax nur teilweise angekommen ist), sei es absichtlich (wie z.B. Hamlet eine Botschaft an den englischen König verändert, so daß dieser zwei Unschuldige an seiner Statt umbringen läßt). Und schließlich können wir gefälschte Nachrichten erhalten, die gar nicht von dem Absender kommen, von dem sie zu stammen scheinen, wie etwa die teuflische Mitteilung »Ihr Mann ist tot und läßt Sie grüßen« [Goethe 1808].

Die Grundmuster der Kommunikation haben sich im Laufe der Zeit wenig verändert. Auch die angesprochenen Probleme, die bei der Kommunikation auftreten können, sind keineswegs neu. Spione, staatliche Zensurbehörden und Fälscher dürften mit zu den ersten zivilisatorischen Errungenschaften der Menschheit gehören, und genauso alt sind auch die Bemühungen, die durch sie entstehenden Schwierigkeiten zu umgehen.

Seit Jahrtausenden werden vertrauliche Nachrichten deshalb durch zuverlässige Kuriere übermittelt und geheime Geschäftsunterlagen beispielsweise in dicken Tresoren aufbewahrt. Bereits im klassischen Altertum sind Nachrichten aber auch *verschlüsselt* worden, um sie vor fremden Augen zu schützen. Caesar bediente sich beispielsweise einer Geheimschrift, um dem römischen Senat über seine Leistungen als Kriegsheld zu berichten. Dazu vertauschte er nach einer einfachen Regel die einzelnen Buchstaben des lateinischen Alphabets, so daß der Text für einen Uneingeweihten wie ein unsinniger Buchstabensalat aussah.[1]

Wurde eine solcherart verschlüsselte Nachricht von einem Gegner abgefangen, war dessen Ärger groß. Entziffern konnte er den Text nicht, und auch jeder Versuch, den Inhalt der Botschaft aus ihrem Überbringer herauszuquetschen, war zwecklos, weil der Bote diesen Inhalt selbst nicht kannte. Aber alles, was *ein* Mensch an Schutzmaßnahmen ersinnt, kann grundsätzlich von einem *anderen* überwunden werden. So bildeten sich im Laufe der Zeit Spezialisten heraus, die abgefangene Geheimnachrichten mit mehr oder weniger Erfolg zu knacken versuchten. Um sich vor ihnen zu schützen, mußte die Gegenseite ausgeklügeltere Geheimschriftverfahren entwickeln. Damit war eine »Verschlüsselungsspirale« in Gang gesetzt. Die »Entschlüsseler« versuchten, aus irgendwelchen Anhaltspunkten in verschlüsselten Nachrichten auf den ursprünglichen Text zu

1 Wie die Caesar-Chiffrierung funktioniert, wird in Abschnitt 2.1 über klassische Verschlüsselungsverfahren beschrieben.

schließen, und die »Verschlüsseler« bemühten sich, dem Gegner immer weniger solcher Anhaltspunkte zu liefern.

Dieses Wettrennen, das mit der Erfindung der Verschlüsselung im Altertum begonnen hat, ist auch heute noch nicht beendet. Im Laufe der Jahrhunderte ist so die Wissenschaft von der *Kryptographie* entstanden. Das Wort leitet sich aus den griechischen Wörtern »krypto« (ich verberge) und »graphe« (das Schriftstück) ab. Streng genommen muß man zwischen der *Kryptographie* im engeren Sinne, die sich mit der *Ver*schlüsselung von Texten befaßt, und der *Kryptanalyse* unterscheiden, die die *Ent*schlüsselung fremder Texte zum Gegenstand hat. Wie eng diese beiden Gebiete, für die man zusammenfassend auch das Wort *Kryptologie* benutzt, zusammenhängen, zeigt sich daran, daß es kaum einen guten Krypto*graphen* gibt, der nicht auch als Krypt*analytiker* gearbeitet hat. Wir werden das Wort Kryptographie immer im weiteren Sinne für das gesamte Gebiet verwenden, denn der Schwerpunkt dieses Buches liegt ohnehin auf der *Ver*schlüsselung, auch wenn an vielen Stellen kryptanalytische Erkenntnisse einfließen.

Je weiter sich die kryptographische Wissenschaft entwickelte, desto systematischer gingen die Kryptographen vor. Heute sind die Grundlagen der Kryptographie stark mathematisch geprägt. Besonders die Entwicklung neuer Verfahrenstypen wie etwa der Public-Key-Verschlüsselung (siehe Abschnitt 2.3) setzt tiefe zahlentheoretische Kenntnisse voraus, denn hier werden komplizierte Gesetzmäßigkeiten des Rechnens mit natürlichen Zahlen ausgenutzt, um den Rückschluß vom verschlüsselten auf den ursprünglichen Text möglichst schwer zu machen. Das gebräuchlichste Public-Key-Verfahren, das unter dem Kürzel RSA bekannt ist, verwendet z.B. Primzahlen mit einer Länge von mehreren hundert Ziffern zur Verschlüsselung von Texten.

Solche Methoden sind nur praktikabel, weil in den letzten dreißig Jahren die Möglichkeiten, die den Verschlüsselern wie auch den Entschlüsselern zu Verfügung stehen, immens gewachsen sind. Dadurch, daß die Rechenleistung von Computern überall zur Verfügung steht, kann die heutige Kryptographie auf ganz andere, wesentlich aufwendigere und sicherere Verfahren als früher zurückgreifen. So können heute auch Privatleute und kleine Betriebe zum Schutz ihrer Interessen Mittel einsetzen, die noch vor wenigen Jahrzehnten nicht einmal den großen Geheimdiensten zur Verfügung standen. Man muß aber weder Mathematiker noch Software-Spezialist sein, um im Alltag moderne Verschlüsselungstechniken einzusetzen, denn sie lassen sich maßgeschneidert in bedienungsfreundliche Software integrieren.

Sicherheitsbehörden und Geheimdienste sehen es jedoch nicht so gern, daß gute kryptographische Verfahren für jedermann verfügbar sind. Um Straftaten aufzuklären oder um gesetzeswidrige Aktivitäten bereits in der Planungsphase zu verhindern, betreiben sie nationale und sogar internationale Netze zum großflächigen Abhören von Telekommunikation. Zudem sollen militärische Abschirmdienste auf internationaler Ebene die Kommunikation in fremden Ländern daraufhin überwachen, ob sich irgendwelche zwischenstaatlichen Krisen abzeichnen und welche militärischen Schritte ein potentieller oder realer Gegner unternimmt. Beispielsweise hat bereits im Zweiten Weltkrieg diese Art von »information warfare« kriegsentscheidende Bedeutung gehabt, denn den Briten und Polen war es gelungen, verschlüsselte Befehle und Berichte der deutschen Wehrmacht zu entziffern.[2]

Die freie Verfügbarkeit guter Verschlüsselungsverfahren läßt die Sicherheitsbehörden befürchten, die »organisierte Kriminalität« könne nun im Schutze der Kryptographie ihre finsteren Pläne schmieden und verbrecherische Regime könnten ungehindert Kriegs- und Terrorakte planen. Deswegen haben Regierungen und ihre Behörden immer wieder versucht, den Einsatz kryptographischer Verfahren zu behindern.[3]

Solche Versuche treffen allerdings nicht nur kriminelle Organisationen, sondern auch den einzelnen Bürger in seinem Recht auf informationelle Selbstbestimmung und in seinem grundgesetzlich garantierten Anspruch auf Privatheit der Kommunikation. Deswegen hat es zwischen Staatsschützern und Bürgerrechtlern immer wieder kontroverse Diskussionen darüber gegeben, wie stark diese Rechte begrenzt werden dürfen.

Die Debatten sind sicherlich auch mit dem Eckpunktepapier noch nicht beendet, in dem sich die deutsche Bundesregierung im Frühsommer 1999 dazu bekannt hat, die freie Verfügbarkeit von Verschlüsselungstechniken zu fördern. Auch von staatlicher Seite wird also anerkannt, daß Wissenschaft, Wirtschaft und Individuen die Möglichkeit haben müssen, sensible Informationen zu schützen. Kryptographen und Politiker sind sich mittlerweile darin einig, daß ein effektiver Schutz von Daten nur auf einem Wege zu leisten ist: Nur Verschlüsselung kann sichere Kommunikation und Datenspeicherung garantieren.

2 Genaueres über die deutsche Enigma-Maschine findet sich in Kapitel 2.1.

3 Siehe Kapitel 8 über rechtliche Rahmenbedingungen.

1.2 Die Einsatzgebiete der Kryptographie

Die Art und vor allem die Menge der Daten, die schützenswert sind, haben sich mit der zunehmenden Verbreitung elektronischer Datenverarbeitung, -speicherung und -übermittlung deutlich gewandelt. Dementsprechend sind auch die Einsatzgebiete der Kryptographie gewachsen. Sowohl im Berufs- als auch im Privatleben müssen Informationen vor unberechtigtem Zugriff und vor Manipulation geschützt werden. Verschlüsselungstechniken werden deshalb keineswegs nur in der Halbwelt von Geheimdiensten und Gangstern verwendet, sondern in zunehmendem Maße auch im Alltag. Wichtige Einsatzgebiete für diese Verfahren sind z.B. die folgenden:

Sensible Daten in der Wissenschaft

- Wissenschaftler, die in einer räumlich verteilten Arbeitsgruppe eine wissenschaftliche Veröffentlichung vorbereiten, müssen beispielsweise hochaktuelle Daten schnell und sicher per E-Mail an ihre Kollegen schicken können, ohne daß konkurrierende Forscher die Daten zu sehen bekommen.
- Medizinische Untersuchungsergebnisse eines Patienten müssen an einen weit entfernt wohnenden Experten gesendet werden können, aber diese Angaben sollten nicht publik werden.
- Ein Forscher, der elektronisch gespeicherte oder übertragene Meßdaten aus einer Vorstudie benutzen möchte, um damit Forschungsgelder zu beantragen, muß sicherstellen können, daß diese Daten nicht von einem mißgünstigen Konkurrenten verändert werden können.
- Personenbezogene Daten müssen für Forschungszwecke genutzt werden können, aber niemand darf dabei in seinem Grundrecht auf informationelle Selbstbestimmung beeinträchtigt werden. Dies betrifft beispielsweise Befragungsaktionen, aber auch Informationen über den Gesundheitszustand oder die Einkommenssituation.

Abwicklung von Geschäftsvorgängen

- Ein Manager muß einem Geschäftspartner oder einer Tochterfirma vertrauliche Vertrags- oder Verhandlungsunterlagen zukommen lassen können, ohne daß Konkurrenten sie zu Gesicht bekommen.
- Firmen mit Zweigstellen an verschiedenen Orten müssen ihre Rechner miteinander vernetzen können, aber der firmeninterne Datenverkehr sollte so vertraulich bleiben, als fände er in einem lokalen Netzwerk statt.

- Ein Anbieter von Waren oder Dienstleistungen im WWW will sicherstellen, daß eine Bestellung nicht fingiert ist, daß sie also wirklich von demjenigen kommt, der sich als Absender ausgibt. Beispiele hierfür sind der Versand von Gütern wie Büchern, Kleidungsstücken oder Pizza, aber auch elektronische Nachschlagewerke und Auskunftsdienste, etwa Presseagentur-Meldungen.
- Ein Anbieter von Software oder von digital vermarkteten Musikstücken im MP3-Format möchte vermeiden, daß seine Produkte von unehrlichen Kunden unbeschränkt vervielfältigt werden.
- Ein Anbieter muß verhindern, daß ein Kunde nachträglich in betrügerischer Absicht abstreitet, etwas bestellt zu haben.
- Sowohl ein Anbieter als auch sein Kunde haben ein Interesse daran, daß eine Bestellung nicht von Dritten manipuliert werden kann. Jemand könnte etwa die Lieferadresse bei einer Warenbestellung zu verändern versuchen.

Vertrauliche Informationen im Privatleben

- Wer eine Bestellung per WWW oder per E-Mail aufgibt und mit der Kreditkarte bezahlen möchte, will vermeiden, daß seine Kreditkartennummer in falsche Hände gerät.
- Jemand, der seine Steuererklärung per E-Mail an das Finanzamt sendet, will nicht, daß seine Einkommensangaben von Unbefugten gelesen werden. Außerdem sollten diese Angaben von niemandem verändert werden können, denn eine Veränderung der Einkommensangaben nach oben wie nach unten könnte sehr unangenehme Folgen haben.
- Angesichts dessen, daß Computerviren auch durch E-Mail versendet werden können, sollte man bei einer ausführbaren Datei, die per E-Mail von einem vertrauenswürdigen Freund kommt, sicher sein, daß dieser Freund wirklich der Absender ist. Die bloße Absenderangabe in der Mail reicht dafür nicht aus.
- Private Daten auf der Festplatte eines Rechners müssen sich so speichern lassen, daß sie vor fremden Augen sicher sind. Dabei ist es nebensächlich, ob es sich um Angaben über finanzielle Transaktionen, die Telefonnummern diverser Liebschaften oder Entwürfe eines selbstgeschriebenen Gedichts für den ganz persönlichen Lieblingsmenschen handelt.

1.3 Die Ziele der Kryptographie: Vertraulichkeit, Integrität und Authentizität

So unterschiedlich die Lebensbereiche sein mögen, aus denen die beispielhaft aufgezählten Situationen stammen, haben sie doch vieles gemeinsam. Drei Grundfragen treten darin immer wieder auf, manchmal isoliert, manchmal auch in Kombination:

- Wie kann man Nachrichten (oder Texte, Datensammlungen oder ähnliches) vor Fremden geheimhalten? Wie kann man also *Vertraulichkeit* erreichen?
- Wie kann man Texte und Daten vor unerlaubten Manipulationen schützen? Mit anderen Worten: Wie sichert man die *Integrität* von Texten und Daten?
- Wie kann man vermeiden, daß der Urheber einer Nachricht eine falsche Identität vorspiegelt? Anders formuliert: Wie läßt sich die *Authentizität* einer Nachricht sicherstellen?

Mit diesen Grundfragen setzt sich die Kryptographie auseinander. Wenn man sich mit einer oder mehreren dieser Fragen konfrontiert sieht, lohnt es sich, nach einer Antwort im Einsatz kryptographischer Methoden zu suchen. Dazu muß man aber die Struktur des jeweiligen Problems zunächst noch genauer analysieren.

Vertraulichkeit: Schutz vor fremden Augen

In den vergangenen Jahren ist öffentlich viel über Datenschutz gesprochen und gestritten worden. Es ist für uns unmittelbarer Ausdruck unserer Menschenrechte, daß wir Gespräche unter vier Augen führen können, daß wir gezielt einzelnen Menschen große und kleine Geheimnisse anvertrauen können und daß unsere Briefe an einen Freund oder eine Geschäftspartnerin nicht von Dritten gelesen werden. Das Grundgesetz garantiert das Brief-, Post- und Fernmeldegeheimnis (Art. 10(1)) und die Unverletzlichkeit der Wohnung (Art. 13(1)). Und doch werden diese Grundrechte auf verschiedene Weise ausgehöhlt und durchbrochen. Beim »Großen Lauschangriff« beispielsweise, der in Deutschland sehr kontrovers diskutiert worden ist, sind der Polizei weitgehende Rechte zum Abhören von Bürgern eingeräumt worden, selbst wenn keine konkreten Verdachtsmomente auf Straftaten vorliegen.[4] Einen weiteren Eingriff in das Fern-

---

4 Weitere Informationen zur Abhörtätigkeit deutscher Behörden finden Sie im Abschnitt *Die Fernmelde-Überwachungs-Verordnung* in Kapitel 8.2.

meldegeheimnis stellt die systematische Belauschung grenzüberschreitender Telefonate unter anderem durch den US-amerikanischen Geheimdienst dar, die unter dem Kodenamen »Echelon« bekannt geworden ist.[5]

Aber nicht nur Individuen werden durch Lauschangriffe bedroht, sondern auch ganze Unternehmen können zum Opfer werden, denn Industriespione können elektronische Datenübertragungen abhören. Für eine Firma, die sich auf eine Ausschreibung hin bewerben möchte, wäre es ein großer Vorteil, die Angebote der Mitbewerber zu kennen. Sie könnte dann das eigene Angebot gerade so formulieren, daß es ein klein wenig günstiger als die Konditionen der Mitbewerber wäre. Mit ein bißchen Industriespionage könnte eine Firma sich so den Zuschlag sichern. Auf diese Weise wurde beispielsweise vor einiger Zeit ein deutsches Firmenkonsortium bei einer Ausschreibung der südkoreanischen Regierung aus dem Rennen geworfen.[6]

Wer sich vor derlei Lauschangriffen im privaten oder im Geschäftsleben schützen will, muß sich also fragen:

Wie kann ich einem Partner eine Mitteilung zukommen lassen, die außer ihm niemand lesen kann?

In der kryptographischen Literatur werden derartige Fragen und die Situationen, in denen sie auftreten, oft mit Hilfe einiger fiktiver Personen beschrieben. Auch unübersichtlichere Kommunikationssituationen lassen sich dadurch kompakt und verständlich beschreiben. Dabei werden die beiden eigentlichen Partner eines Nachrichtenaustauschs als Alice und Bob bezeichnet. Hinzu kommt häufig die Figur des bösen Mallory, der den Nachrichtenverkehr zwischen Alice und Bob belauscht.[7] Mit dieser Sprachregelung läßt sich die eben gestellte Frage nun so umformulieren:

Wie kann Alice eine Mitteilung an Bob senden, ohne daß Mallory sie lesen kann?

Dabei sollte es unerheblich sein, ob Mallory die Botschaft nur versehentlich zugestellt bekommt oder ob er sie sich gezielt durch Lauscherei besorgt.

---

5 Ausführliche Informationen finden Sie bei Ruhmann und Schulzki-Haddouti [1998] sowie Ruhmann [1998].

6 Kapitel 6, *Sicherheitsbewußte Organisation von Abläufen*, enthält weitere Angaben zu diesem Vorfall.

7 Der Name »Mallory« soll an das englische Wort »malicious« (bösartig) erinnern.

Häufig reicht es aus, daß die Vertraulichkeit nur während des Transports der Meldung gewährleistet wird. Hat Bob sie zur Kenntnis genommen, kann er die Nachricht möglicherweise vernichten. Vielleicht will er diese oder andere Daten aber auch über einen langen Zeitraum hinweg speichern, z.B. Buchhaltungsdaten seiner Firma oder das geheime Rezept zur Herstellung einer süßen braunen Limonade. Bob fragt sich dann:

Wie kann ich meine Daten so aufbewahren, daß Mallory auch nach vielen Jahren keinen Zugriff darauf erlangen kann?

Eine weitere Frage wirft der Schutz personenbezogener Daten auf. Hier muß häufig eine Interessensabwägung stattfinden: Auf der einen Seite steht der einzelne Mensch, dem wir ein Recht auf »informationelle Selbstbestimmung« zugestehen, auf der anderen Seite gibt es legitime Rechte von Gemeinschaften auf statistische Erhebungen. Beispielsweise hat Alice wahrscheinlich kein Interesse daran, daß ihre Krankenversicherung Einzelheiten ihrer ärztlichen Behandlung analysiert und aufgrund dieser Erkenntnisse ihren Vertrag kündigt, oder daß ihr Arbeitgeber Details über ihre Krankheiten erfährt. Andererseits kann es sehr sinnvoll sein, zu erforschen, ob die Einnahme gewisser Arzneimittel gehäuft zu bestimmten Komplikationen führt. Dies kann sowohl für Alice als Individuum wie auch für die Gemeinschaft insgesamt eine nützliche, möglicherweise lebenserhaltende Information sein. Für derartige Untersuchungen ist es jedoch oft unerheblich, die Namen der betreffenden Personen zu kennen, denn es reicht zu wissen, daß die Arzneimitteleinnahme und die unerwünschte Nebenwirkung bei jeweils demselben Menschen aufgetreten sind. Wäre Bob Gesundheitsforscher, könnte er sich hier also fragen:

Wie kann ich personenbezogene Datensätze so durch ein Pseudonym kennzeichnen, daß ich die Zusammengehörigkeit von Daten erkennen kann, ohne aber erschließen zu können, auf wen konkret sie sich beziehen?

Hat er dies erreicht, ist Alices persönlichem Schutzinteresse Genüge getan.

Kapitel 2 über Verfahren zur Gewährleistung von Vertraulichkeit zeigt, wie alle diese Fragen mit den Mitteln der Kryptographie beantwortet werden. Dort sind die Methoden beschrieben, wie man die eigentliche Nachricht, den *Klartext*, in eine verschlüsselte Form, den *Geheimtext*, überführen kann, so daß ein Fremder den ursprünglichen Text nicht mehr erkennen kann. Der Vorgang des Verschlüsselns wird auch als *Chiffrieren*, der des Entschlüsselns als *Dechiffrieren* bezeichnet.

Welche Methode man konkret auswählt, hängt allerdings von der genauen Fragestellung ab. Wenn beispielsweise Bob seine Daten langfristig schützen will, muß er ein Verfahren wählen, das auch langfristige Sicherheit bietet. Er könnte also das in Kapitel 2.2 beschriebene IDEA-Verfahren wählen. Will er hingegen mit vielen verschiedenen Leuten Nachrichten austauschen, bietet sich eher eines der in Kapitel 2.4 dargestellten Hybridverfahren an. Geht es ihm hingegen nur um das Unkenntlichmachen (Pseudonymisieren) gewisser Informationen, reicht vielleicht schon eine der in Kapitel 3.1 beschriebenen Hashfunktionen aus. Um die richtige Auswahl treffen zu können, ist es also bei der Planung eines sicheren Systems oder Prozesses wichtig, sich über das genaue Ziel klar zu werden.

Bei den bisher geschilderten Fragestellungen kam es den Beteiligten nur darauf an, daß der Gehalt der Daten vor Lauschern verborgen blieb. In vielen Situationen wird das tatsächlich ein ausreichendes Maß an Vertraulichkeit bieten. Aber schon die Tatsache, daß zwei Partner überhaupt miteinander kommunizieren – und das auch noch so, daß niemand mithören kann –, kann in manchen Fällen verdächtig sein. Alice fragt also möglicherweise auch:

Wie kann ich mit Bob kommunizieren, ohne daß jemand bemerkt, daß wir uns vertraulich etwas mitzuteilen haben? Wie kann ich vielleicht sogar verhindern, daß jemand überhaupt bemerkt, daß wir miteinander kommunizieren?

Diese Frage steht zwar nicht im Zentrum der kryptographischen Forschung, hat aber doch mit unserer Suche danach zu tun, wie man vertrauliche Kommunikation sicherstellen kann. Deswegen finden Sie in Kapitel 4 einige Anmerkungen dazu, wie man mit nicht-kryptographischen Methoden vertrauliche Daten schützen kann. Der bekannteste dieser Verfahrenstypen, die *Steganographie*, versteckt sensible Informationen in größeren Mengen unauffälliger Daten wie beispielsweise digitalisierten Bildern.

Integrität: Schutz vor Manipulation

Unabhängig davon, ob eine Nachricht nun vertraulich ist oder nicht, haben wir normalerweise ein großes Interesse daran, daß sie beim Empfänger unverändert ankommt. Schon das Hinzufügen oder Weglassen eines einzelnen Satzzeichens kann den Sinn eines Satzes entscheidend ändern: »Du triffst mich morgen[,] nicht?« Einzelne Wörter, die in eine Botschaft eingefügt werden, können offensichtlich ebenfalls zu ganz anderen Bedeutungen führen.

Eine Abänderung ganz zu verhindern ist zwar ohne weiteres nicht möglich, zumindest sollte der Empfänger aber erfahren können, daß etwas faul ist. Alice stellt sich also die Frage:

Wie kann ich Bob eine Nachricht so schicken, daß er sicher erkennen kann, ob sie von jemandem verändert worden ist?

Gerade für den Geschäftsverkehr ist eine befriedigende Antwort auf diese Frage wichtig. Eine Banküberweisung, bei der der Betrag durch Verschieben eines Kommas verändert oder die Nummer des Empfängerkontos modifiziert wurde, ist nur eins von vielen Beispielen.

Wir sind hier davon ausgegangen, daß die Verifikation der Nachricht von einem einzelnen Empfänger vorgenommen werden sollte. Mitunter wendet sich die Nachricht jedoch an viele verschiedene Empfänger. Der Absender fragt sich dann also:

Wie kann ich vielen Leuten auf einen Schlag eine Nachricht senden, so daß sie allesamt in der Lage sind, die Unversehrtheit des Übermittelten zu prüfen?

Individuelle, geheime Absprachen über ein Verifikationsverfahren scheiden hier aus. Das Verfahren sollte so beschaffen sein, daß jeder leicht die Überprüfung vornehmen kann. Andererseits muß es für einen Fälscher praktisch unmöglich sein, eine gefälschte Nachricht zu konstruieren, die der Überprüfung standhält.

Eine etwas altmodische Form, sich vor unbemerkten Manipulationen zu schützen, besteht (zumindest in der individuellen Kommunikation) darin, Briefe zu versiegeln. Erhält der Empfänger den Brief mit bereits erbrochenem Siegel, muß er damit rechnen, daß andere den Inhalt kennen und ihn möglicherweise auch geändert haben. In der schriftlichen Kommunikation haben wir noch weitere Möglichkeiten entwickelt, Änderungen zu bemerken: Wir schreiben die Nachrichten nicht mit dem Bleistift, weil der sich leicht ausradieren läßt. Wir schreiben mit der Hand, so daß Änderungen durch Dritte leichter auffallen. Wir sorgen dafür, daß keine Leerräume bleiben, in die jemand anderes Text einfügen könnte, und vor allem: Wir wollen Originale sehen, keine Kopien oder Faxe, an denen Manipulationen viel besser vertuscht werden können.

Leider lassen sich all diese Techniken nicht ohne weiteres auf den elektronischen Nachrichtenaustausch übertragen. Gerade die unbegrenzte Kopierbarkeit und die Akkuratesse, mit der elektronische Manipulationen vorgenommen werden können, erfordern gute Schutzmechanismen. Glücklicherweise gibt uns die

Kryptographie auch hier Mittel an die Hand, um unbemerkte Änderungen zu verhindern. Eine Möglichkeit ist einfach die Verschlüsselung des zu sichernden Texts, wie wir in Kapitel 2 sehen werden. Eine andere Möglichkeit besteht darin, für den Text eine Art elektronischen Fingerabdruck zu erstellen, der auf sehr kompaktem Raum[8] den Text charakterisiert. Kennt der Empfänger diesen Fingerabdruck, kann er selbst überprüfen, ob er zu dem tatsächlich erhaltenen Text paßt. Natürlich muß dabei sichergestellt werden, daß der Fingerabdruck selbst nicht modifiziert worden ist. Mehr zu diesen Verfahren finden Sie in Kapitel 3.

Authentizität: Schutz vor falschen Absendern

Mit der Frage der Integrität ist auch die der »Echtheit« verknüpft. So wird Bob sich beim Erhalt einer Nachricht möglicherweise zunächst einmal fragen:

Wie kann ich sicher sein, daß diese Botschaft wirklich von Alice stammt und nicht etwa von jemand anderem frei erfunden worden ist?

Auch diese Frage ist im herkömmlichen Schriftverkehr praktisch geregelt: Die Unterschrift stellt sicher, daß der Absender stimmt. Dies setzt voraus, daß der Empfänger die wirkliche Unterschrift kennt oder zumindest bei Bedarf nachprüfen kann. Natürlich lassen sich Unterschriften dennoch fälschen; deswegen reicht beispielsweise bei manchen finanziellen Transaktionen die bloße Unterschrift nicht aus. Man verlangt dann Ausweise, notarielle Beglaubigungen usw.

Auch diese Mechanismen lassen sich nicht leicht in den elektronischen Verkehr übertragen. Um eine E-Mail mit falschem Absender zu versenden, braucht man kein ausgefuchster »Hacker« zu sein. Und um ein elektronisch gespeichertes Textdokument mit der »Unterschrift« eines anderen zu versehen, braucht man nur ein einziges Exemplar dieser Unterschrift lange genug in der Hand zu haben, um es einzuscannen.

Daß die Authentizität elektronischer Dokumente nicht leicht sichergestellt werden kann, kann auch die tatsächliche Unterzeichnerin Alice ausnutzen. Sie kann versuchen, sich später damit herauszureden, die Unterschrift stamme nicht von ihr, sondern sei von Bob gefälscht worden. Deswegen läßt sich die oben von Bob gestellte Frage auch »gegen den Strich« lesen. Bob hat nämlich möglicherweise auch ein Interesse an folgendem:

---

8 Typischerweise haben solche Fingerabdrücke eine Länge bis zu 20 Byte.

Wie kann ich sicherstellen, daß Alice nicht später einmal leugnet, daß sie mir diese Botschaft gesendet hat?

Auch eine »normale« handschriftliche Unterzeichnung hat ja oft eine Doppelfunktion: Erstens soll bewiesen werden, daß die Unterzeichnerin wirklich die dazu berechtigte Person (nämlich Alice) ist; andererseits soll Alice daran gehindert werden, sich später aus eingegangenen Verpflichtungen davonzustehlen.

Authentizität läßt sich sowohl durch Verschlüsselung als auch durch ein Verfahren realisieren, das mit den bereits erwähnten »Fingerabdrücken« verwandt ist. In der Fachliteratur werden solche Fingerabdrücke mit Unterschriftsfunktion häufig kurz als *MACs* (*message authentication codes*) bezeichnet. Die Ähnlichkeit zu den Methoden, mit denen sich Integrität sicherstellen läßt, ist nicht weiter verwunderlich, denn diese beiden Ziele sind eng miteinander verknüpft. Das eine ohne das andere ist oft praktisch nutzlos.

Wie wichtig die Frage der Authentizität für den Geschäftsverkehr ist, kommt auch darin zum Ausdruck, daß es ein eigenes Gesetz (das Signaturgesetz) in Deutschland gibt, mit dem dieses Problem gelöst werden soll. Die große praktische Bedeutung der Forderung nach sicheren elektronischen Unterschriften läßt sich auch daran ablesen, daß bei allen Versuchen, den Gebrauch kryptographischer Techniken einzuschränken, die Signaturverfahren hiervon nie bedroht gewesen sind. Industrie, Handel und Banken haben ihre Interessen sowohl in den USA als auch in Europa erfolgreich vertreten…

1.4 Die Architektur sensibler Systeme: ein Zusammenspiel mehrerer Komponenten

Mit Hilfe der in den vorigen Abschnitten gestellten Fragen kann man erkennen, wie die eigenen Sicherheitsbedürfnisse beschaffen sind. In der Praxis wird ein Problem häufig Aspekte aus mehreren Bereichen aufweisen, etwa wenn Daten sowohl vertraulich als auch vor Manipulationen geschützt übertragen werden sollen.

Nach der Analyse kann man daran gehen, ein System zu entwerfen, das die Anforderungen erfüllt. Die Auswahl eines Verfahrens ist dabei noch die einfachste Entscheidung, denn es gibt Techniken, deren Qualität gut belegt ist. Schon schwerer zu beantworten ist die Frage, ob eine konkrete Umsetzung in Software nicht vielleicht gravierende, aber nur schwer bemerkbare Sicherheitsmängel aufweist. Besonders wichtig ist aber die Einsicht, daß auch das beste Softwaremodul keine Sicherheit garantiert, wenn das Umfeld des Einsatzes nicht stimmt. Das Bild von der Kette, die nur so stark ist wie das schwächste ihrer Glieder, trifft auch auf die Organisation von sicherheitsempfindlichen Prozessen zu. Deswegen kann man Sicherheit nicht durch punktuelle Maßnahmen erreichen, sondern muß den Prozeß als Ganzes analysieren und auf Sicherheit hin ausrichten.

Noch weiter reichende Kenntnisse sind gefragt, wenn die Datenkommunikation nicht nur in einem eng begrenzten, gut überschaubaren Rahmen stattfindet, sondern wenn Interoperabilität mit den Sicherheitssystemen anderer Unternehmen oder Organisationen gefordert ist. Zum einen gibt es hier allerdings viele, häufig proprietäre Produkte, zum anderen läßt keine Firma eine andere gern zu tief in ihre Sicherheitsarchitektur schauen. Deswegen kann man hier nur zum Ziel kommen, wenn man sich auf Standards einigt. Besonders beim grenzüberschreitenden Einsatz von Verschlüsselungsprodukten darf man dabei außerdem nicht die unterschiedlichen gesetzlichen Rahmenbedingungen aus den Augen verlieren, die in den einzelnen Staaten gelten. Auch innerhalb Deutschlands gibt es jedoch Regelungen, die teilweise für den Einsatz von Verschlüsselung sprechen, andererseits aber den Umfang dieses Einsatzes auch beschränken können.

Bei den Überlegungen zur Realisierung eines sicheren Systems sollte man sich selbst aber noch eine wichtige Frage stellen:

Wie wichtig ist mir mein Bedürfnis nach Sicherheit?

Bei der Entscheidung, wie man ein System unter Berücksichtigung von Sicherheitsaspekten realisiert, muß man immer wieder die Kosten gegen den Nutzen abwägen. Sicherheit nach dem Motto »koste es, was es wolle« erreichen zu wollen ist im praktischen Leben keine realistische Zielsetzung. Ein realistischer Kompromiß muß sowohl bei der Auswahl von kryptographischen Verfahren und ihrer technischen Realisierung, andererseits aber auch bei der Organisation des gesamten Prozesses gefunden werden. Nur wenn in jedem Teilbereich adäquate Lösungen gefunden werden, die in einem ausgewogenen Kosten-Nutzen-Verhältnis zueinander stehen, läßt sich ein gleichermaßen effektives wie effizientes sicheres System realisieren. Häufig werden dabei die Kosten für die Organisation des Umfelds die der reinen Software deutlich übersteigen. Auch deshalb kann man die Auswahl der Verschlüsselungsmethode als den harmlosesten Teil beim Entwurf des Systems bezeichnen.

Die Auswahl geeigneter kryptographischer Techniken

Der amerikanische Kryptograph Bruce Schneier vertritt die Ansicht, es gebe eigentlich nur zwei Arten von kryptographischen Methoden: »Die eine hält Ihre kleine Schwester davon ab, Ihre Dateien zu lesen«, und die andere Art ist die ernsthafte.[9] Wenn Sie nach gewissenhafter Analyse Ihrer Anforderungen zu der Erkenntnis gelangen, daß Ihnen eine Verschlüsselung vom Typ »kleine Schwester« reicht, dann ist das nichts Anstößiges. Handeln Sie entsprechend! Kaufen Sie ein einfaches Verschlüsselungsprodukt. Nutzen Sie z.B. die Möglichkeit der Verschlüsselung, die das populäre Zip-Format bietet. Oder entwickeln Sie Ihr ganz persönliches Verfahren, vielleicht mit Hilfe des Kapitels 2.1. Aber glauben Sie nicht, daß niemand es knacken kann, nur weil Sie selbst es nicht knacken können. Auf jeden Fall: Bezahlen Sie für ein solches Produkt nicht viel Geld!

Sollten Sie jedoch höhere Sicherheitsanforderungen stellen, dann geben Sie sich nur mit Produkten zufrieden, deren Autoren ihr Metier kennen. Ein Hersteller, der ein »geheimes supersicheres neues Verschlüsselungsverfahren« anbietet, ist nicht seriös. Ernsthafte Kryptographen halten sich bei der Auswahl eines Algorithmus stets an die Grundregel des amerikanischen Informationstheoretikers Claude Shannon (*Shannons Maxime*):

Der Feind kennt das benutzte kryptographische Verfahren.

und die des belgischen Kryptographen Auguste Kerckhoffs *(Kerckhoffs' Maxime)*:

Die Sicherheit eines kryptographischen Verfahrens beruht allein auf dem Schlüssel, der zum Dechiffrieren benötigt wird.

Die Erfahrung zeigt, daß auch ein geheimgehaltenes Verfahren irgendwann einmal bekannt wird. Wenn beispielsweise der ausführbare Programmkode eines Kryptoprogramms einem erfahrenen Programmierer in die Hände fällt, dann kann er daraus den verwendeten Algorithmus rekonstruieren. Deswegen, so besagt Shannons Maxime, ist es am sichersten, von vornherein anzunehmen, daß der gegnerische Kryptanalytiker das Verfahren kennt.

Damit ein Verfahren auch dann noch Sicherheit bietet, muß es Kerckhoffs' Maxime berücksichtigen. Aus ihr folgt, daß ohne Kenntnis des Schlüssels kein Rückschluß vom Geheimtext auf den Klartext möglich sein darf.

---

9 Vergleiche Schneier [1996].

In welchem Maße ein Verfahren die Forderung von Kerckhoffs erfüllt, wie gut es also ist, läßt sich nur daran sehen, wie viele Kryptanalytiker sich schon die Zähne daran ausgebissen haben. Planen Sie lieber einige Sicherheitsreserven ein; Rechner werden immer schneller, Kryptanalytiker erfinden immer neue Techniken.

Kapitel 2, *Kryptographische Verfahren zur Gewährleistung von Vertraulichkeit*, und Kapitel 3, *Kryptographische Verfahren zur Sicherstellung von Integrität und Authentizität*, bieten einen Überblick über einige der gängigen kryptographischen Verfahren. Sie finden dort auch Hinweise zu dem Maß von Sicherheit, das diese Methoden heutzutage bieten. Bedenken Sie aber, daß die Entwicklung voranschreitet: Einerseits werden bekannte Verfahren unsicher, wenn sie auf praktisch verwertbare Weise geknackt werden. Andererseits werden neue Verfahren entwickelt, die aber zunächst mit Vorsicht verwendet werden sollten, bis sie ausreichend gut untersucht worden sind.

Die sicherheitsbewußte Organisation des *gesamten* Prozesses

Die kryptographische Technik liefert gute Werkzeuge zur Behebung von Sicherheitsproblemen. Will man sich vor Angreifern schützen, dann ist es allerdings nicht damit getan, geeignete kryptographische Techniken auszuwählen, denn sie sind bloß das Rüstzeug für den praktischen Umgang mit Problemen.

Für eine zweckmäßige Lösung müssen zunächst die individuellen Einsatzbedingungen geklärt werden. Ein E-Mail-Paket wird andere Anforderungen stellen als ein System zur langfristigen Datensicherung. Verfahren für die elektronische Bezahlung kleiner Geldbeträge (Micropayments) werden andere Bedingungen an Integrität und Authentizität stellen als Verfahren, mit denen langfristige Verträge unterzeichnet werden. Zu klären ist also beispielsweise, über welchen Zeitraum der Schutz der Daten aufrechterhalten werden muß. Auch eine Abschätzung, wieviel Aufwand ein Gegner wohl treiben würde, um an die Daten heranzukommen, kann bei der Planung eines kostengünstigen Systems hilfreich sein.

Als nächstes muß man den gesamten Ablauf von Prozessen, in deren Verlauf sicherheitsempfindliche Informationen anfallen, unter Sicherheitsaspekten planen. Nicht nur die eigentliche Datenübertragung muß sicher sein, sondern auch ihr Umfeld. Beispielsweise kann eine Transaktion beim Online-Banking, etwa eine Überweisung auf das Konto eines Anbieters, für sich genommen sicher sein. Wenn aber jemand diese Transaktion komplett »mitschneiden« und später erneut »abspielen« könnte (»Replay-Angriff«), würde das Konto des Bezahlenden zu Unrecht mehrfach belastet. Eine reine Authentizitätsprüfung reicht beim Online-Banking also nicht aus. Um einen solchen Mißbrauch zu verhindern, sind sogenannte »kryptographische Protokolle« entwickelt worden. Sie regeln komplexe Datenaustauschvorgänge so, daß sich niemand unbemerkt mißbräuchlich in sie einschalten kann.

Spezielle Protokolle dienen auch zur Beglaubigung der Identität von Personen. Während man im Alltagsleben beispielsweise mit einem Personalausweis leicht und auch ziemlich sicher die Identität eines Menschen überprüfen kann, ist dies im elektronischen Datenverkehr normalerweise nicht so einfach möglich. Deswegen gibt es Systeme zur Zertifizierung von Identitäten. Wie man Kommunikation durch geeignete Protokolle vor Angreifern schützt, ist das Thema des Kapitel 5, *Einbettung der Verfahren in Protokolle*.

Zusätzlich zu dem, was rechner- bzw. netzintern an Sicherheit gewährleistet sein muß, spielt auch das menschliche Umfeld bei der Planung eines sicheren Systems eine große Rolle. Wenn ein Gegner beispielsweise nur wenige Details eines zur Verschlüsselung verwendeten Schlüsselworts erraten kann oder wenn er zwei gleichartig verschlüsselte Nachrichten abfangen kann, reicht ihm dies möglicherweise schon, um den Originaltext zu rekonstruieren. Offen herumliegende Notizzettel mit »geheimen« Schlüsselwörtern kann auch das beste Verschlüsselungsverfahren nicht wieder wettmachen. Ein verantwortungsbewußter Umgang mit Paßwörtern, PINs usw. kann solche Sicherheitslücken verhindern.

Man muß auch damit rechnen, daß ein Gegenspieler jedes nur mögliche Mittel anwendet, um die gewünschten Informationen zu erhalten, und dabei kann man keine »Fairness« oder »Sportsgeist« voraussetzen. Deswegen reicht es nicht, geheime Geschäftsdokumente nur in verschlüsselter Form an Partner zu senden, wenn dieselben Schriftstücke offen auf dem Schreibtisch im Sekretariat herumliegen, wo ein Einbrecher oder ein bestochener Mitarbeiter einer Reinigungsfirma sie leicht finden kann. Schließlich ist ein bestechlicher oder erpreßbarer Mitarbeiter für einen Gegner mitunter billiger zu bekommen als eine Maschine, die eine Verschlüsselung knackt. Auch in der Kryptographie gilt: Eine Kette ist nur so stark wie das schwächste ihrer Glieder. Das ist die Kehrseite von Kerckhoffs' Maxime.

Andererseits kann man schlechterdings nicht jede vertrauliche Information wie ein Staatsgeheimnis schützen. Jede Schutzmaßnahme verursacht Kosten, seien sie direkt (Kauf von Verschlüsselungsprogrammen, Einbau von Tresoren usw.)

oder indirekt (sorgfältiger und daher zeitaufwendiger Umgang mit Dokumenten, umständliche Prozeduren für den Zugriff auf vertrauliche Akten usw.). Allerdings arbeitet auch die Gegenseite nicht zum Nulltarif, auch sie muß sich überlegen, wieviel ihr eine Information wert ist. Diesen Faktor muß man berücksichtigen, wenn man beim Schutz vertraulicher Informationen Aufwand und Nutzen in ein gesundes Verhältnis zueinander bringen will.

Machen Sie sich also nicht nur über die Technik Gedanken, sondern beziehen Sie den gesamten zu sichernden Prozeß in Ihre Überlegungen mit ein. Dazu gehört es auch, das gesamte Umfeld, in dem die kryptographischen Techniken zum Einsatz kommen, geeignet zu organisieren. Hinweise zu diesen organisatorischen Fragen finden Sie in Kapitel 6, *Sicherheitsbewußte Organisation von Abläufen*.

Die Einplanung von Schnittstellen zu anderen Systemen

Bei der Entwicklung eines größeren Systems muß man den Begriff »Umfeld« möglicherweise noch weiter fassen und auch den Informationsaustausch mit Produkten anderer Hersteller einplanen. Gerade in der Datenkommunikation sind solche Schnittstellen besonders wichtig. Bei der Entwicklung eines eigenen Systems kann man Kosten vermeiden, wenn man Interoperabilität rechtzeitig einplant. Um die Zusammenarbeit unterschiedlicher Produkte zu vereinfachen, sind eine Reihe von Standardisierungsvorschlägen veröffentlicht worden, von denen die wichtigsten in Kapitel 7 aufgeführt sind. Sie versuchen zu regeln, wie beispielsweise Schlüssel übermittelt oder elektronische Unterschriften über Systemgrenzen hinweg ausgetauscht werden können. Selbst wenn man keine derartige Schnittstelle plant, kann man die Standards, in die viel Erfahrung im Umgang mit Problemsituationen eingeflossen ist, mitunter als Quelle für Ideen verwenden.

Auch wenn man nicht selbst ein System entwickelt, sondern eine Lösung einkaufen will, die mit bereits bestehenden Systemen von Geschäftspartnern kompatibel ist, gehören die erforderlichen Standards auf die Einkaufs-Checkliste.

Rechtliche Bestimmungen für den Einsatz von Kryptographie

Um Ihren Sicherheitsbedürfnissen gerecht zu werden, können Sie sich durch die Lektüre der Kapitel 2 bis 7 wahrscheinlich gute Voraussetzungen schaffen. Allerdings ist nicht nur Ihr persönlich empfundenes Schutzbedürfnis ausschlaggebend dafür, wieviel Sicherheit Sie realisieren können (oder müssen). Vielmehr müssen Sie mitunter auch gesetzliche Bestimmungen berücksichtigen, die Sie beispielsweise zum Schutz personenbezogener Daten verpflichten.

Andererseits gibt es in einigen Bereichen auch gesetzliche Verpflichtungen, verschlüsselte Daten zu offenbaren. Beim grenzüberschreitenden Einsatz kryptographischer Produkte sowie bei ihrem Export müssen weitere Regelungen beachtet werden. Außerdem sind nicht alle veröffentlichten Verfahren ohne weiteres nutzbar, denn einige stehen unter Patentschutz.

Informationen über die wichtigsten gesetzlichen Vorschriften finden Sie in Kapitel 8, *Rechtliche Rahmenbedingungen*.

Kryptographische Verfahren zur Gewährleistung von Vertraulichkeit

2

Die Chiffrierung von Texten oder Daten ist ein wichtiges Einsatzgebiet kryptographischer Methoden. Mit ihrer Hilfe läßt sich erreichen, daß vertrauliche Informationen von Unbefugten nicht gelesen werden können. In Kapitel 3, *Kryptographische Verfahren zur Sicherstellung von Integrität und Authentizität*, werden wir zudem sehen, daß Verschlüsselungsverfahren auch eine Grundlage bilden, auf der Integrität und Authentizität von Nachrichten sichergestellt werden können.

Der großen Bedeutung der Chiffrierung entsprechend gibt es unzählige Methoden, von denen die meisten eines gemeinsam haben: Sie sind bereits geknackt worden. Deswegen muß man ein Verschlüsselungsverfahren sorgfältig auswählen und sich auch über die aktuelle Forschungsliteratur informieren. Wir werden in diesem Kapitel einige wichtige Verfahren mitsamt ihren Stärken und Schwächen beschreiben. An ihnen lassen sich die Funktionsprinzipien erkennen, nach denen auch die meisten anderen Verfahren arbeiten.[1] Wir beginnen mit einigen geschichtlich bedeutsamen Methoden, die auch ohne programmierbare Rechenmaschinen einsetzbar waren. Danach wenden wir uns den in der zweiten Hälfte des 20. Jahrhunderts entwickelten Verfahren zu, deren Verwendbarkeit wesentlich auf der Nutzung von Computern beruht. Das Kapitel schließt mit einer Beschreibung verschiedener Varianten, wie die Algorithmen auf einen Text angewendet werden können.

---

1 In dem Buch *Angewandte Kryptographie* des amerikanischen Kryptographen Bruce Schneier [1996] finden Sie einen reichhaltigen Überblick über weitere Möglichkeiten.

2.1 Klassische Verfahren

Im Laufe der Jahrtausende sind zahlreiche Verfahren erfunden worden, die dazu dienen sollten, geheime Nachrichten zu übermitteln oder vertrauliche Dokumente vor Spionen zu schützen. Leonardo da Vinci notierte seine Ideen schlicht in Spiegelschrift – er selbst konnte sie wohl fließend schreiben und lesen, für jemanden, der sie zufällig zu Gesicht bekam, mögen seine Notizen unlesbar gewesen sein. Vielfach wurden auch Geheimschriften benutzt, die aus eigens zu diesem Zweck erfundenen Schriftzeichen bestanden.

Diese Methoden haben jedoch einen schwerwiegenden Nachteil: Wird ein derartiges Verfahren einmal der Gegenseite bekannt, ist es damit wertlos geworden, denn es kann nur noch mit großem Aufwand wieder geändert werden. Man müßte dazu schon einen vollständig neuen Zeichensatz erfinden und ihn dem (legitimen) Gesprächspartner auf sichere Weise übermitteln. Dann müßten beide Seiten lernen, die neuen Zeichen zu schreiben und zu entziffern. Es war eine wichtige Entdeckung der Kryptographen, daß es andere Verfahren gibt, die nicht unter diesem Nachteil leiden. Sie zeichnen sich dadurch aus, daß sie durch einen Schlüssel *parametrisierbar* sind: Dabei gibt das Verfahren selbst nur eine *allgemeine* Vorschrift, wie man aus der Klartextnachricht einen Geheimtext erzeugt, der für einen unbefugt Mitlesenden unverständlich ist. Um eine Ver- oder Entschlüsselung konkret durchführen zu können, müssen noch *Parameter* festgelegt werden, die in einer durch das Verfahren genau festgelegten Weise in die Operation einfließen und das Ergebnis wesentlich beeinflussen. Die Parameterwerte werden in der Kryptographie als *Schlüssel* bezeichnet. Der Absender verwendet den Schlüssel zur Erzeugung des Geheimtextes, und der Empfänger muß ihn zur Entschlüsselung ebenfalls verwenden. Aufgrund dieser Symmetrie muß der Schlüssel auf sichere und geheime Art zwischen den beiden Partnern vereinbart werden.[2]

Idealerweise sollte es einem unerlaubten Lauscher nichts nützen, die allgemeine Vorschrift, die den Kern eines Verschlüsselungsverfahrens bildet, zu kennen, solange er den geheimen Schlüssel nicht kennt. Bei einem guten kryptographischen Algorithmus sieht der Geheimtext wie eine zufällige, sinnlose

2 Es gibt auch asymmetrische Verfahren, die sogenannten Public-Key-Algorithmen, die in Abschnitt 2.3, *Public-Key-Verfahren: RSA und ElGamal* , beschrieben sind. Sie benutzen für die beiden Kommunikationspartner völlig unterschiedliche Schlüssel.

Ansammlung von Zeichen aus, die weder auf den ursprünglichen Klartext noch auf den verwendeten Schlüssel Hinweise gibt.

Durch die Parametrisierung, also die Einführung eines Schlüssels, wird das oben angesprochene Problem der bloßen Geheimschriften umgangen: Während es – vorsichtig ausgedrückt – sehr schwierig ist, ein gutes Verschlüsselungsverfahren zu erfinden, ist es ganz einfach, einen neuen Schlüssel auszuwählen. Es ist sogar so einfach, daß man jeden Tag einen neuen Schlüssel wählen kann, um von vornherein den möglichen Schaden zu begrenzen, der entstünde, wenn ein Gegner unbemerkt einen Schlüssel ausspionieren könnte. Allerdings müssen sich die beiden Gesprächspartner irgendwie darauf einigen, welchen Schlüssel sie jeweils benutzen wollen.[3]

Die einfachste Verschlüsselungsvorschrift, die mit einem Schlüssel parametrisierbar ist, ist bereits seit der Antike bekannt, und sie kommt mit dem ganz normalen Alphabet aus.

Die Caesar-Chiffrierung

Sueton berichtet, Caesar habe geheime Berichte über seine militärischen Aktivitäten verschlüsselt übermittelt. Dazu verschob er jeden der 20 Buchstaben des lateinischen Alphabets um drei Stellen nach rechts. Die drei letzten Buchstaben des Alphabets wurden ihrerseits an den Anfang verschoben. Da diese zyklische Vertauschung mathematisch wie eine Addition von 3 (mit den Sonderregeln 18+3=1, 19+3=2, 20+3=3) funktioniert, nennt man das Verfahren auch Caesar-Addition. Dabei wird also jedes A durch ein D, jedes B durch ein E, jedes C durch ein F usw. ersetzt. Die drei letzten Zeichen des lateinischen Alphabets (T, V und X) werden durch die am Anfang noch nicht verwendeten Buchstaben A, B bzw. C kodiert. Übersichtlich läßt sich dieses Verfahren so aufschreiben:

```
abcdefghilmnopqrstvx
DEFGHILMNOPQRSTVXABC
```

Ein Beispiel für eine nach dem Caesar-Verfahren kodierte Nachricht sähe dann etwa so aus:

```
GNHXSNQQHQGNHVRHPHV
```

3 Auf die Schwierigkeiten, die einem sicheren Schlüsselmanagement entgegenstehen, werden wir in Kapitel 6.2 eingehen.

Bei diesem und ähnlichen Verschlüsselungsmethoden läßt man übrigens, wie im Beispiel gezeigt, häufig die Wortzwischenräume und Satzzeichen fort und benutzt nur Großbuchstaben, um einem unbefugten Mitleser weniger Anhaltspunkte zu geben, wie der Klartext lauten könnte.

Soweit bekannt ist, hat Caesar nie die Möglichkeit genutzt, andere Beträge als 3 für die Verschiebung zu nutzen; sein Nachfolger Augustus verwendete allerdings die Addition von 1. Das allgemeine Verfahren, das sowohl Caesars als auch Augustus' Methode beschreibt, läßt sich demnach wie folgt formulieren:

Ersetze jeden Buchstaben des Klartextes durch denjenigen Buchstaben, der im Alphabet um so viele Zeichen weiter hinten steht, wie durch den Schlüssel angegeben ist. Wenn Du bei der Suche nach dem Zielbuchstaben auf das Ende des Alphabets triffst, mache am Alphabetanfang weiter.

Der Schlüssel besteht also einfach aus einer Zahl. Caesar verwendete stets den Schlüssel 3, sein Nachfolger Augustus den Schlüssel 1. Der Schlüssel läßt sich alternativ auch einfach durch den Buchstaben beschreiben, der die Ersetzung für den Buchstaben A bildet. In dieser Notation hat Caesar den Schlüssel D verwendet. Will man diese Methode verwenden und einem Lauscher das Leben etwas schwerer machen, dann könnten die Kommunikationspartner beispielsweise vereinbaren, daß als Schlüssel jeweils der Absendetag gewählt wird, den der Empfänger ja dem Poststempel entnehmen könnte. Damit hätten sie ein einfaches Schema für den Schlüsselwechsel eingeführt und ihre Kommunikation noch etwas sicherer gemacht.

Das Additionsverfahren hat eine Reihe angenehmer Eigenschaften. Der Schlüssel ist kurz und daher leicht zu merken oder zu übermitteln. Außerdem lassen sich einfache Hilfsmittel für die praktische Durchführung der Ver- und Entschlüsselung konstruieren: im einfachsten Fall zwei mit dem Alphabet beschriftete nebeneinander angebrachte Stäbe (ähnlich einem Rechenschieber), die um den Schlüsselwert gegeneinander verschoben werden, oder eine Scheibe mit einem festen Ring für das Klartext-Alphabet und einem drehbaren Ring für das Geheimtext-Alphabet.

Das Additionsverfahren hat allerdings auch mehrere offensichtliche Nachteile: Es gibt für das heute im Westen gebräuchliche Alphabet (ohne nationale Sonderzeichen) nur 26 mögliche verschiedene Schlüssel – eigentlich sogar nur 25, denn eine Verschiebung um den Betrag 0 wäre nicht sehr clever. Selbst wenn der Schlüssel häufig gewechselt würde, wäre es für einen Lauscher einfach, kurzerhand alle Möglichkeiten durchzuprobieren. Er könnte seine Tests dabei auf eine Handvoll Zeichen am Anfang beschränken, denn ein falscher Betrag führt sehr bald zu einem offensichtlich unsinnigen Klartext.

Außerdem läßt sich der Geheimtext mit einfachen statistischen Verfahren analysieren. Wenn der Text nicht gerade extrem kurz ist, ist beispielsweise zu erwarten, daß die Buchstabenhäufigkeiten im Klartext etwa denen der normalen Sprache entsprechen. Der in der deutschen Sprache am häufigsten vorkommende Buchstabe ist das E. In dem oben gezeigten Beispiel tritt am häufigsten das H auf; das legt sofort die (tatsächlich zutreffende) Vermutung nahe, daß der Schlüssel so gewählt ist, daß das Geheimtext-H überall dem Klartext-E entspricht. Damit ist der Kode bereits geknackt.

Das Additionsverfahren läßt sich auch nicht etwa dadurch sicherer machen, daß man es zweimal hintereinander anwendet: Die zweimalige Caesar-Addition ist dasselbe wie eine einzige Verschiebung mit dem Schlüssel G (bzw. 6)!

Alles in allem würde wohl kein Mensch heute auf die Idee kommen, eine solche Verschlüsselung im mindesten für sicher zu halten. Diesen Nachteilen zum Trotz soll das Verfahren noch in diesem Jahrhundert militärisch verwendet worden sein.[4] Und noch in den achtziger Jahren verwendete das damals auf MS-DOS-Rechnern beliebte Programm *XTree* eine Variante dieser Methode, um eine eingebaute Seriennummer vor unbefugten Änderungen durch illegale Nutzer zu schützen.

Die Vigenère-Verschlüsselung

Im 16. Jahrhundert entwickelte Blaise de Vigenère nach Vorarbeiten anderer Verschlüsselungsfachleute eine wesentliche Verbesserung der alten Caesar-Methode. Er fand heraus, daß sich die oben aufgeführten Nachteile vermeiden lassen, wenn man nicht eine einzige konstante Verschiebung auf den ganzen Klartext anwendet, sondern den Verschiebungsbetrag fortlaufend ändert. Als Schlüssel wird dann nicht mehr eine einzige Zahl verwendet, sondern eine Folge von Zahlen, z.B. 20, 1, 16, 9, 18. Der erste Klartextbuchstabe wird nun um 20 Zeichen verschoben, der zweite um 1 usw. Nach dem Ende der Folge wird sie wieder von vorn angewendet, so daß also das sechste Zeichen des Textes in unserem Beispiel wieder um 20 Stellen verschoben wird und so fort für den ganzen Klartext. Genau wie als Schlüssel bei der Additionsmethode auch ein Buchstabe anstatt

---

4 Das Buch von Bauer [1994] bietet viele Informationen zur Geschichte der Kryptographie.

einer Zahl benutzt werden kann, so kann man sich die Zahlenfolge als Sequenz von Buchstaben merken; im obengenannten Beispiel wäre der Schlüssel also durch das Wort `Tapir` gegeben. Ein praktisches Beispiel für eine Vigenère-Verschlüsselung sieht etwa so aus:

O	R	E	I	L	L	Y	I	S	T	S	P	I	T	Z	E	Klartext
T	A	P	I	R	T	A	P	I	R	T	A	P	I	R	T	Schlüsselwort
20	1	16	9	18	20	1	16	9	18	20	1	16	9	18	20	Additionsbetrag
I	S	U	R	D	F	Z	Y	B	L	M	Q	Y	C	R	Y	Geheimtext

Bei dieser Methode wird das unerlaubte Entschlüsseln dadurch wesentlich erschwert, daß ein Klartextbuchstabe je nach seiner Position im Text nicht immer durch denselben Geheimtextbuchstaben dargestellt wird. So wird beispielsweise aus einem Klartext-I einmal ein R und zweimal ein Y im Geheimtext, wobei das Geheimtext-Y an anderer Stelle für ein Klartext-E steht. Man nennt solche Verfahren auch *polyalphabetisch*. Eine unerlaubte Entschlüsselung läßt sich hier nicht mehr durch ein einfaches Durchprobieren weniger Möglichkeiten oder eine statistische Analyse der Zeichenhäufigkeiten erreichen. Je länger das Schlüsselwort ist und je schwerer es durch geschicktes Raten zu finden ist, desto schwerer wird das Knacken des Kodes. Deswegen galt diese Methode noch in der Mitte des letzten Jahrhunderts als nicht zu brechen.

Nach heutigen Maßstäben ist das jedoch ein Kinderspiel, sofern der zu verschlüsselnde Text deutlich länger als das Schlüsselwort ist. Dazu geht man wie folgt vor: Man nimmt zunächst an, der Schlüssel sei zwei Zeichen lang und betrachtet nur noch jedes zweite Zeichen des Geheimtextes. Wie bei der statistischen Analyse der Additionsmethode müßte sich nun eine Häufigkeitsverteilung der Geheimtextzeichen ergeben, die bis auf eine gewisse Verschiebung der Verteilung in normalem deutschem Text entspricht. Dies müßte sowohl für den aus dem 1., 3., 5., … Zeichen gebildeten Teiltext gelten als auch für den komplementären Teiltext (2., 4., 6., … Zeichen). Ist dies nicht der Fall, verwirft man die Hypothese, der Schlüssel sei zwei Zeichen lang, und probiert es mit einer Länge von drei Zeichen usw., bis man die richtige Länge gefunden hat. Danach rekonstruiert man für jeden der Teiltexte getrennt den Verschiebungsbetrag durch einfaches Ausprobieren der 26 Möglichkeiten. Ohne maschinelle Hilfe ist dieses Verfahren sehr mühsam, aber mit einem Computer ist das binnen kürzester Zeit durchzuführen. Mit etwas mehr Theorie lassen sich Programme schreiben, die auf einem PC in deutlich weniger als einer Sekunde das richtige Ergebnis liefern.

Die Methode läßt sich noch ein klein wenig sicherer machen, indem man nicht nur einfache verschobene Alphabete zuläßt, sondern beliebige Umsortierungen (Permutationen). Eine solche Umsortierung kann man z.B. wie folgt notieren:

```
abcdefghijklmnopqrstuvwxyz
VERTAULICHBDFGJKMNOPQSWXYZ
```

Hierbei werden also zwei Schlüsselwörter benutzt. Das erste (im Beispiel: VERTRAULICH) liefert die Umsortierungsvorschrift. Das doppelt auftretende R wird nur einmal berücksichtigt, alle nicht in dem Schlüsselwort auftretenden Buchstaben des Alphabets werden einfach in ihrer üblichen Reihenfolge angehängt. Das zweite Schlüsselwort gibt wie bisher den je nach Klartextposition wechselnden Verschiebungsbetrag an. Benutzt man also wiederum `Tapir` zur Angabe der Verschiebungen, dann wird der einfache Klartext AAAAA wie folgt verschlüsselt:

A A A A A
U B Q J S (durch Verschieben um T $\cong$ 20, A $\cong$ 1, P $\cong$ 16, I $\cong$ 9 bzw. R $\cong$ 18 Positionen)
Q E M H O (anhand der Umsortierungstabelle)

Die einfache Struktur des Klartextes ist im Geheimtext QEMHO nicht mehr erkennbar. Auch diese zusätzliche Schwierigkeit ist heutzutage aber kein ernsthaftes Hindernis. Dennoch werden Varianten dieser Verfahren angeblich sowohl bei Microsoft Word als auch bei WordPerfect zur Verschlüsselung eingesetzt. Wenn Sie einen Text jedoch wirklich geheimhalten wollen, sollten Sie diesen Verfahren nicht trauen.[5]

Die Enigma

Wie wir in der Beschreibung des Vigenère-Verfahrens gesehen haben, ist es wichtig, einen möglichst langen Schlüssel zu wählen, weil dadurch die Möglichkeiten für statistische Analysen verschlechtert werden. Darauf beruht die Idee, mehrere relativ einfache Verschlüsselungen auf geschickte Weise nacheinander

---

5 Auf WWW-Seiten von Versandgeschäften findet man gelegentlich Hinweise wie den folgenden: »Ihre Daten werden bei uns elektronisch gespeichert, sind aber vor Dritten absolut sicher, denn wir verschlüsseln unsere Kundendatei mit WordPerfect. Ohne Kenntnis des von uns geheim gehaltenen Paßworts könnte nicht einmal der Hersteller von WordPerfect diese Datei lesen.« Diese Behauptung ist entweder hoffnungslos naiv oder einfach dreist. Wobst [1998] gibt an, daß beispielsweise ein WordPerfect-Paßwort mit Hilfe eines frei verfügbaren Programms in neun Millisekunden (!) gefunden werden kann.

auszuführen und dadurch die effektive Schlüssellänge zu erhöhen. Der Grundgedanke, aus verschiedenen einfachen Elementen ein kompliziertes Ganzes zusammenzubauen, liegt vielen modernen Verschlüsselungsverfahren zugrunde.

Wegen der hohen Fehleranfälligkeit manueller Mehrfachverschlüsselung wurden diese Techniken erst eingeführt, als elektrische Maschinen hergestellt werden konnten. Die *Rotormaschinen* wurden erfunden, um solche Verschlüsselungsvorgänge schnell und sicher ausführen zu können. Sie bestanden aus mehreren hintereinanderliegenden drehbaren Scheiben. Jede dieser Scheiben wies vorne und hinten 26 Kontaktflächen auf, für jeden Buchstaben des Alphabets eine. Die Scheiben waren intern fest verdrahtet, und zwar so, daß dies einer Permutation des Alphabets entsprach und demnach eine einfache Ersetzung von Buchstaben durchführte. Die hinteren Kontakte einer Scheibe waren über Schleifkontakte mit den vorderen Kontakten der nächsten Scheibe verbunden. Wurde nun über eine Taste der Kontakt, der einem gegebenen Klartextbuchstaben entsprach, auf der Vorderseite der ersten Scheibe unter elektrische Spannung gesetzt, stand auch ein gewisser Kontakt auf der Rückseite der letzten Scheibe unter Spannung. Dies konnte dazu genutzt werden, einen Fernschreiber oder eine Anzeige anzusteuern. Bis hierher ist noch kein neuer Nutzen erkennbar geworden. Der Trick bestand nun aber darin, nach jedem Zeichen die Rotoren weiterzuschalten, aber jeden um einen anderen Betrag. Zum Beispiel könnte man eine Weiterschaltung wie in einem mechanischen Zählwerk, etwa dem Kilometerzähler eines Autos, wählen. Dadurch dauert es extrem lange, bis eine Ersetzungssequenz sich exakt wiederholt: Während beim Vigenère-Verfahren typischerweise nach spätestens vielleicht zwanzig Zeichen Wiederholungen erwartet werden können, weil längere Schlüsselwörter sehr unhandlich sind, lassen sich bereits mit drei Rotoren Periodenlängen von $26^3 = 17.576$ erreichen.

Normalerweise standen mehrere austauschbare Rotoren zur Verfügung. Der Schlüssel bestand in der Angabe, welche Rotoren in welcher Reihenfolge einzusetzen waren und wie ihre jeweilige Anfangsstellung aussah.

Die Enigma, die von der deutschen Kriegsmaschinerie im Zweiten Weltkrieg benutzt wurde, ist wohl die bekannteste Rotormaschine. Es gab mehrere Versionen mit drei oder vier Rotorplätzen und einer Auswahl aus fünf bis acht Rotoren. Zusätzlich besaß sie einen Reflektor, der dafür sorgte, daß jedes Zeichen zweimal in unterschiedlicher Richtung das Gerät durchlief. Hinzu kam schließlich ein weiterer paarweiser Austausch von Zeichen, der je einmal am Anfang und am Ende der Operation vorgenommen wurde. Zum Schlüssel gehörte hier demnach auch die Angabe, wie die Zeichenersetzung vorzunehmen war. In der zweiten Kriegshälfte wurde der Schlüssel alle acht Stunden gewechselt. Selbst in der einfachsten Ausführung gab es mehr als acht Trillionen mögliche Schlüssel – jedenfalls zu viele für einen Lauscher, um alle durchzuprobieren.

Trotzdem waren die Kriegsgegner bestens über die »geheime« Kommunikation der Deutschen informiert. Schon sehr frühzeitig waren ihnen Exemplare der Maschine samt den Rotoren in die Hände gefallen, so daß sie die Prinzipien analysieren konnten. Besonders der britische Geheimdienst hat dann effiziente Methoden entwickelt, mit denen der jeweils verwendete Schlüssel gefunden werden konnte.[6]

Das One-Time-Pad

Bis hierher sieht es nicht so aus, als hätte die Suche nach guten Verschlüsselungsverfahren viel Erfolg gehabt. Gibt es denn gar keine sicheren Verfahren? Doch: Es gibt ein (und nur ein!) Verfahren, dessen Sicherheit bewiesen worden ist. Das *One-Time-Pad* (»Einmalblock«) entstand als Konsequenz aus der Erkenntnis, daß eine große Periodenlänge die Sicherheit der Verschlüsselung steigert: Man führt eine Vigenère-Verschlüsselung durch, bei der das Schlüssel»wort« genauso lang ist wie der Klartext. Wenn ein Angreifer, dem der Geheimtext vorliegt, den Schlüssel nicht mit viel Glück erraten kann, hat er keinerlei Aussicht auf Erfolg. Denn wenn jeder Schlüssel gleich wahrscheinlich ist, ist auch jeder mit seiner Hilfe rekonstruierte Klartext gleich wahrscheinlich – jede Nachricht könnte jeden beliebigen Inhalt haben, außer der (ohnedies offensichtlichen) Länge der Nachricht ließe sich keine Information gewinnen.

Wichtig ist dabei, daß wirklich jeder Schlüssel gleichermaßen möglich ist. Weiß ein Angreifer etwa, daß fortlaufende Stücke aus *Krieg und Frieden* als Schlüssel verwendet werden, ist die Sicherheit dahin. Enthalten die Schlüssel Regelmäßigkeiten (beispielsweise die Ausgabe eines Pseudozufallszahlengenerators oder gar die Dezimalstellen von π), lassen sich auch diese möglicherweise gewinnbringend einsetzen. Aus dem gleichen Grund darf jeder Schlüssel auch nur ein einziges Mal verwendet werden. Anderenfalls lassen sich aus dem Vergleich der Geheimtexte Informationen über die Klartexte ableiten.

6 Die spannenden Einzelheiten sind beispielsweise bei Bauer [1994], Harris [1995], Hodges [1994] oder Kahn [1991] nachzulesen.

Leider hat auch das Verfahren der One-Time-Pads schwerwiegende praktische Nachteile, die allerdings nicht die Sicherheit des Verfahrens, sondern seine Anwendung betreffen. Zunächst einmal braucht man große Mengen von Schlüsseln, an deren »Zufälligkeit« hohe Ansprüche gestellt werden müssen. Diese Anforderungen sind auch – oder eher gerade! – mit einem Computer nur schwer zu erfüllen. Zudem ist der sichere Austausch von Schlüsseln nur schwer durchzuführen. Im diplomatischen Verkehr mag es noch angehen, einen Schlüssel mit einem vertrauenswürdigen Kurier zu überbringen, und angeblich wird der »Heiße Draht« zwischen den Präsidenten der USA und Rußlands tatsächlich durch einen Einmalblock geschützt. Im modernen Datenverkehr mit seinem großen Volumen an zu schützenden Texten ist ein solches Verfahren nicht mehr durchführbar.

Zum Glück hat die Erfindung des Computers jedoch nicht nur den Kryptanalytikern, sondern auch den Entwicklern von Verschlüsselungsverfahren neue Möglichkeiten eröffnet. Mit Hilfe moderner Rechentechnik sind Algorithmen realisierbar geworden, die früher am schieren Arbeitsaufwand gescheitert wären. Mit diesen Methoden beschäftigen wir uns im folgenden Abschnitt.

2.2 Verfahren mit geheimem Schlüssel: von DES bis AES

Die klassischen Verfahren mußten so konstruiert sein, daß ein Mensch oder ein einfaches mechanisches Gerät die Ver- und Entschlüsselung durchführen konnte. Dabei werden einzelne Zeichen (zum Beispiel Buchstaben des lateinischen Alphabets sowie Ziffern) nach gewissen, vergleichsweise einfachen Regeln durch andere ersetzt. Diese Verschleierung des Zusammenhangs zwischen Klartext und Geheimtext wird als *Konfusion* bezeichnet. Das Hauptproblem dabei ist, daß ein Angreifer, der das Verschlüsselungsverfahren kennt, durch statistische Analysen Regelmäßigkeiten finden kann, die ihm Hinweise auf den verwendeten Schlüssel geben. Dazu verwendet er oft Informationen über Häufigkeiten von Zeichen, von Zeichenpaaren usw. Beispielsweise folgt auf ein »c« in einem deutschen Text fast immer ein »h« oder ein »k«, auf ein »q« ein »u«.

Wesentlich schwieriger wäre es für einen Angreifer, wenn die Ersetzung nicht Zeichen für Zeichen vorginge, sondern wenn in jedem Verschlüsselungsschritt gleich ein längerer Block von Zeichen verarbeitet und durch einen anderen ersetzt würde, wobei jedes Klartextzeichen eines Blocks das gesamte Ergebnis beeinflußt. Die Regelmäßigkeiten in den Klartextzeichen werden dabei über mehrere Zeichen hinweg verteilt, so daß sie schwerer aufzufinden sind. Diese Verteilung wird *Diffusion* genannt. Ein Kodierungsschritt sollte so beschaffen sein, daß zwei Klartextblöcke, die sich in nur einem einzelnen Zeichen unterscheiden, zu völlig unterschiedlichen Geheimtextblöcken führen. Bei einer solchen Konstruktion führen Regelmäßigkeiten des Klartextes nicht mehr so leicht zu Spuren im Geheimtext, die sich für die Analyse nutzen lassen.

Nehmen wir zur Illustration an, daß in einer bestimmten Art von Dokument das Erstellungsdatum stets an einer festen Stelle steht. In zwei Dokumenten, die an aufeinanderfolgenden Tagen entstehen, stünden dann dort z.B. die Textstücke »20.08.99« bzw. »21.08.99«. Bei einer klassischen Verschlüsselung wie dem Vigenère-Verfahren würden sich auch die Chiffrate nur in der zweiten Stelle unterscheiden, also etwa »KLM9G3AM« bzw. »KGM9G3AM«. Bei der Anwendung moderner Verfahren hingegen ergeben sich ganz unterschiedliche Geheimtexte, etwa »R2D20815« und »4711C2PO«.

Andererseits muß garantiert sein, daß zwei unterschiedliche Klartextblöcke auch zu unterschiedlichen Geheimtextblöcken führen, da sich der Geheimtext sonst ja nicht mehr eindeutig entschlüsseln läßt. (In der Mathematik heißen Funktionen mit dieser zuletzt genannten Eigenschaft *injektiv* bzw. in dem häufig auftretenden Fall, daß es genau gleich viele mögliche Klartext- wie Geheimtextblöcke gibt, *bijektiv*.)

Die Funktionsweise symmetrischer Verschlüsselungsverfahren

Auf den eben beschriebenen Überlegungen beruhen die meisten aktuellen Verschlüsselungsverfahren, die deswegen auch *Blockverschlüsselungen* genannt werden. Auf modernen Computern werden heutzutage meistens Methoden benutzt, deren Blocklänge mindestens acht Byte, also 64 Bit, beträgt. Wie wir gegen Ende dieses Kapitels sehen werden, hat die in den vergangenen Jahren stark gestiegene Rechenleistung mittlerweile dazu geführt, daß für hohe Ansprüche auch diese Länge mittlerweile nicht mehr als hinreichend sicher angesehen wird.

Die oben aufgestellte Forderung, daß zwei sehr ähnliche Klartextblöcke zu möglichst unterschiedlichen Geheimtextblöcken führen sollten, ist allerdings nicht ganz einfach zu erfüllen. Der vielleicht nächstliegende Vorschlag, einfach eine (möglichst gut gemischte) Tabelle von Ersetzungspaaren entsprechend der

Liste auf Seite 38 anzugeben, scheitert am schieren Umfang: Bei dem dort verwendeten lateinischen Alphabet hat eine solche Tabelle nur 26 Einträge, bei einer Blocklänge von acht Byte jedoch schon 2^{64}, also fast 2×10^{19} (20 Trillionen) Einträge. Es ist andererseits unmittelbar klar, daß eine einfache Rechenvorschrift (etwa analog dem Addieren von 3 bei der Caesar-Addition) nicht gut genug ist.

In den vergangenen Jahrzehnten sind zahlreiche Vorschläge veröffentlicht worden, wie aus den elementaren Rechenschritten, die ein Computer beherrscht, komplizierte Vorschriften konstruiert werden können, die zu dem gewünschten Ergebnis führen sollen. Die meisten Verfahren beruhen auf einer Kombination von Addition/Multiplikation, XOR-Verknüpfung[7] und Vertauschungen der zu verschlüsselnden Zeichen. Eine dadurch beschriebene komplexe Operation wird häufig als *Runde* (gelegentlich auch als *Halbrunde*) bezeichnet. Für jeden Klartextblock werden nacheinander mehrere Runden durchlaufen: Das Ergebnis der ersten Anwendung der Rundenfunktion wird erneut als Eingabe der Rundenfunktion verwendet, dann ein weiteres Mal usw., und erst das Ergebnis der letzten Anwendung wird als Geheimtextblock ausgegeben. Schon eine kleine Änderung im Klartextblock pflanzt sich durch die Wiederholung lawinenartig durch den ganzen Block fort und führt dadurch wie gewünscht zu einem ganz anders aussehenden Geheimtextblock. Typischerweise besteht eine vollständige Verschlüsselungsoperation aus mindestens acht, je nach Verfahren gelegentlich aber auch aus über 30 Runden. Je größer die Rundenzahl gewählt wird, desto sicherer wird ein Verfahren gegen kryptanalytische Angriffe – und desto langsamer wird es auch, denn der Rechenaufwand steigt natürlich ebenfalls.

Bei vielen Verfahren wird der Eingabeblock zu Anfang einer jeden Runde in zwei Hälften zerlegt, die man mit L und R (links und rechts) bezeichnet. Die Operationen werden nur auf den R-Teil angewendet. Ihr Ergebnis wird durch XOR mit L verknüpft und bildet die rechte Hälfte des Rundenergebnisses, während die linke Hälfte von dem unveränderten R gebildet wird. In jeder Runde wird also für eine Hälfte des Blocks mit Hilfe der anderen Hälfte Konfusion erzeugt, während diese andere Hälfte unverändert bleibt. Die letztere wird in der jeweils folgenden Runde dem Konfusionsverfahren unterzogen. Verfahren, die

7 Die XOR-Verknüpfung (eXklusives OdeR von Bits) hat die folgenden Eigenschaften: $0 \oplus 0 = 1 \oplus 1 = 0$, : $0 \oplus 1 = 1 \oplus 0 = 1$. Die Verknüpfung mit einem festen Wert ist umkehrbar: $(a \oplus b) \oplus b = a$.

diesem Schema folgen, werden als *Feistel-Netzwerke* bezeichnet. Ein gutes Beispiel wird im folgenden Abschnitt erläutert. (Eine skizzenhafte Darstellung der Rundenabfolge findet sich in Abbildung 2-2 auf Seite 49.)

Bei diesem Verfahren gehen in die einzelnen Runden jeweils Teile des geheimen Schlüssels ein. Die Berechnungsvorschrift muß dabei zusätzlich zu den bisher genannten Anforderungen sicherstellen, daß auch zwei nur leicht unterschiedliche Schlüssel zu ganz unterschiedlichen Ergebnissen führen. Außerdem sollten keine Schlüssel existieren, die (möglicherweise vom Benutzer unbemerkt) zu besonders leicht entschlüsselbaren Geheimtexten führen – man stelle sich als Extremfall eine Caesar-Addition mit dem Betrag 0 vor! Zudem ist es wichtig, daß ein Anwender aus möglichst vielen verschiedenen Schlüsseln wählen kann, um es einem Angreifer schwer zu machen, kurzerhand alle möglichen Schlüssel durchzuprobieren; ein solcher Angriff mit brutaler Rechenkraft wird als *Brute-Force-Attack* bezeichnet. Wie im Abschnitt über die Caesar-Verschlüsselung bereits erwähnt, lassen sich die 26 dort möglichen Schlüssel blitzschnell durchprobieren – selbst von Hand ließe sich das schnell durchführen. Wie lang ein Schlüssel sein muß, um als sicher zu gelten, hängt sowohl vom Verfahren als auch vom Entwicklungsstand der Rechnergeschwindigkeit ab. Bei den im folgenden beschriebenen Verfahren gelten heutzutage 40 Bit (entsprechend etwa 10^{12} oder einer Billion möglicher Schlüssel) als unsicher; diese Schlüssellänge wird aufgrund der bisherigen amerikanischen Exportbestimmungen beispielsweise in den gängigen WWW-Browsern für die »sichere« Datenübermittlung genutzt. 56 Bit mögen bei manchen Anwendungen noch als unterste Grenze akzeptabel sein. Schlüssellängen von 128 Bit (etwa $3{,}4 \times 10^{38}$ mögliche Schlüssel) schützen heutzutage sicher vor Brute-Force-Angriffen. Selbst ein Computer, der je Sekunde eine Trillion Schlüssel durchprobieren könnte, wäre damit zehn Billionen Jahre lang beschäftigt – zum Vergleich: Das jetzige Alter des Universums liegt in der Größenordnung von zehn *Milliarden* Jahren.

Die Entschlüsselung gestaltet sich bei Kenntnis des geheimen Schlüssels einfach, denn sämtliche elementaren Operationen sind bei einem korrekten Verfahren umkehrbar und ebenfalls elementar auszuführen. Die Entschlüsselung eines Geheimtextblocks durchläuft also in umgekehrter Reihenfolge die Inversen der elementaren Operationen und liefert als Ausgabe den gesuchten Klartextblock. Weil zum Ver- und Entschlüsseln jeweils derselbe Schlüssel verwendet wird, werden diese Verfahren auch *symmetrisch* genannt. Beim praktischen Einsatz symmetrischer Verfahren ist es wichtig, daß die Kommunikationspartner den Schlüssel geheimhalten. Da jedoch zwei Partner, die sich nicht am gleichen Ort aufhalten, den Schlüssel irgendwie vereinbaren, also auf einem Kommunikationsweg austauschen müssen, kann dieser Austausch prinzipiell belauscht werden. Fällt der Schlüssel einem Lauscher in die Hände, kann dieser unbemerkt mitlesen. Damit erweist sich die große Stärke dieser Verfahren – der Aufbau aus einfachen, leicht invertierbaren Bausteinen – auch gleichzeitig als eine ihrer Schwächen.

Die Kunst des Kryptographen besteht darin, die elementaren Bausteine auf geschickte Weise zu kombinieren. Dabei sollte das gesamte Verfahren einerseits möglichst einfach zu beschreiben sein, denn je komplizierter es ist, desto wahrscheinlicher schleichen sich Fehler in praktische Implementierungen ein, die auch ein gutes Verfahrensdesign entscheidend schwächen können. Andererseits hat sich gezeigt, daß schon geringe Schwächen im Design von Kryptanalytikern dazu genutzt werden können, ein Verfahren zu knacken. Bei den weitaus meisten veröffentlichten Algorithmen sind tatsächlich früher oder später Schwächen entdeckt worden. Mitunter konnten diese zwar durch eine Erhöhung der Rundenzahl teilweise wieder kompensiert werden; letztlich haben sich aber nur einige wenige Verfahren als vertrauenswürdig durchsetzen können. Die folgenden Abschnitte stellen drei solche Verfahren vor.

DES und seine Varianten

Das wohl bekannteste und am häufigsten eingesetzte Verfahren ist unter dem Namen *DES* (*Data Encryption Standard*) bekannt geworden. Es wurde in der Mitte der siebziger Jahre entwickelt und in den folgenden Jahren von verschiedenen Normierungsorganisationen als Standard anerkannt. Besonders im Wirtschaftsverkehr wird es häufig eingesetzt, unter anderem bei der Abwicklung von Bargeldauszahlungen mit einer eurocheque-Karte. An der Entwicklung waren sowohl die Firma IBM als auch der US-amerikanische Geheimdienst *NSA* (*National Security Agency*) beteiligt. Zu den Entwurfszielen gehörte es, daß das Verfahren leicht verständlich, preiswert umsetzbar, effizient berechenbar, hochgradig sicher und öffentlich verfügbar sein sollte. Entsprechend Kerckhoffs' Maxime sollte die Sicherheit der Verschlüsselung nur vom Schlüssel abhängen. Obwohl es von Anfang an auch Kritik an DES gegeben hat, muß nach über zwanzig Jahren praktischer Nutzung festgestellt werden, daß die genannten Ziele tatsächlich erreicht worden sind – jedenfalls in der Vergangenheit.

Allerdings wurde zur Zeit der Entwicklung von DES eine Blocklänge von 64 Bit (8 Byte) sowie eine Schlüssellänge von 56 Bit[8] als sicher angesehen. Nach den kryptanalytischen Entwicklungen der letzten Jahre und den großen Steigerungen der Rechengeschwindigkeit ist nun jedoch wohl das Ende der sicheren Einsetzbarkeit von DES erreicht. Einige Anmerkungen hierzu finden sich am Ende dieses Abschnitts. Zunächst wollen wir uns jedoch die Arbeitsweise von DES etwas genauer ansehen; sie ist ein gutes Beispiel für die auch bei anderen modernen Verfahren häufig zu findenden Entwurfsprinzipien.

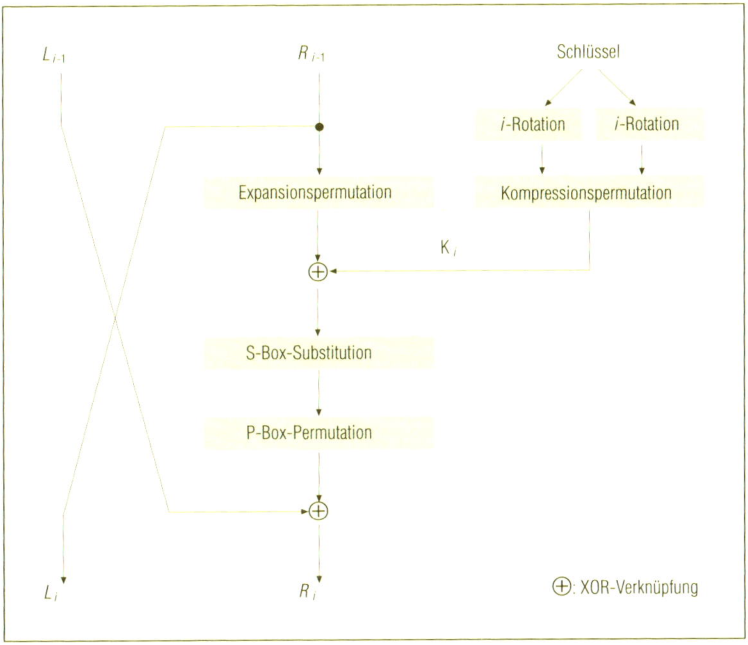

Abbildung 2-1: Der Ablauf einer DES-Runde

Die in einer einzelnen Runde durchgeführten Operationen sind in Abbildung 2-1 dargestellt. Zunächst wird aus dem Schlüssel der für diese Runde zu verwendende Rundenschlüssel erzeugt. Dazu wird der Schlüssel in zwei Hälften zerlegt,

8 Ein DES-Schlüssel wird häufig als Folge von acht Bytes (64 Bit) angegeben. Acht dieser Bits sind jedoch Paritätsbits, die als Schutz vor Fehlübermittlungen dienen. Deswegen beträgt die effektive Schlüssellänge nur 56 Bit.

die dann abhängig von der Rundennummer jede für sich um einige Bitpositionen rotiert werden. Aus den insgesamt 56 Schlüsselbits werden dann 48 Bits ausgewählt, die nach einer Umsortierung den Rundenschlüssel bilden. Diesen Vorgang von Auswahl und Vertauschung nennt man *Kompressionspermutation*. Durch die eingangs durchgeführte Bitrotation werden in jeder Runde andere Bits des Originalschlüssels ausgewählt und neu zusammengefügt. Die Berechnung der Rundenschlüssel braucht nur einmal vor Beginn der Verschlüsselung eines längeren Textes zu erfolgen; die Ergebnisse können gespeichert und hinterher bei Bedarf zeitsparend abgerufen werden.

Als nächstes wird der 64 Bit lange Eingabeblock in eine linke und eine rechte Hälfte (*L* bzw. *R*) aufgeteilt. *L* bleibt innerhalb der Runde zunächst unverändert. Die Bits von *R* werden untereinander vertauscht, wobei einzelne Eingabebits mehrfach in der Ausgabe auftreten; dieser Schritt wird als *Expansionspermutation* bezeichnet. Das 48 Bit lange Ergebnis wird durch bitweises XOR mit dem Rundenschlüssel verknüpft. Das Resultat dieses Schritts wird in acht Blöcke zu je sechs Bit aufgeteilt, die als Eingabe für jeweils eine von acht Substitutionsboxen (*S-Boxen*) dienen. Der Aufbau der S-Boxen ist innerhalb von DES fest vorgegeben. Abhängig von dem sechs Bit langen Eingabewert liefern sie einen vier Bit langen Ausgabewert. Insgesamt werden durch die S-Box-Substitution acht mal vier Bit, also 32 Bit, erzeugt. Dieser Schritt führt zur Konfusion der Daten. Die erzeugten Bits werden abschließend noch einer fest vorgegebenen Permutation (*P-Box*) unterzogen, die genau wie die Expansionspermutation der Erzeugung von Diffusion dient. Schließlich wird dieses Ergebnis mit den unveränderten Bits von L durch XOR verknüpft und bildet die rechte Hälfte des Rundenergebnisses. Das alte, unveränderte R wird als linke Hälfte des Rundenergebnisses durchgereicht. Damit ist die Beschreibung einer DES-Runde abgeschlossen.

DES schreibt vor, daß insgesamt 16 solcher Runden nacheinander ausgeführt werden müssen (siehe Abbildung 2-2). Ganz zu Anfang werden die 64 Bits des Klartextblocks untereinander vertauscht (*Initialpermutation*, *IP*). Dann werden die 16 identischen Runden ausgeführt, die sich nur im jeweils verwendeten Rundenschlüssel unterscheiden. Als einzige Abweichung wird nach der letzten Runde keine Vertauschung der beiden Hälften mehr vorgenommen. Am Ende wird eine *Abschlußpermutation* ausgeführt, die zur Eingangspermutation invers ist.

Zur Entschlüsselung muß ein Geheimtextblock eigentlich all diese Operationen in umgekehrter Reihenfolge durchlaufen. Bei einem Feistel-Netzwerk ist dies je-

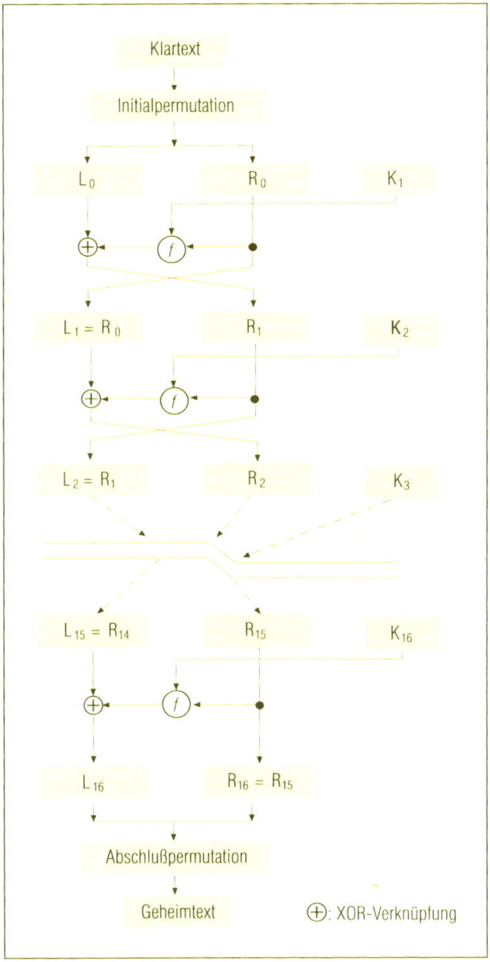

Abbildung 2-2: Der Aufbau von DES

doch besonders einfach zu erreichen. Wie man in Abbildung 2-1 sieht, läßt sich bei bekanntem Ergebnis einer Verschlüsselungsrunde leicht berechnen, wie die Eingabe ausgesehen haben muß: Die *R*-Hälfte der Eingabe ist ohnedies bereits bekannt, denn sie wird ja unverändert durchgereicht. Aus ihr läßt sich genau wie beim Verschlüsseln der Wert berechnen, mit dem die andere Hälfte XOR-verknüpft werden muß, um die *L*-Hälfte zu erhalten – glücklicherweise ist die

XOR-Verknüpfung ja zu sich selber invers. Die Funktion, die auf *R* angewendet wird, muß also nicht einmal umkehrbar sein. Im wesentlichen läuft das Entschlüsseln also genau wie das Verschlüsseln ab, nur müssen die Rundenschlüssel in der umgekehrten Reihenfolge verwendet werden.

Diese einfache Umkehrbarkeit des Vorgangs ist insbesondere dann von Vorteil, wenn ein Verfahren platzsparend als Chip realisiert werden soll. Auch die elementaren DES-Operationen, also bitweise Vertauschungen und XOR-Verknüpfungen, sind sehr leicht in Hardware zu realisieren, während sie in Software eher zeitaufwendig sind. Zum Zeitpunkt der Entwicklung von DES – vor der Einführung von programmierbaren Mikroprozessoren und Computern als Massenware – war man gerade für den praktischen Einsatz in der Wirtschaft tatsächlich besonders an preisgünstigen Chip-Lösungen interessiert, und auch heute ist dies noch von Bedeutung, zum Beispiel beim Einsatz von Chipkarten. Mit spezialisierter Hardware lassen sich heutzutage 200 Megabyte und mehr pro Sekunde verschlüsseln, während die schnellsten PC-Programme derzeit immerhin mehr als ein Megabyte je Sekunde verschlüsseln.[9]

Die hohen Geschwindigkeiten, die mittlerweile erreicht werden, haben sich aber zum Sicherheitsproblem für DES entwickelt. Nehmen wir zur Illustration an, uns wäre ein einziger Klartextblock mitsamt dem dazugehörigen Geheimtextblock bekannt geworden. Das ist im praktischen Einsatz keine unrealistische Annahme, denn oft haben Dateien einen standardisierten Aufbau: E-Mails enthalten standardisierte Protokollelemente, Briefe haben an leicht aufzufindenden oder zu erratenden Stellen Standardfloskeln (»Sehr geehrte ...«, »Mit freundlichen Grüßen«), und Textverarbeitungsdateien enthalten am Anfang Verwaltungsinformationen mit wohlbekannter Struktur. Auch ohne in die Theorie der Kryptanalyse einzusteigen, könnten wir mit einem der oben angesprochenen Chips anfangen, alle möglichen Schlüssel durchzuprobieren. Unter Berücksichtigung des Zeitaufwandes zur Erzeugung der Rundenschlüssel ließen sich pro Sekunde sicherlich mindestens 20 Millionen Schlüssel darauf testen, ob sie den bekannten Geheimtextblock von acht Byte Länge in den ebenfalls bekannten Klartext entschlüsseln. Da es insgesamt nur 2^{56} verschiedene Schlüssel gibt, hätten wir nach spätestens $2^{56}/20.000.000$ Sekunden bzw. etwa 41.700 Tagen

9 Ein DES-Programm ist im Quelltext beispielsweise bei Schneier [1996] zu finden. Eine (allerdings sehr langsame) Fortran-Implementierung findet sich in Press et al. [1986]. Hinweise auf Quellen im Internet stehen in Anhang A.

den Schlüssel gefunden. Da das noch kein sonderlich praktisches Ergebnis ist, könnten wir beispielsweise etwa 4000 solcher Chips parallel suchen lassen und wären dann nach spätestens etwa zehn Tagen am Ziel, im Mittel sogar bereits nach etwas über fünf Tagen.

In offiziellen Aussagen hatten noch vor kurzem Angehörige der Geheimdienste öffentlich versichert, DES garantiere die Vertraulichkeit von Nachrichten, weil ein Brechen der Verschlüsselung niemandem möglich sei. Im Jahre 1998 zeigte die *Electronic Frontier Foundation* (*EFF*) jedoch, daß ein Brute-Force-Angriff wie der eben beschriebene sehr wohl praktisch durchführbar ist. Damit ist zum erstenmal unwiderlegbar bewiesen worden, daß DES heute nicht mehr sicher ist. Die EFF hat dazu (langsamere, aber billigere) Chips entworfen, die je 24 DES-Entschlüsseler enthalten, die jeweils 2,5 Mio. Schlüssel pro Sekunde durchprobieren können. 1536 solcher Chips wurden dann zusammengeschaltet, so daß über 92 Mrd. Schlüssel in jeder Sekunde getestet werden können. Die Maschine, deren Entwicklung und Bau insgesamt etwa 210.000 US-Dollar gekostet haben, findet im Mittel nach etwa 4,5 Tagen jeden gesuchten Schlüssel; im schlimmsten Fall beträgt die Suchzeit neun Tage. Sie ist so gebaut, daß nicht einmal ein Klartextblock bekannt sein muß. Wenn man lediglich weiß, daß der Klartext nur aus lateinischen Buchstaben sowie Leerzeichen besteht, reichen zwei Geheimtextblöcke aus, um den Schlüssel in der gleichen Zeit zu finden – ohne den Klartext vorab zu kennen![10] Im Januar 1999 gelang es dieser Maschine im Verein mit rund 100.000 im Internet verteilten PCs, einen DES-Schlüssel in unter 23 Stunden zu knacken. Je Sekunde wurden dabei über 240 Milliarden möglicher Schlüssel durchprobiert.

Die Anzahl zusammengeschalteter Chips in einem solchen Spezialcomputer läßt sich problemlos weiter erhöhen, so daß man bei höherem Finanzeinsatz auch noch deutlich schneller zum Ziel gelangen kann. Man kann wohl davon ausgehen, daß Geheimdienste und möglicherweise auch einige privatwirtschaftlich organisierte Firmen bereits seit längerem die Möglichkeit haben, mit DES verschlüsselte Texte insgeheim mitzulesen, auch wenn dies offiziell immer bestritten worden ist. Angesichts dessen wird auch die lange in Kryptographenkreisen geführte Diskussion darüber hinfällig, ob die NSA die Konstruktion der S-Boxen dahingehend beeinflußt hat, daß es eine geheime »Hintertür« gibt, die dem Geheimdienst das unbefugte Entschlüsseln ermöglicht.

---

10 Die Einzelheiten sind in dem Buch *Cracking DES* der Electronic Frontier Foundation [1998] beschrieben. Es enthält die vollständigen Programme und die Einzelheiten des Chip-Aufbaus.

Der Grund für diese Unsicherheit von DES ist letztlich die geringe Schlüssellänge von nur 56 Bit. Da diese Schwäche prinzipiell von Anfang an bekannt war, sind schon vor langer Zeit Vorschläge dafür gemacht worden, wie das Verfahren sicherer gemacht werden kann, ohne seine Funktionsweise grundsätzlich zu verändern. Im folgenden sind einige dieser Modifikationen kurz beschrieben.

Triple-DES benutzt zwei verschiedene Schlüssel zu je 56 Bit. Der Klartext wird zunächst mit dem ersten Schlüssel *ver*schlüsselt, dann mit dem zweiten Schlüssel *ent*schlüsselt und schließlich erneut mit dem ersten *ver*schlüsselt. Dies läßt sich gut mit Hard- oder Software-Modulen durchführen, die für einfaches DES entwickelt wurden, und bietet deutlich erhöhte Sicherheit, die seit einiger Zeit auch im eurocheque-Verkehr genutzt wird. Seit Ende 1998 dürfen amerikanische Regierungsstellen einfaches DES nicht mehr verwenden, auch hier kommt jetzt Triple-DES zum Einsatz – allerdings nur so lange, bis der neue Standard AES (siehe den Abschnitt *Die nächste Generation: AES* in Kapitel 2.2) verabschiedet ist. Insgesamt gibt es 2^{112} mögliche Schlüssel, und eine Brute-Force-Suche mit der Maschine der EFF würde fast eine Billiarde Jahre dauern. Bei dieser Variante ist es übrigens wichtig, daß insgesamt drei DES-Operationen (und nicht etwa nur zwei) durchgeführt werden. Wenn ein Lauscher einen Klartextblock und den zugehörigen Geheimtextblock einer Verschlüsselung mit nur zwei Operationen kennt, kann er nämlich im Rahmen einer Brute-Force-Suche parallel anfangen, den Klartextblock durch eine einfache DES-Anwendung zu *ver*schlüsseln und den Geheimtextblock mit einer weiteren DES-Operation zu *ent*schlüsseln. Nun braucht er nur noch ein Paar identischer Ergebnisse der beiden Teiloperationen zu finden und kennt dann den gesamten Schlüssel. Der Zeitaufwand für diesen Angriff beträgt nur 2×2^{56} Zeiteinheiten und ist somit nicht viel höher als bei einem Angriff auf das einfache DES-Verfahren. Triple-DES verhindert diese Art von Angriff zuverlässig.

Daß die zunächst eigenartig anmutende Reihenfolge Verschlüsselung-Entschlüsselung-Verschlüsselung gewählt wird, hat seinen Zweck darin, daß Triple-DES dadurch das einfache DES-Verfahren als Spezialfall enthält, indem man nämlich die beiden 56-Bit-Schlüssel gleich wählt. Damit ist dann zwar keine zusätzliche Sicherheit erreicht worden, aber eine vorliegende Triple-DES-Implementierung läßt sich so im Bedarfsfall weiter nutzen, wenn der andere Kommunikationspartner nur über einfaches DES verfügt. Noch merklich sicherer wird das Verfahren, wenn man drei verschiedene Schlüssel für die drei Operationen benutzt. Ein kleiner Nachteil besteht darin, daß Software-Realisierungen der einzelnen Triple-DES-Varianten um den Faktor 3 langsamer als DES sind.

Eine andere Variante, die als DESX bekannt geworden ist, beruht auf einer sehr einfachen, aber wirkungsvollen Idee, dem sogenannten *Whitening*. Es wird ein zusätzlicher Schlüssel von 64 Bit verwendet, der ganz zu Anfang mit jedem Klartextblock XOR-verknüpft wird. Zudem wird das Ergebnis der letzten Verschlüsselungsrunde mit einer Bitfolge XOR-verknüpft, die aus sämtlichen Schlüsselbits (56 Bits des normalen DES-Schlüssels und 64 Bits des zusätzlichen Schlüssels) berechnet wird. Dieses Verfahren ist sehr schnell in der Durchführung und macht mit seiner effektiven Schlüssellänge von 120 Bits Angriffe wie zum Beispiel den oben beschriebenen erheblich schwerer.

Eine weitere Verbesserung besteht darin, die S-Boxen von einem zusätzlichen Schlüssel abhängig zu machen. Diese können einmal am Anfang erzeugt werden; danach läuft das Verfahren nicht langsamer als DES selbst. Allerdings ist es wichtig, die S-Boxen geschickt zu erzeugen – zufällig gewählte S-Boxen haben normalerweise keine guten kryptographischen Eigenschaften, weil sie nicht genug Konfusion erzeugen.[11]

Die einzelnen Modifikationen lassen sich auch miteinander kombinieren, um die Sicherheit weiter zu erhöhen. Wer heutzutage eine Anwendung entwickelt, die Verschlüsselung benutzt, sollte einfaches DES in der Regel nicht mehr benutzen. Schließlich sollen solche Anwendungen vermutlich eine Lebensdauer von einigen Jahren haben, und der zum Knacken von DES benötigte Aufwand wird sicherlich noch deutlich sinken. Triple-DES stellt somit wohl die Mindestlösung dar. Als Alternative bei höheren Sicherheitsanforderungen sollte jedoch auch erwogen werden, ein ganz anderes Verschlüsselungsverfahren wie etwa das im folgenden Abschnitt vorgestellte IDEA zu verwenden.

IDEA

Die Erkenntnisse aus jahrelangen Analysen von DES wurden an der Eidgenössischen Technischen Hochschule (ETH) in Zürich genutzt, als dort um 1990 ein neues Verschlüsselungsverfahren entwickelt wurde. Dieses Verfahren, das den Namen *IDEA* (*International Data Encryption Algorithm*) führt, weist viele der Schwachstellen von DES nicht auf. Genau wie DES bearbeitet IDEA Blöcke von

11 Weitere Erläuterungen finden Sie z.B. bei Schneier [1996].

je 64 Bit Länge, zeichnet sich aber durch eine Schlüssellänge von 128 Bit aus. Das Verfahren benutzt eine Verallgemeinerung der Feistel-Netzwerke, die in Abbildung 2-3 dargestellt wird. Normalerweise werden acht Runden durchlaufen, also nur halb so viele wie bei DES.

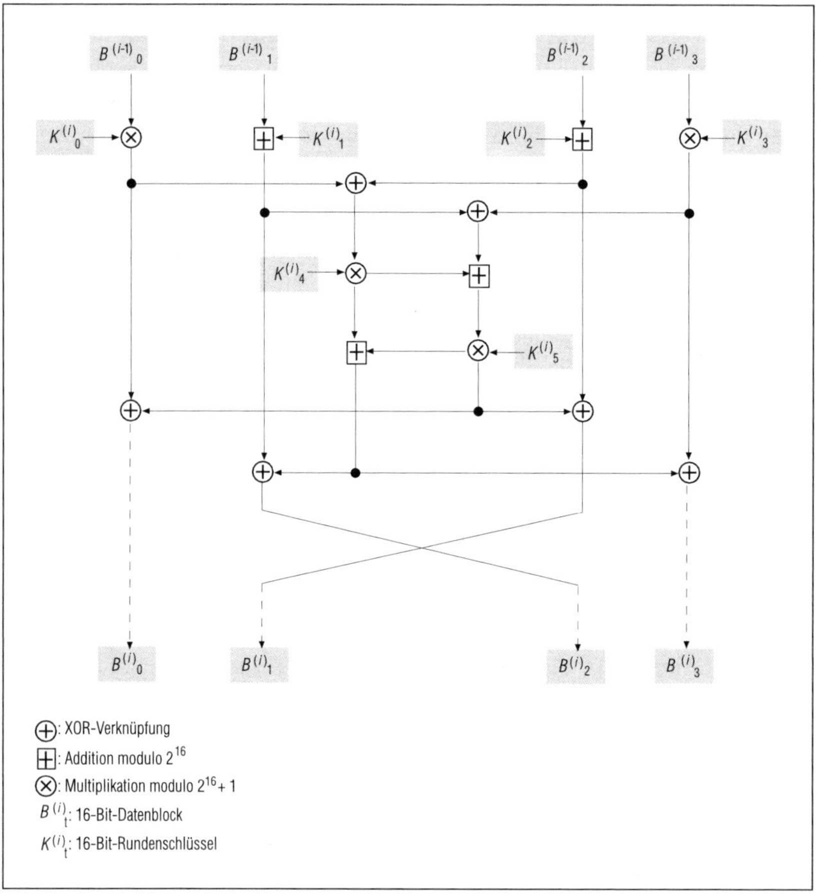

Abbildung 2-3: Der Ablauf einer IDEA-Runde

Zu Anfang werden aus den Schlüsselbits 52 Teilschlüssel von je 16 Bit Länge erzeugt, von denen in jeder Runde sechs benötigt werden; die restlichen vier werden bei einer Abschlußoperation verwendet. Die ersten acht Teilschlüssel entstehen einfach, indem man von Beginn an je 16 der Schlüsselbits zusammenfaßt. Dann wird der gesamte Schlüssel um 25 Bits zyklisch nach links rotiert; das Ergebnis wird wiederum in acht Teile zerlegt usw., bis alle Teilschlüssel erzeugt sind.[12]

Für eine Verschlüsselungsrunde werden die 64 Eingabebits in vier Teilstücke von je sechzehn Bit zerlegt. Die einzelnen Stücke werden nun miteinander und mit den jeweiligen Rundenschlüsseln verknüpft, wobei als elementare Operationen die XOR-Verknüpfung, die Addition und die Multiplikation verwendet werden. Die Addition geschieht dabei in Restklassen modulo 2^{16}, das heißt, es werden nur die jeweils untersten 16 Bits des Ergebnisses berücksichtigt. Die Multiplikation wird modulo $2^{16}+1$ ausgeführt; als Sonderregel wird hier festgelegt, daß statt der Zahl 0 jeweils die Zahl 2^{16} zu verwenden ist. Da $2^{16}+1$ eine Primzahl ist, wird hierdurch erreicht, daß die Multiplikationsoperation stets eindeutig umkehrbar ist[13] – das ist wichtig für die Entschlüsselbarkeit des erzeugten Geheimtextes. IDEA kommt ganz ohne S- und P-Boxen aus, deren Rolle bei DES Gegenstand zahlreicher Diskussionen unter Kryptographen war.

Interessant ist an diesem Verfahren unter anderem, daß die einzelnen elementaren Operationen sehr unterschiedliche mathematische Eigenschaften haben, deren Kombination es einem Kryptanalytiker schwer macht, Abhängigkeiten zwischen Klar- und Geheimtext aufzufinden. Die Bausteine sind außerdem sehr gezielt angeordnet: Die Teilschlüssel gehen nie in XOR-Operationen ein, weil diese Operation zu sich selbst invers ist – dies könnte einem geschickten Analytiker unter Umständen ein wenig Information über den Schlüssel preisgeben. Beim Durchlaufen der Runden wird nie zweimal hintereinander die gleiche Art von Operation durchgeführt, das Ergebnis einer Addition ist beispielsweise stets die Eingabe eines XOR oder einer Multiplikation, nie aber einer weiteren Addition; dies sorgt für ein hohes Maß an Konfusion. Zusätzlich ist das im Mittelpunkt jeder Runde stehende Viereck aus zwei Multiplikationen und zwei Additionen so gewählt, daß hier optimal für Diffusion gesorgt wird, weil jedes Eingangsbit jedes der Ausgangsbits beeinflussen kann. Auch die asymmetrische Behandlung der einzelnen Teilstücke am Ende einer jeden Runde ist kein Zufall, sondern das Ergebnis einer sorgfältigen Analyse möglicher Angriffe auf das

12 Die Zahlen 128 und 25 haben keine gemeinsamen Teiler. Diese Teilerfremdheit sorgt dafür, daß keine zwei Teilschlüssel aus einer Auswahl der gleichen Bits hervorgehen.

13 Das folgt aus den mathematischen Regeln für das Rechnen in Restklassen: Wir haben es mit einer multiplikativen Gruppe zu tun.

Verfahren. Durch die Kombination dieser günstigen Eigenschaften werden derzeit bereits vier IDEA-Runden als sehr sicher angesehen.

Die Entschlüsselung folgt, genau wie bei DES, demselben Schema wie die Verschlüsselung, wie man der Abbildung 2-3 entnehmen kann. Die XOR- und Additionsoperationen sind offensichtlich leicht umkehrbar. Für die Teilschlüssel, die in die Multiplikationen eingehen, muß allerdings der Kehrwert (modulo $2^{16}+1$) bestimmt werden. Dies ist eine vergleichsweise aufwendige Operation, die aber je Teilschlüssel nur ein einziges Mal vor Beginn der Entschlüsselung durchgeführt werden muß.

Ein großer Vorteil der Operationen, die die Schöpfer von IDEA ausgewählt haben, besteht auch darin, daß alle Rechenvorgänge in 16-Bit-Registern durchgeführt werden können. Dadurch ist IDEA besonders in Software effizient umzusetzen. Reine Software-Lösungen für IDEA sind schätzungsweise doppelt so schnell wie für DES, während spezialisierte IDEA-Chips komplexer und etwas langsamer als DES-Hardware sind.[14]

Insgesamt weist IDEA gegenüber DES also zahlreiche Vorteile auf. Die gegenüber DES doppelt so große Schlüssellänge trägt weiter zu wesentlich höherer Sicherheit bei. Bei 128 Bit Schlüssellänge sind Brute-Force-Angriffe nicht mehr durchführbar.[15] Man sollte jedoch bedenken, daß IDEA deutlich jünger als DES und daher auch noch nicht so umfassend analysiert worden ist. So scheint es eine Reihe »schwacher« Schlüssel zu geben, die zumindest theoretisch einen Angriff durchaus ermöglichen.[16] Eine andere Methode der Teilschlüsselerzeugung könnte hier Abhilfe schaffen. Ähnlich wie bei DES lassen sich auch Varianten durch Whitening oder durch Dreifachverschlüsselung vorstellen, um die Sicherheit noch weiter zu erhöhen.

Es gibt jedoch auch praktisch relevante Nachteile. Zum einen ist IDEA nicht gut »skalierbar«, d.h., es läßt sich keine leichte Verallgemeinerung beispielsweise auf 128 Bit Blocklänge angeben. Unglücklicherweise ist nämlich die dafür benötigte Zahl $2^{32}+1$ nicht prim. Deswegen wäre die in dem Verfahren benutzte Multiplikationsoperation nicht mehr eindeutig umkehrbar. Schon deswegen konnte keine

---

14 Der Quelltext für IDEA in C findet sich z.B. bei Schneier [1996] sowie bei Wobst [1998], bei letzterem auch auf der beiliegenden CD-ROM.

15 Ein weiteres Handicap für Angriffe, die *Ent*schlüsselungen durchprobieren, liegt darin, daß die Invertierung der multiplikativen Teilschlüssel relativ zeitaufwendig ist.

16 Wobst [1998] beschreibt einen Angriff von Philip Hawkes.

IDEA-Variante bei der Ausschreibung für den Advanced Encryption Standard (vgl. den Abschnitt *Die nächste Generation: AES* in diesem Kapitel) antreten. Was den praktischen Einsatz aber deutlich stärker behindert, ist wohl die Tatsache, daß IDEA noch bis zum Jahre 2011 von einem Patent geschützt wird. (DES war zwar ebenfalls unter Patentschutz, jedoch hatte IBM die allgemeine Nutzung ohne Lizenzgebühren gestattet.) Für den nichtkommerziellen Einsatz ist der Einsatz von IDEA unter gewissen Bedingungen derzeit kostenlos. Für andere Verwendungen liegen die Lizenzgebühren derzeit bei einigen Dollar pro Nutzer; für Software-Hersteller gelten wieder andere Bedingungen.[17]

Ein wichtiges Einsatzgebiet für IDEA ist übrigens das weit verbreitete Programmpaket PGP (*Pretty Good Privacy*), das den sicheren Austausch von E-Mail ermöglicht (vgl. den Abschnitt *Das »Vertrauensnetz« von PGP (»Web of Trust«)* in Kapitel 5.3). In neueren Versionen dieses Pakets werden allerdings zusätzlich auch Triple-DES und ein neueres Verfahren namens CAST unterstützt, das mit 64-Bit-Blöcken und 64-Bit-Schlüsseln sowie veränderbaren S-Boxen arbeitet. Bis auf die geringe Block- und Schlüssellänge scheint es sehr sicher zu sein.[18]

Blowfish

Einen guten Kompromiß zwischen Sicherheit und problemloser Verfügbarkeit stellt der Blowfish-Algorithmus dar, der von Bruce Schneier entwickelt wurde. Es handelt sich hier um ein Feistel-Netzwerk mit 16 Runden. Die Blöcke sind 64 Bit lang, und die Schlüssel können eine beliebige Länge bis zu 448 Bit haben. Genau wie bei DES werden S-Boxen benutzt, die aber von dem gewählten Schlüssel abhängig sind. Als elementare Operationen werden nur Addition und XOR-Verknüpfung sowie Ersetzungen mit Hilfe von Tabellen vorgenommen. Deswegen ist das Verfahren sehr schnell: laut Schneier etwa doppelt so schnell wie IDEA, viermal so schnell wie DES (in Software!), zwölfmal so schnell wie Triple-DES.

Zu Anfang werden aus dem Schlüssel die Rundenschlüssel und die S-Boxen erzeugt. Diese Berechnung ist zwar einfach, aber relativ langwierig. Danach wird in jeder Runde die linke Hälfte (L) des Eingabeblocks mit dem Rundenschlüssel XOR-verknüpft. Das Ergebnis bildet die rechte Hälfte des Rundenergebnisses.

17 Einzelheiten erfahren Sie bei der Lizenzeignerin, der Ascom Systec AG, im WWW unter der Adresse http://www.ascom.ch/infosec/ zu finden.

18 Weitere Hinweise finden Sie bei Schneier [1996].

Außerdem wird mit Hilfe der S-Boxen eine Substitution und Durchmischung der Ergebnisbits vorgenommen, deren Resultat mit der *R*-Hälfte XOR-verknüpft wird – das ergibt die linke Hälfte des Rundenergebnisses. Am Ende der 16 Runden werden die beiden Hälften zurückgetauscht, dann folgt eine abschließende XOR-Verknüpfung.

Für den Einsatz in Chipkarten ist das Verfahren schlecht geeignet, weil die S-Boxen von Blowfish sehr viel Platz benötigen. Das Verfahren wurde speziell für moderne Mikroprozessoren entwickelt und optimiert. Aufwendig ist lediglich die einmalige Berechnung der Rundenschlüssel und der S-Boxen ganz am Anfang. Es gibt zwar spezielle Anwendungen, in denen dies störend wirkt. Dazu gehören manche Arten von Online-Datenverkehr, bei denen viele kleine, voneinander unabhängige Transaktionen mit unterschiedlichen Schlüsseln ausgeführt werden. Bei anderen Anwendungen hingegen wirkt der höhere Anfangsaufwand jedoch eher als Vorteil, weil Brute-Force-Angriffe, die einfach viele Schlüssel durchprobieren, dadurch weiter erschwert werden.

Zu den Vorteilen des Verfahrens gehört (außer der Tatsache, daß es bisher noch nicht geknackt wurde) auch, daß es nicht patentiert, also frei verfügbar ist. Außerdem ist es leicht in Software zu implementieren: Schneier nennt als eines seiner Entwurfskriterien, daß sich der Entwurf »leicht analysieren und damit gegen Implementierungsfehler absichern« läßt. Daß die Realisierung in C, die er selbst in seinem Buch angibt, einen (allerdings selten auftretenden) Fehler enthält, unterstreicht einmal mehr, wie bedeutsam die Verständlichkeit und Nachvollziehbarkeit eines Verschlüsselungsverfahrens ist: Der Fehler wurde nicht von Schneier selbst entdeckt, sondern von jemandem, der das Programm einsetzen wollte und es deswegen eingehend untersuchte. Daraus wird offensichtlich, wie wichtig es ist, daß sowohl das Verfahren als auch seine praktische Umsetzung unabhängig von möglichst vielen Fachleuten überprüft wird. Nur so lassen sich Fehler einigermaßen sicher ausschließen.[19] So paradox es auch zunächst klingt: Je leichter zugänglich und je bekannter ein Verfahren zur Geheimhaltung von Informationen ist, desto sicherer und vertrauenswürdiger ist es!

---

19 Eine korrigierte Version findet sich auf der WWW-Seite von Schneier (http://www.counterpane.com). Dort stehen auch Hinweise zu anderen Software-Implementierungen. Bei Wobst [1998] liegt der Programmkode (*ohne* den genannten Fehler) auf der CD-ROM bei. – Beim Übersetzen der Programme muß die Byte-Reihenfolge des jeweiligen Prozessors berücksichtigt werden!

Die nächste Generation: AES

Auf der Erkenntnis, daß die öffentliche Verfügbarkeit für Analysen zu mehr Sicherheit führt, fußt auch der derzeit laufende Prozeß, bei dem ein Nachfolger für DES gekürt werden soll. Im Laufe der vergangenen 20 Jahre haben die Fortschritte sowohl in der Kryptanalyse als auch in der Leistungsfähigkeit der Rechner die Sicherheit von DES zunehmend in Frage gestellt. Der Hauptgrund hierfür ist die vergleichsweise geringe Anzahl möglicher Schlüssel (2^{56}), aber auch die Blocklänge von 64 Bit wird mittlerweile als zu gering angesehen, um in hinreichendem Maße Diffusion erzeugen zu können. Was die reine Schlüssellänge angeht, sind in den vorigen Abschnitten bereits Alternativen mit höherer Sicherheit genannt worden – das Problem der Blocklänge bleibt jedoch auch hier bestehen. Zudem haben Verfahren wie Triple-DES den Nachteil, deutlich langsamer zu sein.

Es scheint also ratsam zu sein, für Wirtschaft und Verwaltung allgemein ein neues Verschlüsselungsverfahren anzubieten, das Sicherheit für die kommenden Jahre bietet und gleichzeitig kostengünstig einzusetzen ist. Auch wenn sich die Sicherheit eines Verfahrens nie garantieren läßt, kann man doch Sicherheitsreserven einplanen, indem man etwa die zu erwartende weitere Steigerung der Rechnerleistung bereits im Entwurf berücksichtigt. Hierbei müssen auch die hohen Kosten in Erwägung gezogen werden, die mit der großflächigen Umstellung auf ein neues System einhergehen – allein der Austausch von Millionen von eurocheque-Karten wäre keine billige Angelegenheit.

Deswegen hat die amerikanische Normierungsbehörde *NIST (National Institute of Standards and Technology)* im Jahre 1997 einen öffentlichen Wettbewerb für einen *Advanced Encryption Standard (AES)* ausgeschrieben. Der DES-Nachfolger soll eine symmetrische Blockverschlüsselung mit einer Blocklänge von 128 Bit und Schlüssellängen von 128, 192 und 256 Bit bieten. Er soll dabei sowohl schneller als auch sicherer als Triple-DES, frei verfügbar und öffentlich nachgeprüft sein. Er soll die in der folgenden Tabelle genannten Kriterien erfüllen:

Sicherheit	bestmögliche Sicherheit
	Ausgabe von Zufallsbits nicht unterscheidbar
	mathematisch fundiert
	keine kryptanalytischen Angriffe bekannt, die die Sicherheit verringern

Tabelle 2-1: Kriterien für die Bewertung der AES-Kandidaten

Kosten	weltweit ohne Einschränkungen oder Lizenzgebühren verfügbar schnell zu berechnen wenig Speicherplatzbedarf wenige Schaltelemente in Hardware
Algorithmische Eigenschaften	flexibel, z. B. auch andere Schlüssel-/Blocklängen bietend; auf Chipkarten umsetzbar; auch für andere kryptographische Aufgaben (vgl. Kapitel 3) einsetzbar sowohl in Hardware als auch in Software, idealerweise auch in Firmware umsetzbar einfach aufgebaut

Tabelle 2-1: Kriterien für die Bewertung der AES-Kandidaten (Fortsetzung)

Die Ausschreibung war eine internationale Angelegenheit, an der sich viele der besten Kryptographen aus der ganzen Welt beteiligten. Die Angebotsfrist lief Mitte Juni 1998 ab. 15 Kandidaten erfüllten die formalen Bedingungen und wurden zur ersten der beiden Verfahrensrunden zugelassen (Tabelle 2-1).

Name	Entwickler	Herkunftsland	Beschreibung
CAST-256	Carlisle Adams Howard Heys Stafford Tavares Michael Wiener	Kanada	modifiziertes Feistel-Netzwerk, 48 Runden; Weiterentwicklung von CAST-128
Crypton	Chae Hoon Lim	Korea	SP-Netzwerk[20], 12 Runden
DEAL	Richard Outerbridge Lars Knudsen	Kanada/ Norwegen	Feistel-Netzwerk, 6/6/8 Runden; Weiterentwicklung von DES
DFC	Serge Vaudenay	Frankreich	Feistel-Netzwerk, 8 Runden
E2	Masayuki Kanda u. a.	Japan	Feistel-Netzwerk, 12 Runden

Tabelle 2-2: Zur ersten Runde zugelassene AES-Kandidaten

20 SP-Netzwerke sind, ähnlich wie Feistel-Netzwerke, Standardelemente von Blockverschlüsselungen. Sie bestehen aus Substitutionen und Permutationen.

Name	Entwickler	Herkunftsland	Beschreibung
Frog	Dianelos Georgoudis u.a.	Costa Rica	Kode-Interpreter
HPC	Rich Schroeppel	USA	verschiedene Operationen
Loki97	Lawrie Brown Josef Pieprzyk Jennifer Seberry	Australien	Feistel-Netzwerk, 16 Runden; Weiterentwicklung von Loki89/Loki91
Magenta	Deutsche Telekom	Deutschland	Feistel-Netzwerk, 6/6/8 Runden
Mars	IBM	USA	modifiziertes Feistel-Netzwerk, 32 Runden
RC6	Ron Rivest Matthew Robshaw u.a.	USA	modifiziertes Feistel-Netzwerk, 20 Runden; Weiterentwicklung von RC5
Rijndael	Joan Daemen Vincent Rijmen	Belgien	SP-Netzwerk, 10/12/14 Runden
Safer+	James Massey u.a.	USA/Armenien	SP-Netzwerk, 8/12/16 Runden; Weiterentwicklung von Safer
Serpent	Ross Anderson Eli Biham Lars Knudsen	Großbritannien/Israel/Norwegen	SP-Netzwerk, 32 Runden
Twofish	Bruce Schneier u.a.	USA	Feistel-Netzwerk, 16 Runden

Tabelle 2-2: Zur ersten Runde zugelassene AES-Kandidaten (Fortsetzung)

Bereits während der ersten AES-Konferenz im August 1998 wurde über kryptanalytische Angriffe gegen DEAL, Frog, Loki97 und das von der Deutschen Telekom eingereichte Magenta berichtet. Diese Verfahren waren damit schon aus dem Rennen. Ein Jahr später benannte das NIST fünf Kandidaten für die zweite Runde. Es handelt sich um Mars, RC6, Rijndael, Serpent und Twofish. Diese Algorithmen werden nun erneut mehrere Monate lang intensiv öffentlich untersucht, ehe der Gewinner benannt und zum neuen Standard erklärt wird. Das dürfte allerdings wohl kaum vor dem Jahr 2001 stattfinden. Der aktuelle Stand des Verfahrens läßt sich jeweils über die WWW-Seite des NIST (http://csrc.nist.

gov/encryption/aes/aes_home.htm) erfahren. Dort sind auch genaue Beschreibungen der Algorithmen sowie Links zu Referenzimplementierungen zu finden.

Wer bereits heute ein System mit höheren Sicherheitsanforderungen aufbaut, das einige Jahre Lebensdauer haben soll, tut wohl gut daran, einen Migrationspfad auf den zu erwartenden neuen Standard einzuplanen – in Abwandlung einer goldenen ärztlichen Regel: »Sei nie der erste, der ein neues Verfahren anwendet, sei aber auch nie der letzte!« Wenn allerdings die Kompatibilität mit offiziellen Standards kein wichtiges Kriterium ist, lassen wohl zumindest diejenigen unter den obengenannten Kandidaten, die von bekannten Autoren stammen, schon jetzt gute Sicherheit erwarten. Hier sind insbesondere RC6 (RSA Labs mit u.a. Ron Rivest), CAST-256 (Carlisle Adams und Stafford Tavares) und Serpent (Ross Anderson, Eli Biham und Lars Knudsen) zu nennen. Letztlich entscheiden aber erst die kommenden Monate, welche Verfahren den vereinten Angriffen der Kryptanalytiker widerstehen können – bis auf weiteres jedenfalls…

2.3 Public-Key-Verfahren: RSA und ElGamal

Allen bisher genannten Verfahren ist die *Symmetrie* gemeinsam: Wer den Schlüssel kennt, mit dem Daten *ver*schlüsselt wurden, der kann sie auch wieder *ent*schlüsseln. (Umgekehrt gilt das gleiche: Wer Daten *ent*schlüsseln kann, kann sie auch *ver*schlüsseln. Das mag an dieser Stelle als seltsame Bemerkung erscheinen, wird aber im nächsten Kapitel wichtig werden.) Daraus ergeben sich in der Praxis zwei unschöne Eigenschaften:

Zum einen müssen je zwei Partner, die sicher miteinander kommunizieren wollen, sich auf einen eigenen geheimen Schlüssel festlegen. Bei nur zwei Partnern ist das unproblematisch. Bei einer Gruppe von drei Partnern (sagen wir, Alice, Bob und Carol) benötigt man bereits drei Schlüssel: einen für die Kommunikation zwischen Alice und Bob, einen für Alice und Carol sowie einen für Bob und Carol. Wenn alle drei den gleichen Schlüssel benutzen würden, könnte Carol beispielsweise die Post zwischen Alice und Bob mitlesen. Kommt noch ein Partner hinzu, benötigt man sechs Schlüssel, und bei zehn Partnern sind es bereits 45 Schlüssel.[21] Der Aufwand steigt quadratisch mit der Anzahl der Parteien.

---

21 Allgemein ausgedrückt würden bei n Partnern $n(n-1)/2$ Schlüssel benötigt.

Des weiteren muß der Austausch der Schlüssel über einen sicheren Kanal erfolgen – ein Problem, das schon beim One-Time-Pad angesprochen worden ist. Bei einem persönlichen Treffen der beiden Beteiligten läßt sich das problemlos durchführen; was aber, wenn die Kommunikationspartner weit voneinander entfernt leben und sich nie direkt begegnen? Um einen Schlüssel sicher zu vereinbaren, müßten sie über die sichere Kommunikationsmöglichkeit verfügen, die sie durch die Verschlüsselung ihrer Nachrichten ja erst herstellen wollen. In einer solchen Situation kann man zu dem Hilfsmittel greifen, zur Schlüsselvereinbarung einen ganz anderen Kommunikationsweg (beispielsweise Telefon, Fax oder Brief) zu benutzen und zu hoffen, daß ein eventueller Lauscher nicht alle möglichen Wege gleichermaßen abhören kann. Um noch sicherer zu gehen, könnte man den Schlüssel in mehrere Teile zerlegen und jeden Teilschlüssel auf einem anderen Kommunikationsweg übertragen; das macht einem Lauscher die Arbeit sehr schwer. Allerdings ist letztlich auch das nicht sicher, vor allem aber steigt der Aufwand für die legitimen Kommunikationspartner deutlich an. Glücklicherweise sind diese Vorschläge nicht der Weisheit letzter Schluß.

Die Funktionsweise asymmetrischer Verschlüsselungsverfahren

In der Mitte der siebziger Jahre veröffentlichten die Amerikaner Whitfield Diffie und Martin Hellman [1976] sowie unabhängig von ihnen Ralph Merkle eine geradezu revolutionäre Idee, die die beiden angesprochenen Schwierigkeiten elegant löste. Sie schlugen vor, Verfahren zu benutzen, bei denen zum Verschlüsseln ein anderer Schlüssel als zum Entschlüsseln nötig ist. Darüber hinaus sollte es unmöglich sein, aus der Kenntnis eines der beiden Schlüssel den anderen irgendwie ableiten zu können. Vergleicht man die vorher bekannten kryptographischen Systeme mit einem Safe, für den zwei Personen einen Schlüssel haben, so entspricht die neue Idee einem Nachttresor, wie ihn viele Banken anbieten: Viele Menschen können etwas (einen Geldbetrag, eine Order etc.) einwerfen, aber nur der legitime Empfänger (die Bank bzw. ein vertrauenswürdiger Angestellter) hat den Schlüssel, mit dem man an das Eingeworfene herankommt.

Wer ein solches Verfahren benutzen will – sagen wir, Bob –, muß zunächst ein Paar zusammengehörender Schlüssel erzeugen. Einen der beiden Schlüssel hält er geheim, den anderen gibt er öffentlich bekannt. Will Alice ihm eine vertrauliche Nachricht senden, benutzt sie den öffentlichen Schlüssel von Bob, um die

Information zu verschlüsseln, und sendet das Chiffrat ab. Bob kann dieses nach Empfang mit seinem privaten Schlüssel entziffern. Ein Lauscher, der die Nachricht abfängt, kennt Bobs *öffentlichen* Schlüssel natürlich auch; allerdings hilft ihm das nichts, denn ausschließlich mit Bobs *privatem* Schlüssel könnte er die Nachricht lesen. Von zentraler Wichtigkeit bei dieser Vorgehensweise ist, daß der *Empfänger* der Nachricht den Schlüssel vorgibt, nicht etwa der *Absender.*

Damit ist das Problem der Schlüsselvereinbarung gelöst: Jeder, der Interesse am Empfang vertraulicher Nachrichten hat, wählt individuell für sich ein Schlüsselpaar und veröffentlicht eine Hälfte davon. Dazu könnte man Zeitungen, Telefonbücher oder WWW-Seiten benutzen – es ist völlig unschädlich, wenn auch potentielle Lauscher davon erfahren. Es muß nur erreicht werden, daß alle möglichen Absender von Nachrichten den öffentlichen Schlüssel des Empfängers erfahren können.

Gleichzeitig ist das Problem der quadratischen Schlüsselvermehrung gelöst, denn jeder Teilnehmer bräuchte wirklich nur noch ein einziges Schlüsselpaar. Carol könnte einen Brief von Alice an Bob nicht mitlesen, obwohl sie ihre eigenen Briefe an Bob mit genau dem gleichen Schlüssel verschlüsselt wie Alice.

Die asymmetrische Verschlüsselung, die wegen der öffentlichen Verfügbarkeit eines der Schlüssel häufig auch *Public-Key-Verschlüsselung* genannt wird, hat also sehr attraktive Eigenschaften. Die Schwierigkeit besteht nur darin, diese zunächst sehr allgemeine Idee zu konkretisieren. Offenbar müssen ja die beiden Hälften eines Schlüsselpaars ganz genau zueinander passen – sonst könnte man nicht erwarten, daß der private Schlüssel eine mit dem öffentlichen Gegenstück verschlüsselte Nachricht wieder dekodiert. Das heißt aber, daß eine sehr enge, formelmäßig erfaßbare Beziehung zwischen den beiden Hälften besteht. Wenn es die aber gibt, was sollte einen Angreifer dann davon abhalten, das entsprechende Gleichungssystem zu lösen und aus dem öffentlichen den geheimen Schlüssel abzuleiten? Zeit genug hätte er ja, denn der öffentliche Schlüssel würde aus praktischen Überlegungen heraus wohl nicht häufig gewechselt werden – ein Lauscher könnte also langfristig arbeiten.

Prinzipiell ist dieses Dilemma tatsächlich nicht lösbar. Das ist jedoch kein Grund, die Public-Key-Verschlüsselung abzulehnen. Es muß nur sichergestellt werden, daß der Aufwand eines Lauschers dafür, den geheimen Schlüssel herzuleiten, so hoch ist, daß dies *praktisch* nicht durchführbar ist. Andererseits muß auch garantiert sein, daß es für einen Anwender des Verfahrens leicht möglich ist, ein Schlüssel*paar* zu erzeugen. Der praktische Unterschied zwischen dem Besitzer und dem Lauscher besteht darin, daß der Besitzer die Wahl zwischen sehr vielen Paaren hat, während der Lauscher zu einem vorgegebenen (öffentlichen) Schlüssel genau das eine passende Gegenstück finden muß. Daß diese beiden Situationen sehr unterschiedlich sein können, läßt sich vielleicht durch einen Vergleich mit einem Puzzlebild illustrieren: Es ist sehr leicht, ein solches Bild in seine Einzelteile zu zerlegen und in Unordnung zu bringen, während das Zusammensetzen viel Arbeit sein kann. Letztlich liegt dies daran, daß es viele »unordentliche« Anordnungen gibt, aber nur eine einzige richtig geordnete.

Tatsächlich gibt es in der Mathematik eine Reihe von Problemen, die die gewünschte Eigenschaft haben. Ein einfaches Beispiel hierfür ist die Zerlegung einer gegebenen natürlichen Zahl in ihre Primfaktoren.[22] Wer diese Faktoren einmal kennt, kann schnell *verifizieren*, daß die Multiplikation tatsächlich die gewünschte Zahl ergibt. Das *Suchen* der Faktoren ist hingegen sehr viel mühsamer. Ein Beispiel: Daß 899 das Produkt von 29 und 31 ist, läßt sich sogar im Kopf noch schnell nachrechnen, aber die beiden Zahlen zunächst einmal zu finden, ist mit deutlich mehr Arbeit verbunden. Mit Computern läßt sich dies zwar immer noch sehr leicht herausfinden, aber bei sehr großen Zahlen von 300 und mehr Stellen sind auch sie überfordert – jedenfalls beim derzeitigen Entwicklungsstand der Mathematik und der Computertechnik.

Ähnlich der Primfaktorisierung gibt es noch eine ganze Reihe von sogenannten »harten« mathematischen Problemen, die eines gemeinsam haben: Sie lassen sich zwar allesamt prinzipiell lösen, aber die zur Lösung benötigte Zeit wächst stark an, je größer die Eingabeparameter gewählt werden (im Faktorisierungsbeispiel: je mehr Stellen die zu zerlegende Zahl hat). Insbesondere lassen sie sich ohne weiteres so groß wählen, daß beim derzeitigen Wissensstand die Zeit zur Lösung das Alter des Universums übersteigen würde. Natürlich könnte es theoretisch passieren, daß jemand die richtige Lösung auf Anhieb errät; die Wahrscheinlichkeit dafür ist jedoch so mikroskopisch klein, daß man diese Möglichkeit getrost ignorieren kann.

Der Vollständigkeit halber sei angemerkt, daß bisher nicht mathematisch bewiesen werden konnte, daß diese Probleme notwendigerweise so schwer lösbar

---

22 Zur Erinnerung: Die (eindeutig bestimmten) Primfaktoren einer natürlichen Zahl sind die Zahlen, die ihrerseits nicht mehr teilbar sind und deren Produkt genau die Ausgangszahl ist.

sind. In den vergangenen Jahren sind auch bereits bemerkenswerte Beschleunigungen in der Berechnung erzielt worden, die aber durch eine leichte Vergrößerung der Problemparameter leicht wieder kompensiert werden konnten. Rein theoretisch könnte zwar schon morgen jemand eine geniale Idee haben, wie auch die größten derartigen Rechenprobleme in kürzester Zeit zu bewältigen sind. Damit würden sämtliche derzeit bekannten Public-Key-Systeme schlagartig hinfällig werden. Aber so gut wie alle Mathematiker und Informatiker der Welt sind fest davon überzeugt, daß uns diese Revolution, die auch für andere Bereiche der Forschung weitreichende Folgen hätte, auf ewig erspart bleiben wird.

Seit der Veröffentlichung der Idee von Diffie, Hellman und Merkle sind mehrere praktische Realisierungen von Verfahren mit öffentlichem Schlüssel vorgeschlagen worden. Praktische Bedeutung hat das Verfahren von ElGamal erlangt, während in neuerer Zeit eine Methode zunehmend populär zu werden scheint, die die Eigenschaften elliptischer Kurven nutzt. Die Eigenschaften dieser mathematischen Gebilde sind allerdings ohne den entsprechenden Formelapparat nicht ganz einfach zu verstehen. Die Prinzipien der Public-Key-Verschlüsselung lassen sich wohl nach wie vor am besten an dem Verfahren erläutern, das auch den höchsten Bekanntheitsgrad erlangt hat: am RSA-Algorithmus.

RSA

In den Jahren 1977 und 1978 entwickelten die drei Kryptographen Ron Rivest, Adi Shamir und Leonard Adleman das erste Public-Key-System, das sich im praktischen Einsatz bewährt hat. Nach den Initialen der Erfinder wird es als RSA bezeichnet. Es beruht auf bestimmten zahlentheoretischen Eigenschaften, die das Rechnen in Restklassen aufweist. Das Prinzip versteht man am besten anhand eines einfachen Beispiels, das ausschließlich Zahlen verwendet. Wie die Verschlüsselung eines Textes konkret durchzuführen ist, ist danach ganz einfach zu verstehen. (Wenn Sie an den technischen Einzelheiten nicht interessiert sind, können Sie die vier folgenden Seiten überspringen und bei den letzten drei Absätzen des RSA-Abschnitts weiterlesen.)

Zunächst werden bei der Vorbereitung einer RSA-Verschlüsselung zufällig zwei Primzahlen p und q ausgewählt. Zur Illustration dienen hier zwei kleine Zahlen, beispielsweise p=29 und q=37; in der Praxis sollten die Zahlen aber wesentlich größer sein. Man bildet das Produkt $n = p \times q = 1073$ und merkt sich außerdem die Zahl $r = (p-1) \times (q-1) = 1008$. Weiter wird nun eine beliebige Zahl e gewählt, die nur die Voraussetzung erfüllen muß, daß sie mit r keinen Teiler gemeinsam hat. Häufig wählt man hier eine kleine Zahl, etwa 3. Da 3 aber in dem gewählten Beispiel leider nicht teilerfremd zu 1008 ist, kann man z.B. $e = 17$ wählen. e und n bilden gemeinsam den öffentlichen Schlüssel, deswegen werden diese beiden Zahlen veröffentlicht. Die Zahl n wird auch als *Modul*[23] bezeichnet.

Nun wird die Zahl d als Kehrwert von e modulo r *bestimmt*. Mit anderen Worten, das Produkt von e und d muß bei der Division durch r den Rest 1 lassen. Ein solches d gibt es immer, und in dem Beispiel ergibt sich $d = 593$, denn $17 \times 593 = 10081 = 10 \times 1008 + 1$. d bildet den geheimen Schlüssel, der niemandem verraten werden darf. Streng genommen muß der Besitzer des geheimen Schlüssels auch n kennen, aber dieser Wert ist ja ohnedies öffentlich bekannt. Die Zahlen p, q und r werden nicht mehr benötigt und sollten deswegen gelöscht werden, denn kein Fremder darf sie erfahren. Damit ist die Erzeugung des Schlüsselpaars abgeschlossen. Die etwas aufwendigen Vorbereitungsarbeiten werden in der Regel nur ein einziges Mal durchgeführt, denn üblicherweise wird das Schlüsselpaar über lange Zeit beibehalten.

Nun können Informationen verschlüsselt werden, beispielsweise die aus der Zahl $m = 424.711.081.520.081.965$ bestehende »Nachricht«. Der Absender muß sich zunächst den öffentlichen Schlüssel des Empfängers besorgen, also die Werte e und n. Dann teilt er die Nachricht in Blöcke ein, die jeweils kleiner als n sind. Dadurch entstehen die Blöcke $m_1 = 424$, $m_2 = 711$, $m_3 = 081$, $m_4 = 520$, $m_5 = 081$, $m_6 = 965$. Nun wird Block für Block verschlüsselt, indem man zuerst $m_1^e \bmod n = 424^{17} \bmod 1073 \equiv 1012$ berechnet,[24] dann $m_2^e \bmod n = 711^{17} \bmod 1073 \equiv 134$ usw., bis die vollständig verschlüsselte Nachricht vorliegt: 1012.134.016.240.016.348.

---

23 Für Mathematiker ist dieses Wort tatsächlich ein Maskulinum. Zur Ausgrenzung Unwissender betonen sie es außerdem auf der ersten Silbe.

24 Eine Bemerkung für diejenigen Leser, die die Berechnung nachvollziehen wollen: Es gibt zwei wichtige Vereinfachungen bei der Rechnung. Die Anzahl der durchzuführenden Multiplikationen läßt sich verringern, wenn man beachtet, daß $424^{17} = 424 \times (((424^2)^2)^2)^2$. Außerdem muß man nicht zuerst die ganze Multiplikation ausführen (die eine ziemlich große Zahl ergibt!), um anschließend den Rest ermitteln zu können. Die Rechenregeln für Divisionsreste ermöglichen es, jeweils nach einer Multiplikation den Rest zu bestimmen und nur noch mit diesem Rest statt mit dem ganzen Multiplikationsergebnis weiterzurechnen. Dadurch bleiben die Zahlen in wesentlich zivileren Größenordnungen. Beim Rechnen mit Divisionsresten verwendet man statt des normalen Gleichheitszeichens das Zeichen ≡ (Kongruenz bezüglich eines Moduls).

Das Entschlüsseln geht ebenso einfach: Block für Block wird wieder die gleiche Berechnung durchgeführt, wobei jetzt aber als Exponent der geheime Schlüssel *d* verwendet wird: $1012^{593} \bmod 1073 \equiv 424$, $134^{593} \bmod 1073 \equiv 711$ usw.

In der Praxis wird das RSA-Verfahren genau wie in dem Beispiel durchgeführt. Der einzige Unterschied besteht in der Größe der verwendeten Primzahlen, die heute typischerweise Zahlen mit eine Länge von 300 und mehr Dezimalziffern sind.[25] Daß die Berechnung bei der Entschlüsselung auch im allgemeinen Fall tatsächlich wieder die ursprüngliche Nachricht ergibt, läßt sich mathematisch beweisen.[26] Die Sicherheit der Verschlüsselung liegt darin begründet, daß keine Methode bekannt ist, wie man allein aus dem Geheimtext und der Kenntnis von *e* und *n* den Klartext wiederherstellen könnte. Auch wenn dies nicht streng bewiesen werden konnte, geht man davon aus, daß der schnellste Weg über die Faktorisierung von *n*, also die Rekonstruktion von *p* und *q*, geht. Das ist für Moduln mit 1000 und mehr Stellen jedoch ein schwer zu lösendes Problem. Allerdings gibt es einige neue Hinweise darauf, daß man RSA möglicherweise doch auch ohne Faktorisierung knacken könnte. Hier müssen weitere Forschungsergebnisse abgewartet werden. Ein Grund zu Zweifeln an der Sicherheit von RSA besteht auf absehbare Zeit jedoch wohl nicht.

Aber in der bisherigen Beschreibung sind noch einige Fragen offengeblieben, die für die Schlüsselerzeugung in der Praxis relevant sind. So läßt sich die Frage, ob *e* und *r* teilerfremd sind, bei kleinem *e* zwar noch leicht überprüfen, indem man alle Teiler von *e* durchgeht. Man kann aber auch sofort eine erweiterte Fassung des Euklidischen Algorithmus benutzen, die effizient erstens die Teilerfremdheit überprüft und zweitens (bei günstigem Testergebnis) sofort den Kehrwert *d* zu *e* modulo *r* liefert.[27]

Es bleibt weiterhin noch zu klären, wie man große Primzahlen *p* und *q* findet. Bei den langen Zahlen, mit denen man es hier zu tun hat, schlagen die aus der Schule bekannten Methoden zur Primzahlprüfung hoffnungslos fehl. Sie alle beruhen auf die eine oder andere Weise auf dem Versuch, einen Primfaktor zu finden, und damit wäre ein Rechner bei Zahlen in den für das RSA-Verfahren benötigten Größenordnungen bis in alle Ewigkeit beschäftigt. Glücklicherweise sind in den vergangenen 25 Jahren aber einige sehr effiziente Verfahren entwik-

25 Hinweise zur Schlüssellänge finden Sie in Abschnitt 6.2, *Sicheres Schlüsselmanagement*.

26 Eine gute Darstellung findet sich z.B. bei Wobst [1998].

27 Die Verfahren sind bei Schneier [1996] und bei Knuth [1998] ausführlich dargestellt.

kelt worden, die zwar keinen Teiler liefern, aber dennoch die Frage beantworten, ob eine gegebene Zahl prim ist oder nicht. Interessanterweise arbeiten viele dieser Algorithmen probabilistisch: Wenn sie eine negative Antwort liefern, ist die getestete Zahl garantiert nicht prim; im anderen Fall ist sie mit hoher Wahrscheinlichkeit (aber nicht sicher) prim. Wiederholt man den Test mehrfach mit verschiedenen Parametern und lautet die Antwort jedesmal »wahrscheinlich prim«, kann man sehr schnell mit hoher Wahrscheinlichkeit »wissen«, daß die getestete Zahl wirklich nicht zerlegbar ist. (Wer sich dabei unwohl fühlt, daß nun auch die Krone der Wissenschaften, die reine Mathematik, nur noch statistische Aussagen macht, kann sich damit trösten, daß die Irrtumswahrscheinlichkeit dieser Methoden deutlich geringer ist als die Chance dafür, daß der Computer bei der Berechnung der Verschlüsselung durch Einwirkung kosmischer Strahlen einen Rechenfehler macht!)

Laut einer Auskunft der RSA Laboratories, die natürlicherweise an der Zuverlässigkeit und Sicherheit des RSA-Verfahrens ein großes Interesse haben, ist noch keine einzige zusammengesetzte Zahl bekannt, die einen einzigen Miller-Rabin-Test mit nachfolgendem Lucas-Frobenius-Test »überlebt« hätte. Einzelheiten dazu, wie man solche Tests durchführt, finden sich in den Literaturangaben.[28] Dort wird auch die Frage diskutiert, ob manche Primzahlen von ihrer Struktur her »besser« sind, also mehr Sicherheit gewähren als andere. Die Antwort auf diese Frage hängt von weiteren Ergebnissen in der zahlentheoretischen Forschung ab. Jedenfalls lassen sich geeignete Schlüsselpaare mit moderner Software innerhalb weniger Minuten erzeugen.

Auch beim Verschlüsseln sind einige praktische Punkte zu berücksichtigen, um volle Sicherheit zu gewährleisten:

- Der letzte Block der Nachricht sollte, falls er nicht lang genug ist, mit Zufallsbits aufgefüllt werden. Dies ist besonders dann wichtig, wenn die verschlüsselte Datenmenge sehr klein ist. Ein Beispiel für diesen Anwendungsfall ist die RSA-Verschlüsselung von Sitzungsschlüsseln, wie sie in Kapitel 2.4, *Hybridverfahren*, beschrieben wird.[29]

---

28 Außer den in der vorigen Fußnote genannten Werken ist der Artikel von Silverman in *CryptoBytes* vol. 3 no. 1 (Frühjahr 1997) aufschlußreich.

29 Sicherer als Zufallsbits ist ein Verfahren namens *Optimal Asymmetric Encryption Padding* (*OAEP*), das zusätzlich zwei Hashfunktionen (siehe Kapitel 3.1) verwendet. Genaueres hierzu steht in der Frequently-Asked-Questions-Liste (FAQ) der RSA Labs, die im Internet unter http://www.rsa.com/rsalabs zu finden ist.

- Zu kleine Werte von e können aus mehreren Gründen unsicher sein. Deswegen sollte der häufig vorgeschlagene Wert 3 besser nicht verwendet werden; Werte über 20 sind deutlich sicherer. Das ist besonders dann wichtig, wenn gelegentlich an mehrere Empfänger mit unterschiedlichen Moduln, aber gleichem Exponenten die gleiche Nachricht gesendet wird. Wählen Sie e aber auch nicht zu groß, denn es ist noch wichtiger, daß auch d hinreichend groß bleibt.
- Daß zwei Benutzer unabhängig voneinander den gleichen Modul auswählen, ist sehr unwahrscheinlich; schließlich gibt es genug Primzahlen zur Auswahl. Dazu aber ist es wichtig, sie wirklich zufällig zu wählen – die Programmierer von PGP haben beispielsweise einiges an Arbeit investiert, um das sicherzustellen. Auch innerhalb einer Arbeitsgruppe sollten die einzelnen Teilnehmer nicht nur verschiedene Exponenten, sondern auch verschiedene Moduln benutzen.

Ein weiterer, eher organisatorischer Punkt verdient schon hier besondere Erwähnung: Ein öffentlicher Schlüssel ist normalerweise an vielen verschiedenen Stellen gespeichert. Das hat den Vorteil, daß ein Betrüger ihn nicht leicht gegen ein Falsifikat austauschen kann. Außerdem ist es für den Absender einer Nachricht praktisch, wenn er den öffentlichen Schlüssel des Empfängers gleich bei der ersten Benutzung lokal bei sich speichert. So kann er ihn in Zukunft leicht wiederverwenden. Als Folge davon ist es allerdings sehr schwer, einen einmal veröffentlichten Schlüssel zurückzurufen oder durch einen neuen zu ersetzen. (Die Situation ist ähnlich wie bei einer gestohlenen oder verlorenen Kreditkarte: Alle Kreditkarten-Akzeptanzstellen zügig zu benachrichtigen ist ein schier unmögliches Unterfangen.) Der geheime Schlüssel muß deswegen sehr sorgfältig gehütet werden.

Unschön bei der praktischen Durchführung einer Ver- oder Entschlüsselung mit RSA ist weiterhin, daß die Berechnungen sehr zeitaufwendig sind. Daran hat sich seit der Erfindung von RSA nichts Grundlegendes geändert, außer daß die Computer wesentlich schneller geworden sind. Anfang Januar 1999 zeigte sich jedoch, daß auch in gründlich erforschten Gebieten der Kryptographie immer noch Überraschungen lauern: Die erst sechzehnjährige Irin Sarah Flannery veröffentlichte ein mit dem RSA-Schema verwandtes Verfahren, das einen deutlichen Geschwindigkeitszuwachs verspricht. Erreicht wird dies durch geschickten Einsatz von 2×2-Matrix-Multiplikationen, die die Anzahl benötigter Rechenoperationen mit langen Zahlen reduzieren. Mit einem höheren Rechenaufwand bei der (nur selten durchgeführten) Schlüsselerzeugung kann dann erreicht werden, daß die häufig genutzte Verschlüsselung etwa zehnmal so schnell abläuft. Das auf den Namen Cayley-Purser getaufte Verfahren ist nachweislich genauso sicher wie RSA. Auch hier hat der Fortschritt allerdings seinen Preis: Der öffentliche Schlüssel und vor allem auch der erzeugte Geheimtext sind etwa achtmal so lang wie beim RSA-Verfahren.

Die beiden zuletzt genannten kritischen Hinweise zu RSA – Schwierigkeit des Schlüsselwechsels und Zeitaufwand für die Berechnungen – gelten nicht nur für das RSA-Verfahren, sondern ebenso für alle anderen Public-Key-Algorithmen. Selbst wenn RSA sicherlich das populärste ist, werden doch auch noch andere eingesetzt. Das im nächsten Abschnitt vorgestellte Verfahren hat zumindest den Vorteil, nicht einmal (mehr) innerhalb der USA von einem Patent geschützt zu sein. Im Jahre 2000 läuft allerdings in den USA das RSA-Patent ebenfalls aus; außerhalb der USA gibt es ohnedies keinen derartigen Schutz der Idee von Rivest, Shamir und Adleman.

ElGamal

Auf einem anderen harten Problem als der Faktorisierung beruht ein von Taher ElGamal [1985] erfundenes Verschlüsselungsverfahren. Auch hier spielen Primzahlen und Restklassenarithmetik eine wichtige Rolle. (Zum Verständnis ist wiederum ein wenig Mathematik vonnöten. Die nicht-technische Darstellung wird im letzten Absatz dieses Abschnitts fortgesetzt.)

Beim normalen Rechnen mit reellen Zahlen ist es nicht schwer, den Logarithmus einer Zahl zu einer gegebenen Basis zu berechnen, also das x zu finden, für das $y = g^x$ (bei gegebener Basis g und gegebener Potenz y) ist. Unter dem diskreten Logarithmus über einem endlichen Zahlkörper versteht man entsprechend das Problem, die Gleichung $y \equiv g^x \bmod p$ zu lösen, wobei p eine vorgegebene Primzahl ist. Als Einschränkung gilt dabei, daß g, x und y natürliche Zahlen zwischen 1 und $p - 1$ sein müssen. Zur Veranschaulichung zeigt Tabelle 2-2 ein Beispiel für $p = 7$ gilt zur Basis $g = 5$.

Bei kleinen Zahlen lassen sich die Logarithmen durch Probieren ermitteln; für große Moduln von etwa 150 Stellen ist das im allgemeinen nicht mehr möglich. Es gibt auch keine anderen effizienten Verfahren dafür, und es läßt sich sogar beweisen, daß das Problem des diskreten Logarithmus mindestens so schwer ist wie das der Faktorisierung.

y	x	wegen			
1	6	$5^6 =$	15625	=	2232×7 + 1
2	4	$5^4 =$	625	=	89×7 + 2
3	5	$5^5 =$	3125	=	446×7 + 3
4	2	$5^2 =$	25	=	3×7 + 4
5	1	$5^1 =$	5	=	0×7 + 5
6	3	$5^3 =$	125	=	17×7 + 6

Tabelle 2-3: Diskrete Logarithmen zur Basis 5 (Modul: 7)

Diese Schwierigkeit wird beim ElGamal-Verfahren ausgenutzt, indem statt einer Nachricht im Klartext das Produkt aus diesem Klartext und einer Potenz übermittelt wird. Die Potenz zu berechnen, in die der öffentliche Schlüssel des rechtmäßigen Empfängers eingeht, ist dabei einfach und von jedem durchführbar, aber nur der Besitzer des geheimen Schlüssels kann den Vorgang wieder umkehren.

Die Erzeugung eines Schlüsselpaars besteht darin, eine hinreichend große Primzahl p sowie zwei zufällige Zahlen g und x zu wählen. (Aus Sicherheitsgründen sollte p so gewählt werden, daß auch $(p - 1)/2$ prim ist.) Dann berechnet man $y \equiv g^x \bmod p$. p, g und y bilden den öffentlichen Schlüssel, x muß geheimgehalten werden.

Zur Verschlüsselung einer Nachricht m wählt der Absender eine beliebige, große Zahl k mit der einzigen Einschränkung, daß sie zu $p - 1$ teilerfremd sein muß. Der Absender berechnet dann die beiden Werte $a \equiv g^k \bmod p$ *und* $b \equiv y^k m \bmod p$ und sendet sie an den Empfänger. Die Zahl k wird nicht mehr benötigt, sie darf jedoch niemandem mitgeteilt werden, da sich aus b, y und k die Nachricht m rekonstruieren ließe. Wir nehmen hierbei der Einfachheit halber an, daß die als Bitfolge betrachtete Nachricht kleiner als p ist. (Ansonsten müssen wir die Nachricht in Blöcke zerlegen, genau wie wir es beim RSA-Verfahren beschrieben haben.)

Zum Entschlüsseln potenziert der Empfänger einfach a mit seinem geheimen Schlüssel x und dividiert b durch das Ergebnis (alles modulo m). Damit hat er den Klartext schon zurückgewonnen.[30]

Leider ist der Geheimtext, der aus den Komponenten a und b besteht, deutlich länger als der Klartext. Das ist zunächst einmal ein Nachteil, der jedoch in der Praxis nicht so stark ins Gewicht fällt, da Public-Key-Verfahren heute in der Regel als Teil von Hybridsystemen genutzt werden.

2.4 Hybridverfahren

Nach den beiden letzten Abschnitten mag es so scheinen, als lösten die Public-Key-Verfahren alle kryptographischen Probleme auf das Beste und als seien die symmetrischen Verfahren eigentlich nur noch von historischem Interesse. Andererseits legen die Anstrengungen, gute AES-Kandidaten zu entwickeln, die Vermutung nahe, daß es durchaus noch gute Gründe für den Einsatz symmetrischer Verfahren gibt. Bei der AES-Ausschreibung wird ja ganz ausdrücklich nach einem Verfahren mit geheimem Schlüssel gesucht. Es ist also sinnvoll, die beiden Systemgruppen darauf zu untersuchen, wo ihre Stärken zum Tragen kommen. Wir klammern dabei an dieser Stelle die Nutzbarkeit asymmetrischer Verfahren für digitale Unterschriften usw. zunächst aus, weil wir darauf in Kapitel 3, *Kryptographische Verfahren zur Sicherstellung von Integrität und Authentizität*, ausführlich eingehen werden.

Stärken und Schwächen der Verfahren mit geheimem Schlüssel und der Public-Key-Verfahren

Ein offensichtlicher Nachteil der Verfahren mit geheimem Schlüssel ist die Schwierigkeit für die Kommunikationspartner, den Schlüssel, an dessen Geheimhaltung die Sicherheit des Nachrichtenaustauschs hängt, miteinander zu vereinbaren. Dieses Problem stand am Anfang der Entwicklung von Public-Key-Verfahren. Sie bieten eine elegante und effektive Lösung, denn bei ihnen ist der Schlüsselaustausch einfach zu bewerkstelligen. Gibt es irgendwo ein (vertrauenswürdiges!) öffentliches Verzeichnis von Schlüsseln, vereinfacht sich das

30 Für mathematisch Interessierte: Es gilt $a^x = (g^k)^x \equiv g^{kx} \bmod p$ und $b \equiv y^k\, m \bmod p$. Dividiert man den zweiten durch den ersten Wert, so erhält man $b/a^x = (y^k m)/(g^{kx}) = g^{kx}\, m \,/\, g^{xk} \equiv m \bmod p$, da ja $y \equiv g^x \bmod p$. Außerdem wurde durch die Konstruktion sichergestellt, daß die Gleichung eindeutig lösbar ist.

ganze Vorgehen sogar noch weiter (siehe Kapitel 5.3, *Zertifizierung von Schlüsseln*). In jedem Fall muß man allerdings sicherstellen, daß kein Lauscher in der Mitte sitzt, der beiden Seiten unbemerkt falsche Schlüssel unterschiebt und sich so in ihre Unterhaltung einschleichen kann. Wir werden in Kapitel 5, *Einbettung der Verfahren in Protokolle*, darauf eingehen, wie man so etwas vermeiden kann.

Auch die Vereinfachung der Schlüsselverwaltung bei Public-Key-Systemen hatten wir bereits angesprochen: Jeder Partner braucht nur ein einziges Schlüsselpaar zu wählen, unabhängig davon, mit wie vielen Gegenstellen er je kommunizieren wird. Andererseits hat es aus genau dem gleichen Grunde häufig viel üblere Folgen, wenn ein (geheimer) Schlüssel eines asymmetrischen Verfahrens kompromittiert wird. Auch längst vergangene, aber noch in Aufzeichnungen vorliegende Dokumente würden auf einen Schlag lesbar. Bei »herkömmlichen« Systemen bleibt der Schaden hingegen auf eine bilaterale Kommunikation begrenzt (was je nach Inhalt natürlich schon für sich genommen sehr schwerwiegend sein kann.) Das führt dazu, daß an die Schlüsselerzeugung und -verwaltung bei Public-Key-Systemen deutlich höhere organisatorische Anforderungen gestellt werden müssen.

Die Sicherheit der Methoden besteht in der Unmöglichkeit, ohne Kenntnis des (geheimen) Schlüssels aus dem Geheimtext den Klartext abzuleiten. Diese Unmöglichkeit ist bei beiden Gruppen von Systemen nicht streng beweisbar. Die symmetrischen Verfahren werden gezielt so konstruiert, daß eine Kryptanalyse schwer ist. Der Grund für das Vertrauen in Public-Key-Systeme liegt hingegen darin, daß sie auf bereits lange bekannten zahlentheoretischen Problemen beruhen, die sich vielen Anstrengungen zahlreicher Mathematiker zum Trotz als schwer zugänglich erwiesen haben. Bei symmetrischen wie asymmetrischen Algorithmen ist es allerdings gleichermaßen bereits vorgekommen, daß sie sich als nicht sicher genug erwiesen haben.

Bei der Beurteilung darf man nicht außer Acht lassen, daß ein Angreifer auf ein Public-Key-Verfahren selbst ebenfalls Zugang zum öffentlichen Schlüssel hat. Dies kann er zu einem sogenannten »Chosen-Plaintext«-Angriff nutzen. Nehmen wir an, die Anzahl der möglichen Klartextnachrichten sei relativ gering, beispielsweise die Geldbeträge unter 100.000 DM oder die Menge der (maximal zehnstelligen) Kontonummern, die Menge der Autokennzeichen, die der Einkommensteuernummern oder ähnliches. Dann könnte ein Angreifer vorweg alle möglichen Klartexte verschlüsseln und in einer langen Liste speichern.

Wenn er dann eine verschlüsselte Nachricht belauscht, braucht er nur noch den dort stehenden Geheimtext in seiner Liste nachzuschlagen und weiß damit das, was ihm verborgen bleiben sollte. Um dies zu vermeiden, sollte man immer dann, wenn der Klartext nur sehr kurz ist, die Nachricht am Ende mit Zufallsbits auf die volle Blocklänge auffüllen – je zufälliger, desto besser. Der Empfänger muß diesen »Datenschrott« natürlich erkennen können, damit er ihn ignorieren kann. Dadurch wird diese Art von Angriff wirkungsvoll vereitelt. In jedem Falle wird aber das Datenvolumen deutlich vergrößert: Eine zehnstellige Kontonummer läßt sich unverschlüsselt in 34 Bit darstellen. Nach der RSA-Verschlüsselung mit einem 1024-Bit-Modul ist die Länge auf 1024 Bit angewachsen, also auf etwa das Dreißigfache. Bei der Massendatenhaltung und -übertragung kann das sehr unpraktisch sein, falls man es nicht durch geschickte Bündelung von Daten umgehen kann.

Ein wichtiger Vorteil der asymmetrischen Verfahren ist ihre »Skalierbarkeit«. Wenn die Möglichkeiten, große Zahlen zu faktorisieren, durch theoretische Fortschritte und schnellere Computer verbessert werden, ist es ganz unproblematisch, größere Schlüssel zu wählen und auf diese Weise »Hase und Igel« mit den Kodeknackern zu spielen. Im Jahre 1977 hielt Ron Rivest 129-stellige Moduln (entsprechend 428 Bit) noch für sicher; im Jahre 1994 wurde aber eine darauf basierende, von ihm formulierte Rätselaufgabe durch Einsatz neuerer zahlentheoretischer Methoden sowie von 1600 im Internet verteilten Rechnern nach acht Monaten Rechenzeit gelöst.[31] Im August 1999 konnte eine 155-stellige Zahl (512 Bit) durch Einsatz einer noch neueren Theorie mit erheblich geringerem Rechenaufwand innerhalb von etwas über sieben Monaten faktorisiert werden. Dazu wurden zeitweise bis zu 300 Workstations nachts und an Wochenenden, also außerhalb ihrer normalen Nutzungszeiten, eingesetzt, und in den letzten zehn Tagen zusätzlich noch ein Cray-Supercomputer.[32] Eine Erhöhung der Schlüssellänge um etwa 10% erhöht den Schwierigkeitsgrad aber gleich wieder um den Faktor 7. In diesem Zuammenhang wird häufig auf das »Mooresche Gesetz« verwiesen. Danach verdoppelt sich alle 18 Monate die Geschwindigkeit von Computern bei konstantem Preis. Mit dieser Faustregel kann man die zukünftige Sicherheit heute gewählter Schlüssel grob abschätzen. Die

31 Weitere Einzelheiten finden sich z.B. bei Schneier [1996].

32 Genauere Angaben zu solchen Faktorisierungsrekorden finden Sie auf den WWW-Seiten der RSA Labs (http://www.rsasecurity.com/rsalabs/) oder denen von Bruce Schneiers Firma Counterpane Systems (http://www.counterpance.com).

RSA Labs empfahlen im Jahre 1995 folgende Werte: Eine eher kurzfristig orientierte Sicherheit für »normale« Benutzer wird mit 768 Bit Schlüssellänge erreicht; mittelfristige Sicherheitsbedürfnisse von Organisationen werden durch RSA-Moduln der Länge 1024 Bit gewährleistet, und langfristige Master-Schlüssel sollten 2048 Bit Länge haben. Das Faktorisieren eines Schlüssels von 1024 Bit Länge würde etwa sechs Millionen mal so viel Aufwand wie das eines 512-Bit-Schlüssels erfordern.[33]

Hier ist zu beachten, daß bei asymmetrischen Verfahren die Blocklänge in gleichem Maße wie die Schlüssellänge steigt. Bei den symmetrischen Verfahren ist die Situation ganz anders. Viele derartige Verfahren unterstützen nur wenige, feste Schlüssellängen, häufig sogar nur eine einzige. Auch die AES-Ausschreibung, die immerhin drei verschiedene Längen vorschreibt, wird daran grundsätzlich wohl nichts ändern. Weiterhin arbeiten sie mit fest vorgegebener Blocklänge. Ihre Konstruktion macht sie normalerweise ungeeignet für Anpassungen an andere Längen; unvorsichtige Modifikationen könnten sogar die gesamte Sicherheit in Frage stellen. Deswegen wachsen diese Verfahren nur schlecht mit den Anforderungen mit. Wenn sich der Sicherheitsbedarf erhöht, wird in der Regel eine aufwendige Neuentwicklung nötig sein. Bei den Public-Key-Verfahren hingegen kann letztlich jeder Anwender selbst die Entscheidung über die Schlüssellänge und damit auch über die erzielte Sicherheit treffen.

Diese Freiheit bezahlt man beim Einsatz dieser Verfahren allerdings mit den üblicherweise viel größeren Schlüssellängen. Man vergleiche die als weitgehend sicher angesehenen 128 Bit des IDEA-Verfahrens mit beispielsweise 1024 Bit des RSA-Verfahrens! Die bereits kurz erwähnten Public-Key-Verfahren auf der Grundlage elliptischer Kurven kommen jedoch bei gleicher Sicherheit mit deutlich kürzeren Schlüsseln aus (160 bis 180 Bits).

Im Zusammenhang mit den typischerweise sehr großen Schlüssellängen steht schließlich auch das Hauptproblem asymmetrischer Verfahren: Sie erfordern es, daß Berechnungen mit sehr großen Zahlen durchgeführt werden. Prinzipiell ist das zwar kein Hinderungsgrund, jedoch sind diese Berechnungen auch auf modernen Computern noch sehr zeitraubend. Beispielsweise schätzt man, daß Software-Implementierungen von RSA um den Faktor 100 langsamer sind als vergleichbare DES-Realisierungen. (Hardware-Realisierungen für RSA sind ebenfalls

33 *CryptoBytes* vol. 1 no. 2, Sommer 1995. Vergleiche auch das Kapitel 6.2, *Sicheres Schlüsselmanagement*, in diesem Buch.

wesentlich aufwendiger als für DES.) Das kann besonders bei der Verschlüsselung großer Datenmengen sehr hinderlich sein und mitunter auch dann, wenn schnelle Antwortzeiten wichtig sind.

Das Beste aus beiden Welten

Da beide Arten von Systemen ihre eigenen Vorteile haben, liegt es nahe, die jeweiligen Stärken irgendwie miteinander zu kombinieren. Das Ergebnis sind die sogenannten Hybridsysteme, die sowohl asymmetrische als auch symmetrische Methoden verwenden.

Gehen wir beispielsweise davon aus, daß wir ein System benutzen wollen, das auf RSA und IDEA beruht, wobei jede andere Kombination ebenfalls möglich wäre. Genau wie bei einem reinen Public-Key-System muß der Empfänger zunächst sein RSA-Schlüsselpaar erzeugen und den öffentlichen Schlüssel bekanntgeben. Der Absender benutzt diesen Schlüssel jedoch *nicht* zur Kodierung der Nachricht. Statt dessen geht er so vor: Er erzeugt *ad hoc* einen zufälligen Schlüssel, der zur Benutzung mit IDEA geeignet ist. Mit Hilfe dieses sogenannten *Sitzungsschlüssels* nimmt er nun eine IDEA-Verschlüsselung der Nachricht vor. Dann kodiert er den benutzten IDEA-Sitzungsschlüssel mit dem RSA-Verfahren, wobei er natürlich den öffentlichen Schlüssel des Empfängers verwendet. Den RSA-verschlüsselten Sitzungsschlüssel und den IDEA-verschlüsselten Nachrichtentext sendet er gemeinsam an den Empfänger.

Der Empfänger kann seinerseits mit seinem privaten RSA-Schlüssel den Sitzungsschlüssel zurückgewinnen. Mit ihm kann er den Rest der übermittelten Nachricht unter Benutzung des IDEA-Verfahrens entschlüsseln. Der Sitzungsschlüssel hat damit seinen Zweck erfüllt und kann weggeworfen werden. Der ganze Vorgang ist in Abbildung 2-4 noch einmal zusammenfassend dargestellt.

Die jeweiligen Stärken der beiden Verfahren ergänzen sich bei diesem Vorgehen genau wie beabsichtigt. Die Transaktion nimmt ihren Ausgang vom öffentlichen Schlüssel des Empfängers, der für alle potentiellen Absender identisch sein kann und nicht auf einem sicheren Kanal übermittelt werden muß. Genau wie bei einem reinen Public-Key-System besteht also keine Notwendigkeit einer großen Anzahl von (bilateralen) Schlüsseln, und auch die Übertragung bedarf keines gesicherten Kanals. Das Public-Key-Verfahren stellt nun den abhörsicheren Kanal zur Verfügung, auf dem der Schlüssel für das symmetrische Verfahren, der natürlich nicht bekannt werden darf, ausgetauscht werden kann.

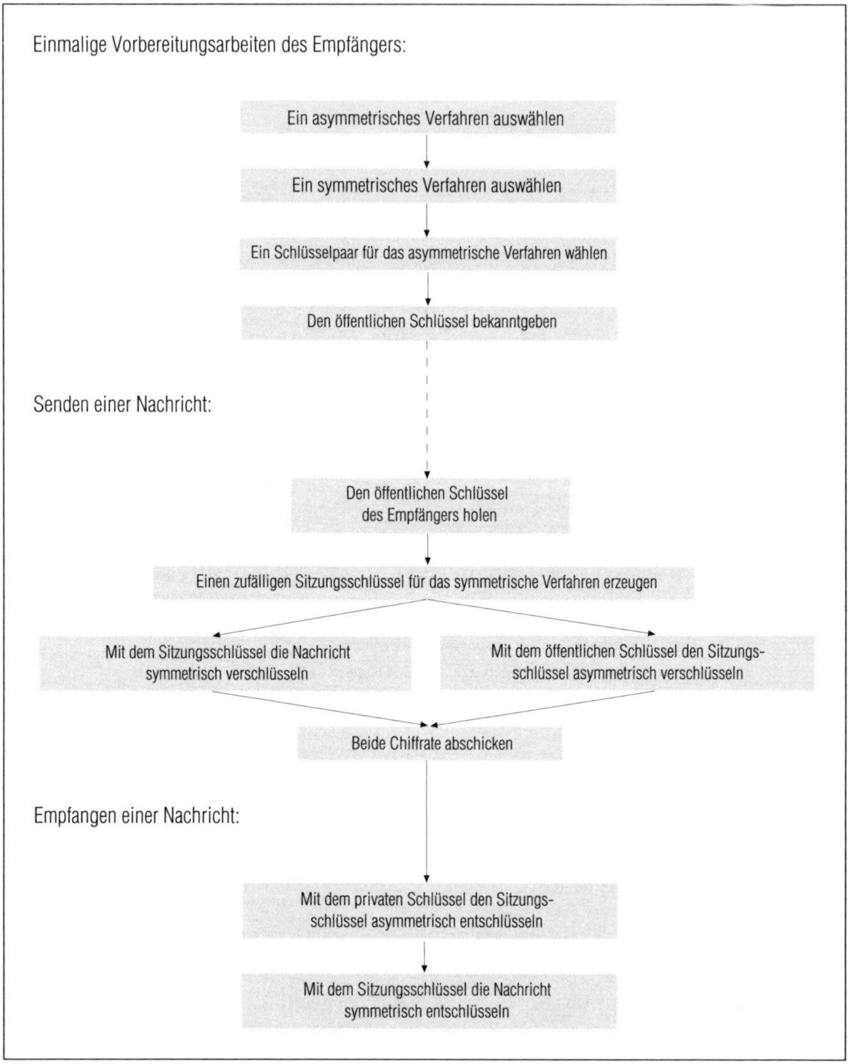

Abbildung 2-4: Kommunikation mit hybrider Verschlüsselung

Dieser Sitzungsschlüssel ist, verglichen mit der Nachricht selbst, normalerweise sehr kurz. Bei IDEA sind es gerade 128 Bit, also weniger als die typische Blocklänge eines Public-Key-Verfahrens. Bei der asymmetrischen Verschlüsselung eines einzigen Blocks fällt die Langsamkeit dieser Methoden kaum ins Gewicht. Für die Verschlüsselung der eigentlichen Nachricht, die häufig eine größere Datenmenge sein wird, wird dann das effizient arbeitende symmetrische Verfahren eingesetzt.

Jeder Sitzungsschlüssel wird nur ein einziges Mal verwendet. Das ist natürlich immer noch nicht so sicher wie ein One-Time-Pad. Angriffe, die darauf beruhen, daß ein Absender irgendwie dazu gebracht wird, einen vorgegebenen Klartext zu verschlüsseln, um das Ergebnis für eine Analyse des Schlüssels zu verwenden, werden jedoch wirkungslos. Auch kann ein Angreifer jedenfalls nicht mehr hoffen, viele Nachrichten abzufangen und daraus Rückschlüsse auf den (symmetrischen) Schlüssel zu ziehen. Umgekehrt wird mit dem Public-Key-System zwar häufig derselbe Schlüssel benutzt, aber immer nur für einen einzigen Block (nämlich den Sitzungsschlüssel). Als Folge davon ist die Menge an asymmetrisch verschlüsseltem Geheimtext, die sich abfangen und analysieren läßt, nur sehr klein, so daß sich auch daraus nur schwerlich Angriffspunkte ergeben. Außerdem besteht der Sitzungsschlüssel im Idealfall aus einer zufälligen Bitfolge und hat keine Struktur, die sich erraten und in einer kryptanalytischen Attacke nutzen ließe.

Diese Überlegungen setzen voraus, daß das Konzept der hybriden Verschlüsselung sorgfältig umgesetzt worden ist. Die bereits am Ende des Abschnitts über RSA aufgezählten Vorsichtsmaßnahmen müssen berücksichtigt werden; insbesondere sollte der Sitzungsschlüssel mit Zufallsbits auf die volle Blocklänge des asymmetrischen Verfahrens aufgefüllt werden. Außerdem muß der Mechanismus, mit dem der Sitzungsschlüssel erzeugt wird, auf einem sehr guten Zufallszahlengenerator beruhen.[34]

Damit hat sich gezeigt, daß sich viele der Vorteile der beiden Arten von Verschlüsselungssystemen miteinander kombinieren lassen. Nachteilig wirkt sich aus, daß die Komplexität des Gesamtsystems deutlich höher wird, denn jetzt müssen gleich zwei komplett unterschiedliche Algorithmen realisiert werden. Auch lassen sich einige Aspekte nicht vollständig bewahren. Dazu gehört beispielsweise die Skalierbarkeit, die in Hybridsystemen nur für den Public-Key-Teil gegeben ist. Beim heutigen Stand der Technik ließe sich aus RSA plus DES beispielsweise kein sicheres System mehr aufbauen, weil DES durch Brute-

---

34 Siehe hierzu den Abschnitt *Wahl des Schlüssels* in Kapitel 6.

Force-Angriffe zu knacken ist. Auch die anpassungsfähige RSA-Sicherheit nützt dann nichts mehr.

Eine weitere Einschränkung gilt für den Fall, daß sehr viele sehr kleine Nachrichten übermittelt werden müssen. Das mag zwar bei menschlicher Kommunikation nicht so häufig vorkommen, bei vollautomatischem Datenaustausch zwischen zwei Computern kann es mitunter allerdings auftreten. Sollen beispielsweise nur wenige Datenbytes je Nachricht ausgetauscht werden, kann sich der Zusatzaufwand, der durch die ständig neu anfallende Übertragung verschlüsselter Sitzungsschlüssel entsteht, sehr störend bemerkbar machen. Je nach Anwendungsfall muß man hier individuelle Lösungen finden.

An mehreren Stellen ist bereits deutlich geworden, daß man sich in der Kryptographie immer über den Verwendungszusammenhang Rechenschaft ablegen sollte. Der erste Zugang zu einem Problem, der erste naive Implementierungsansatz erweist sich dann oft nicht als der beste. Selbst nach der Entscheidung für ein Verschlüsselungsverfahren ist die Art der Umsetzung noch nicht festgelegt, und auch hier lassen sich ohne viel Aufwand weitere Sicherheitsreserven mobilisieren. Beispielsweise können Blockverschlüsselungen auf unterschiedliche Weisen betrieben werden, und je nach Anwendungsgebiet kann dies zu einer weiteren Steigerung der Sicherheit genutzt werden.

2.5 Verschiedene Betriebsarten der Verschlüsselungsmethoden

Bei den Blockverschlüsselungen, über die wir in den vorigen Abschnitten gesprochen haben, wird der Klartext jeweils in eine Reihe von Blöcken vorgegebener Länge eingeteilt. Dabei sind wir bisher stillschweigend von der Annahme ausgegangen, daß jeder Block für sich verschlüsselt wird. Es gibt jedoch auch andere *Betriebsarten*, die eine Beziehung zwischen den einzelnen Blöcken herstellen.

Der einfache Ansatz: Electronic Codebook (ECB)

Fiktiv kann man sich die Methode, jeden Block unabhängig zu behandeln, wie das Nachschlagen in einer riesigen, vom Verfahren und dem jeweils verwendeten Schlüssel abhängigen Tabelle vorstellen, in der jeder mögliche Klartextblock zusammen mit seiner verschlüsselten Form aufgelistet ist. Der Vorgang der Verschlüsselung bestünde darin, die einzelnen Klartextblöcke in diesem Kodebuch nachzusehen und die jeweilige kodierte Entsprechung niederzuschreiben. Selbst bei einer Blocklänge von 64 Bit wäre diese Tabelle viel zu lang, um sie tatsächlich aufzuschreiben bzw. zu speichern. Prinzipiell wäre das jedoch möglich, genau wie bei den ganz zu Anfang beschriebenen klassischen Substitutionsverfahren. Der Unterschied besteht lediglich darin, daß wir es nicht mehr mit einzelnen Buchstaben, sondern mit längeren Blöcken von Bytes zu tun haben. Mit diesem Bild vor Augen wird die angesprochene Verschlüsselungsart auch *Electronic Codebook* (*ECB*) genannt.

Diese Art ist aber zum Glück nicht die einzige, weist sie doch einige Probleme auf. So tritt in dem Beispiel zur RSA-Verschlüsselung im Abschnitt *RSA* in diesem Kapitel ein Klartextblock (081) doppelt auf, und an den entsprechenden Stellen des Geheimtextes steht folgerichtig ebenfalls beide Male der gleiche Block (016). Damit hätte ein Kryptanalytiker möglicherweise bereits einen Hinweis auf den Inhalt der Nachricht. Wiederholt sich der Geheimtextblock in anderen Nachrichten, die mit dem gleichen Schlüssel erzeugt wurden, läßt sich auf teilweise Übereinstimmung der Nachrichten schließen. Da Nachrichten häufig stereotyp mit den gleichen Zeichen beginnen und enden, lassen sich hier möglicherweise Zuordnungen dieser Geheimtextblöcke zu den entsprechenden Klartextblöcken finden.

Ein weiteres Problem besteht darin, daß ein besonders böswilliger Angreifer Blöcke einer einmal aufgefangenen Nachricht selbst dann, wenn er sie nicht entschlüsseln kann, selektiv selbst absenden kann, um den Eindruck zu erwekken, sie kämen von einer legitimierten Stelle. Wenn er eine gute Vermutung über den ungefähren Inhalt hat, kann er schon mit diesem *Block Replay* großen Schaden anrichten.

So könnte ein Angreifer beispielsweise den elektronischen Transfer zwischen Zentrale und Auslieferungsdienst eines Versandhauses belauschen, die sich dazu einer Verschlüsselung im ECB-Modus bedienen. Er könnte nun mehrfach hintereinander ein und dieselbe Bestellung über etwas moderat Wertvolles aufgeben. Wenn er den gesamten Datenverkehr zwischen den beiden Stellen bewacht, könnte er durch die Suche nach identischen Datensätzen herausbekommen, welche der Nachrichten zu seinen eigenen Bestellungen gehören. Diese Nachrichten könnte er nun wiederholt selbst in den Datenstrom an den Auslieferungsdienst einspeisen und damit an Waren gelangen, von denen die Rechnungsabteilung des Versandhauses nie etwas erfährt. Alternativ könnte er durch leicht unterschiedliche Bestellungen herausbekommen, in welchen Datenblökken die Empfängeradresse (die bei ihm ja stets identisch ist) in verschlüsselter Form steht. Nun könnte er Nachrichten von der Zentrale an den Auslieferungsdienst abfangen, in denen Bestellungen anderer Kunden übermittelt werden, und die Anschriftenblöcke durch seine eigenen ersetzen. Dann landet die Ware bei ihm, aber die Rechnung, die nicht vom Auslieferungsdienst geschrieben wird, gelangt zum eigentlichen Besteller der Waren. Im Versandhaus wird dies so lange nicht auffallen, bis sich die rechtmäßigen Kunden über eintreffende Rechnungen und ausbleibende Güter beschweren. Spätestens dann muß sich unser Angreifer mit den erschwindelten Waren absetzen.

Mehr Sicherheit durch Cipher Block Chaining (CBC)

Es gibt aber Möglichkeiten, sowohl das Mitlesen als auch den Block-Replay-Angriff sehr zu erschweren. Das Ziel ist dabei, identische Klartextblöcke durch unterschiedliche Geheimtextblöcke darzustellen. Die einfachste und sehr wirkungsvolle Art besteht darin, die erzeugten Geheimtextblöcke in die Eingabe rückzukoppeln. Bevor man einen Klartextblock verschlüsselt, verknüpft man ihn einfach durch XOR mit dem vorangegangenen Geheimtextblock (Abbildung 2-5). Diese Betriebsart nennt man *Cipher Block Chaining* (*CBC*), weil hier die Geheimtextblöcke (*cipher blocks*) mit dem Klartext verkettet werden.

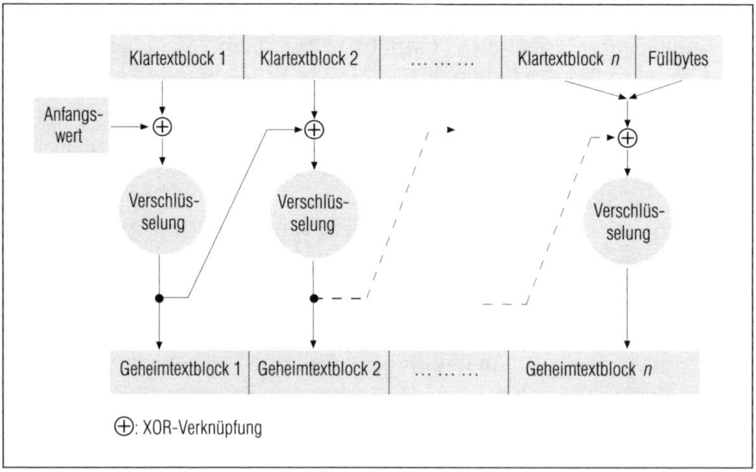

Abbildung 2-5: Cipher Block Chaining

Selbst wenn wir uns vorstellen, eine Klartextnachricht bestünde aus lauter identischen Blöcken (beispielsweise eine langweilige »Nachricht« ausschließlich aus Leerzeichen), dann sähe man dem Ergebnis dieser Verschlüsselung das nicht mehr an: Die effektive Eingabe für die Verschlüsselung des zweiten Blocks wäre ja gar kein Block von Leerzeichen mehr, sondern dessen XOR-Verknüpfung mit einem Block zufällig aussehender Bits (nämlich dem Ergebnis der Verschlüsselung des ersten Blocks). Die effektive Eingabe für die Verschlüsselung des dritten Blocks sähe wiederum ganz anders aus usw. Ändert man in einer Datei nur ein einziges Zeichen ab, dann sehen von dort an alle folgenden Geheimtextblöcke anders aus als zuvor: Jeder Geheimtextblock hängt von allen vorangegangenen Klartextzeichen ab.

Nur der erste Block selbst bleibt hiervon unbetroffen, denn er hat ja keinen Vorgängerblock. Üblicherweise stellt man im CBC-Modus einen fiktiven »nullten« Block voran, den man mit Zufallsbits (oder einem Zeitstempel etc.) auffüllt und ebenfalls verschlüsselt mitsendet. Der Empfänger benutzt diesen Block lediglich für den Entschlüsselungsvorgang und bewahrt ihn nicht weiter auf. Dieser sogenannte *Initialisierungsvektor* (kurz *IV*) sorgt dafür, daß selbst vollkommen identische Klartexte zu unterschiedlichen Geheimtexten werden. Damit kann ein Angreifer wie der oben beschriebene zwar immer noch eine aufgefangene Nachricht von Anfang an für einen Replay-Angriff einsetzen. Einzelne Blöcke lassen sich jedoch nicht mehr neu einspeisen, da sie ohne die vorangegangenen Blöcke nicht mehr sinnvoll dekodierbar sind. Auch die oben beschriebene Möglichkeit, mit der der Lauscher die zu ihm gehörenden Datensätze durch Auffinden identischer Geheimtextnachrichten identifizierte, fällt bei ordentlicher Benutzung von Initialisierungsvektoren weg.

Stromchiffrierungen und Cipher Feedback (CFB)

Die Verschlüsselungen, die wir bisher vorgestellt haben, weisen gerade aufgrund ihrer Blockcharakteristik zwei Eigenschaften auf, die häufig unproblematisch sind, je nach Anwendungszweck aber störend sein können. Zum einen wachsen Nachrichten beim Verschlüsseln leicht an. Dies gilt nicht nur für den bereits erwähnten Fall der ElGamal-Verschlüsselung, sondern immer dann, wenn die Länge der Nachricht kein ganzzahliges Vielfaches der Blocklänge ist. Dann muß der letzte Block ja aufgefüllt werden, und zwar am besten mit Zufallsbits. Das führt allerdings zu Problemen, wenn selektiv Abschnitte innerhalb von Dateien verschlüsselt werden sollen, deren Platz genau abgemessen ist. Das gilt etwa für Datensätze, die ID-Nummern (Personalausweisnummern,

Krankenversicherungsnummern etc.) bei Sammlungen personenbezogener Daten enthalten, wenn der individuelle Datenschutz durch Anonymisierung gewährleistet werden soll.[35]

Als bedeutsamere Einschränkung erweist sich allerdings, daß ein Block immer erst dann verschlüsselt werden kann, wenn er vollständig bekannt ist. Liegt die Nachricht selbst schon komplett vor, wie es häufig vorkommt, stört das nicht weiter. Denkt man aber an den Fall, daß jeder Tastendruck an einem Computer, der an ein Netz angeschlossen ist, online übertragen werden soll – verzögerungsfrei und doch kryptographisch gesichert –, dann ist es keine tragbare Lösung, auf volle Blöcke (also beispielsweise acht oder gar sechzehn Zeichen) zu warten. Auch der Vorschlag, für jeden Tastendruck einen ganzen Datenblock zu »verschwenden« und die ungenutzten Bytes mit Zufallsmustern aufzufüllen, scheint wenig sinnvoll, weil dadurch viel Übertragungsbandbreite verschwendet wird. Selbst wenn dies bei Eingaben durch einen Menschen noch angehen mag, wird es spätestens bei der Hochgeschwindigkeitskommunikation zwischen Computern bei zeitkritischen Anwendungen unakzeptabel. Diese Art von Anwendungen ist die Domäne der *Stromchiffrierungen*.

Es gibt Verschlüsselungsverfahren, die von vornherein als Stromchiffrierungen entworfen worden sind. Beispielsweise bieten das populäre Datenkompressionsprogramm PKZIP und damit kompatible Programme anderer Hersteller wahlweise eine Verschlüsselung der komprimierten Daten, die auf einer Stromchiffrierung beruht.[36] Andere Algorithmen wie z.B. RC4 wurden ebenfalls von Anbeginn als Stromverschlüsselungen konzipiert und werden auch höheren Sicherheitsanforderungen gerecht. Insgesamt ist das Feld der Stromchiffrierungen jedoch weniger gut erforscht als das der Blockchiffrierungen.

Aus jedem Blockverschlüsselungsverfahren läßt sich aber leicht eine Stromverschlüsselung erzeugen. Dazu füllt man zunächst mit einem Initialisierungsvektor einen Puffer von der Größe eines Blocks, bei IDEA also beispielsweise acht Byte (64 Bit). Wie im CBC-Modus sollte dieser IV von Mal zu Mal wechseln. Man verschlüsselt diesen Block wie üblich, benutzt aber vom Ergebnis nur ein einzelnes Byte, beispielsweise das oberste. Dieses verknüpft man durch XOR

---

35 Dieses Problem läßt sich im Rahmen einer Blockchiffrierung durch einen klugen Trick namens Ciphertext Stealing umgehen, der z.B. bei Schneier [1996] und Wobst [1998] beschrieben ist.

36 Das von PKZIP verwendete Verfahren ist allerdings kryptographisch unsicher.

mit dem ersten Byte des Datenstroms und überträgt das Ergebnisbyte an den Empfänger. Außerdem löscht man das ganz links im Puffer stehende Byte, schiebt alle anderen Bytes um eine Position nach links und kopiert das soeben versendete Ergebnisbyte an die gerade freigewordene Stelle im Puffer. Nun beginnt der Zyklus von vorn: Man verschlüsselt den neuen Pufferinhalt, benutzt ein einzelnes Byte zur XOR-Verknüpfung mit dem zweiten Klartextbyte usw. Auf der Empfängerseite muß der Initialisierungsvektor ebenfalls bekannt sein. Auch der Empfänger führt nur *Ver*schlüsselungsoperationen durch und kann mit den Ergebnissen die XOR-Verschlüsselungen des Absenders wieder rückgängig machen. Diese Betriebsart nennt man *Cipher Feedback* (*CFB*). Hier wird je übertragenem Byte eine komplette Blockverschlüsselung durchgeführt, deswegen sollte ein effizientes Blockverschlüsselungsverfahren dafür eingesetzt werden. Die speziell als solche entworfenen Stromchiffrierungen arbeiten in der Regel deutlich schneller.

Außer ECB, CBC und CFB gibt es noch weitere Betriebsarten, die hier aber nicht weiter diskutiert werden sollen, weil mit dem oben Gesagten praktisch alle Anwendungsfälle abgedeckt sind.

Alle Modi lassen sich mit sämtlichen Blockverschlüsselungsalgorithmen realisieren. Welche Betriebsart man wählen sollte, hängt von den Umständen des konkreten Einsatzfalles ab. Für die Übertragung sehr kleiner Datenmengen reicht der ECB-Modus aus. Beispielsweise würde bei der asymmetrischen Verschlüsselung von Sitzungsschlüsseln in Hybridsystemen wohl kaum jemand auf die Idee kommen, etwas anderes als den ECB-Modus zu verwenden. Der ECB-Modus muß insbesondere dann verwendet werden, wenn nicht immer in der gleichen Reihenfolge auf die Geheimtextblöcke zugegriffen wird (beispielsweise, wenn sie in einer Datenbank gespeichert sind). Für alle anderen Zwecke ist CBC der beste Modus, wenn die zu übertragenden Daten bereits vollständig vorliegen. Für Anwendungen, bei denen einzelne Zeichen möglichst verzögerungsfrei übertragen werden müssen, eignet sich der CFB-Modus am besten.

Komprimierung und Verschlüsselung – ein gutes Team?

Durch den Einsatz des CBC-Modus will man verhindern, daß Wiederholungen im Klartext zu Wiederholungen im Geheimtext führen. Etwas unbefriedigend daran ist, daß die Strukturen des Klartextes sozusagen erst nachträglich verwischt werden. Eleganter wäre es, Wiederholungen und Strukturen gar nicht erst auftreten zu lassen. Tatsächlich gibt es ein reges Teilgebiet der Informatik, das sich mit dem Phänomen der Redundanz in Datenmengen befaßt. Im Rahmen dieser Forschungen sind Verfahren entwickelt worden, die diese Redundanz dazu nutzen, Daten komprimiert zu speichern. Allzweckdateiformate wie das bereits angesprochene Zip-Format, Formate für spezielle Anwendungsbereiche wie etwa PNG und JPEG als Grafikformate, komprimierte Speicherung auf Plattenlaufwerken u.a. sind den meisten Computeranwendern ein Begriff.

Ein Effekt der Datenkompression ist normalerweise, daß die erzeugten Datenbytes ziemlich wirr und zufällig aussehen. Das ist auch zu erwarten, denn wäre eine Regelmäßigkeit erkennbar, dann läge immer noch Redundanz vor, und diese könnte man für eine noch bessere Kompression ausnutzen. Auf der anderen Seite haben auch die Kryptographen das Ziel, einen möglichst zufällig aussehenden Datenstrom zu erzeugen, wenngleich aus anderen Motiven: Ein potentieller Angreifer soll möglichst wenig Struktur vorfinden, die er für kryptanalytische Zwecke nutzen kann. Ein gutes Verschlüsselungsverfahren zeichnet sich auch dadurch aus, daß der Geheimtext keine Redundanz mehr erkennen läßt. Dies führt dazu, daß Geheimtexte sich nicht mehr gut komprimieren lassen.

Die umgekehrte Reihenfolge, bei der eine Nachricht zuerst komprimiert und anschließend verschlüsselt wird, bietet allerdings einige Vorzüge. Bei der Komprimierung eines Textes werden reichhaltige Klartextstrukturen zerstört, die ein Angreifer für eine Kryptanalyse hätte nutzen können. So komprimiert z.B. das Programm PGP normalerweise den Text einer Nachricht, ehe es ihn mit einem symmetrischen Verfahren unter Verwendung eines Sitzungsschlüssels verschlüsselt. Die durch die Komprimierung verringerte Datenmenge läßt sich außerdem schneller verschlüsseln und natürlich auch schneller über eine Datenleitung übertragen.

Allerdings sind komprimierte Dateien keineswegs so strukturlos, wie es zunächst aussieht. Wenn man versucht, Daten zu dekomprimieren, merkt man normalerweise sehr schnell, ob es sich wirklich um formal korrekt komprimierte Eingabedaten handelt. Dadurch können Brute-Force-Angriffe (ähnlich dem des weiter vorn beschriebenen DES-Crackers) mitunter sogar erleichtert werden.[37] Zunächst einmal haben manche komprimierte Dateien am Anfang einige feste Bytes mit bekannten Werten. So fangen Zip-Archive stets mit den Bytes »PK« an, den Initialen von Phil Katz, dem ursprünglichen Entwickler die-

37 Wobst [1998] erörtert dieses Problem ausführlicher.

ses Formats. Aber auch darüber hinaus haben komprimierte Dateien eine Struktur. Sobald man beim Versuch einer Dekomprimierung auf Bytekombinationen stößt, die der Komprimierungsalgorithmus nicht erzeugt haben kann, weiß man, daß man keine gültige komprimierte Datei vor sich hat. Solche ungültigen Kodes treten normalerweise schon sehr bald auf. Das ist für einen Brute-Force-Angriff günstig, weil man schnell erkennt, ob der Schlüssel, den man gerade ausprobiert, falsch ist.

Raffiniertere kryptanalytische Angriffe werden durch die Komprimierung jedoch sehr viel schwerer. Auch wenn es also keine eindeutige und abschließende Antwort auf die Frage gibt, ob eine Komprimierung im Einzelfall nützlich oder schädlich ist, überwiegen im Normalfall wohl doch eher die Argumente zu ihren Gunsten.

Eine derartige Einzelfallabwägung ist bei vielen kryptographischen Anwendungen wichtig. Die einzelnen Verschlüsselungsmethoden, die in diesem Kapitel vorgestellt worden sind, unterscheiden sich in vielen Aspekten. Sie stellen damit ein breites Spektrum möglicher Lösungen für viele praktische Schwierigkeiten zur Verfügung, die bei der Gewährleistung von Vertraulichkeit auftreten. Ob man besser die spezifischen Stärken der symmetrischen oder der asymmetrischen Verfahren nutzt, oder ob Hybridverfahren der geeignetere Ansatz sind, läßt sich nicht allgemein entscheiden. Auch die Details der Umsetzung können beeinflussen, ob die benötigte Sicherheit erreicht wird. Dazu gehören beispielsweise die Entscheidung für eine bestimmte Betriebsart sowie Fragen der Schlüsselerzeugung. Die sorgfältige Realisierung eines kryptographischen Systems führt dazu, daß die Kosten für einen potentiellen Angriff höher liegen als der Gewinn, den der Angreifer dadurch erzielen kann.

Solche Angriffe können in sehr unterschiedlichen Formen auftreten. Manchmal reicht es einem Angreifer beispielsweise, einfach nur zu stören. So könnte er beispielsweise einfach am Ende einer Nachricht weitere Blöcke anhängen. Bei geschicktem Vorgehen, etwa durch Block Replay, kann er beim Empfänger den Eindruck erwecken, die angehängten Nachrichtenblöcke stammten ebenfalls vom eigentlichen Absender der Nachricht. Es wäre gut, solche verfälschten Informationen klar von vornherein erkennen zu können. Auch wenn ein Angreifer (oder eine Störung bei der Übertragung) die verschlüsselten Daten anderweitig verändert hat, sollte das möglichst schnell und zweifelsfrei feststellbar sein. Das nächste Kapitel wird zeigen, wie man mit Hilfe kryptographischer Techniken auch auf diese Fragen Antworten finden kann.

3 Kryptographische Verfahren zur Sicherstellung von Integrität und Authentizität

Bisher haben wir uns fast ausschließlich damit befaßt, wie man einen Dritten daran hindert, vertrauliche Nachrichten mitzulesen. Einen potentiellen Lauscher stellt man sich dabei immer so vor, daß er sehr intelligent ist und über umfangreiche Ressourcen verfügt. Es ist ihm möglich, die Datenkommunikation zwischen zwei Partnern mitzuschneiden, und er kann die Aufzeichnungen mit schnellen Rechnern analysieren. Dabei bleibt er aber doch im wesentlichen passiv, denn er greift nicht verändernd in den Datenaustausch ein. Es gibt aber in der Wirklichkeit noch bösartigere Angreifer, die sich sogar aktiv in die Kommunikation einschalten. Ein solcher Angriff wird nicht *prinzipiell* zu verhindern sein. Erreichen läßt sich jedoch, daß dies nicht *unbemerkt* geschieht – und damit dürfte das Hauptziel des Angreifers vereitelt werden.

Bei einem normalen, direkten Gespräch zwischen zwei Leuten tritt das Problem gar nicht auf, daß jemand die Worte, die der eine ausspricht, heimlich abändern könnte, bevor sie das Ohr des anderen erreichen. Bei der Kommunikation über Datenleitungen ist die Situation jedoch ganz anders. E-Mails werden über zahlreiche Rechner weitergeleitet, ehe sie zum Ziel gelangen. Auf den Zwischenstationen, deren Standorte die Kommunikationspartner üblicherweise nicht einmal kennen, werden die Texte mitunter eine Weile zwischengespeichert, bevor sie weitergesendet werden. Solche kleinen Pausen sind alltäglich und fallen den Partnern nicht weiter auf. Während dieser Zwischenspeicherungen können Nachrichten nicht nur heimlich kopiert und dann in Ruhe analysiert werden, sondern sie können auch verändert werden. Wird eine solche Änderung geschickt ausgeführt und ist das Resultat wenigstens halbwegs glaubhaft, dann kann es für den Empfänger sehr schwer sein, die Manipulation zu erkennen. Allein das Mißtrauen, eine Nachricht *könnte* von einem böswilligen Angreifer manipuliert worden sein, ist schon eine schwere Belastung eines Vertrauensverhältnisses.

Außer der Möglichkeit einer Manipulation besteht auch noch die Gefahr, daß eine Nachricht *fingiert* sein könnte. Sie erweckt beim Empfänger den Anschein, sie käme von einem bestimmten Absender, stammt aber in Wirklichkeit von jemand anderem. Das ist im Internet ein beliebter, wenngleich nicht mehr sehr origineller Scherz, der mit minimalem Aufwand zu realisieren ist.[1] Die eigentliche Gefahr besteht offensichtlich darin, daß ein Angreifer eine vorgetäuschte Identität leicht in betrügerischer Absicht nutzen könnte.

Oft ist es nötig, beide Formen von Angriffen – Manipulation von Inhalten und Vortäuschen einer falschen Identität – ausschließen zu können. Gerade im Geschäftsverkehr wäre es untragbar, daß ein Angreifer einen Vertragsabschluß, eine Bestellung oder eine Geldüberweisung unter einer vorgespiegelten Identität vornehmen könnte. Der Absender muß für den Empfänger zweifelsfrei erkennbar sein. Andererseits wäre es wertlos, genau zu wissen, von wem eine Nachricht kommt, wenn ein Unbekannter ihren Inhalt in das Gegenteil verkehrt haben könnte. Der Empfänger braucht also außer der garantierten Erkennbarkeit des Absenders auch die Garantie, daß der Nachrichtentext original und unverfälscht ist.

Die einander ergänzenden Forderungen nach Integrität und Authentizität einer Nachricht können mit Hilfe eines »Fingerabdrucks« der übermittelten Daten erfüllt werden. Damit ist ein kompakter, unverwechselbarer Prüfwert für eine Nachricht gemeint, der es dem Empfänger ermöglicht, Manipulationen schnell und zuverlässig festzustellen. So läßt sich die Integrität einer Nachricht bereits prüfen, vorausgesetzt, der Fingerabdruck selbst ist gegen Veränderungen geschützt. Zusätzlich können in diesen Fingerabdruck auch Elemente aufgenommen werden, die für die Identität des Absenders charakteristisch sind. Damit läßt sich auch die Authentizität sicherstellen. Für die Erzeugung der einfachen wie auch der authentifizierenden Fingerabdrücke lassen sich die kryptographischen Techniken verwenden, die im vorigen Kapitel beschrieben worden sind.

1 Eine Telnet-Verbindung zu einem SMTP-Server sowie eine kurze Lektüre des Internet-Mail-Standards RFC821 reichen dazu im einfachsten Fall bereits aus.

3.1 Der Fingerabdruck einer Nachricht: One-Way-Hashfunktionen

Bei der elektronischen Übermittlung von Daten kommt es häufiger einmal vor, daß einzelne Datenpakete während des Transports versehentlich »beschädigt« werden. Beim Einsatz eines Modems etwa reicht ein kurzes Knacken in der Telefonleitung aus, um gleich mehrere Bytes zu zerstören. Deswegen benutzen praktisch alle Datenkommunikationsprogramme intern sogenannte *Prüfsummen*, mit deren Hilfe fehlerhafte Übermittlungen leicht aufgespürt werden können. Dazu berechnet das sendende Programm für jedes gesendete Paket einen Wert, in den sämtliche Bytes des Pakets auf genau festgelegte Weise einfließen. Der errechnete Wert wird im Anschluß an das eigentliche Datenpaket ebenfalls übermittelt. Das empfangende Programm führt für die Datenbytes dieselbe Berechnung durch und vergleicht den berechneten mit dem empfangenen Prüfsummenwert. Stimmen die beiden überein, ist das Paket mit hoher Wahrscheinlichkeit korrekt übertragen worden. Stimmen sie nicht überein, liegt garantiert ein Fehler vor.[2] In diesem Fall kann das empfangende Programm das Datenpaket erneut anfordern. Der Benutzer des Programms bemerkt von alledem nichts (außer möglicherweise einer kleinen Verzögerung). Er bekommt nur Daten zu sehen, die mit hoher Wahrscheinlichkeit intakt sind.

Für die Berechnung solcher Prüfsummen gibt es verschiedene Methoden. Ein ganz einfaches Verfahren berechnet einfach den XOR-Wert aller Bytes. Die dadurch definierte Prüfsumme ist wieder ein einzelnes Byte lang. Betrachten wir als Beispiel die Miniaturnachricht »Hallo Bob«. Im ASCII-Zeichensatz entspricht dies hexadezimal geschrieben der Byte-Folge 48 61 6C 6C 6F 20 42 6F 62. Die XOR-Prüfsumme lautet also $48 \oplus 61 \oplus 6C \oplus 6C \oplus 6F \oplus 20 \oplus 42 \oplus 6F \oplus 62 = 29$.

Andere Verfahren, die Fehler mit erhöhter Wahrscheinlichkeit abfangen, sind unter dem Namen *Cyclic Redundancy Check* (*CRC*) bekannt; sie liefern normalerweise Prüfwerte von zwei oder vier Byte Länge.

Das wesentliche an allen Prüfsummen ist, daß sie für beliebig lange Nachrichten berechnet werden können, und zwar einfach und schnell. Der Prüfsummenwert, auf englisch auch *Message Digest* genannt, ist stets eine einzige, kurze

2 Es kann natürlich vorkommen, daß die Paketdaten korrekt sind und nur die Prüfsumme fehlerhaft übermittelt wurde. Da das Paket normalerweise sehr viel länger als die Prüfsumme ist, tritt dieser Fall jedoch deutlich seltener ein.

Zahl fester Länge. Dabei sollte der Wert einerseits möglichst kurz sein, um den Zusatzaufwand bei der Übermittlung geringzuhalten, andererseits sollte er lang genug sein, um Fehler hinreichend sicher zu erkennen. Weil die Nachricht im Laufe dieser Berechnung in kleine Stücke zerteilt wird und die Stücke durchmischt, also gleichsam durch den Fleischwolf gedreht werden, nennt man solche Prüfsummen-Algorithmen häufig auch *Hashfunktionen* – »hash« ist das Gehackte beim Metzger.

Vor den *zufälligen* Änderungen, die durch Leitungsstörungen bei der Datenkommunikation auftreten können, schützen derlei Prüfsummen sehr effizient. Aus kryptographischer Sicht ist allerdings nachteilig, daß sie nur ganz dürftigen Schutz vor *absichtlichen* Änderungen bieten. Beispielsweise findet man durch ein wenig geschicktes Probieren schnell heraus, daß die Nachrichten »Holla Bob«, »Hallo Tot« und »Hurraton« alle die gleiche XOR-Prüfsumme wie der Beispielsatz »Hallo Bob« aufweisen. Paare von Nachrichten, die bei einer vorgegebenen Hashfunktion den gleichen Hashwert ergeben, werden auch als *Kollisionen* bezeichnet. Bei den einfachen Beispielen, die hier aufgeführt sind, wird der Empfänger angesichts der veränderten Texte vermutlich schnell stutzig. An dem ersten Beispiel sieht man jedoch bereits, daß das XOR-Verfahren Vertauschungen von Zeichen nicht registriert. Das kann etwa bei der Übermittlung einer Kontonummer oder eines Geldbetrages schon fatale Folgen haben. Ein Kryptograph stellt deswegen wesentlich höhere Anforderungen an eine Hashfunktion als beispielsweise ein Fernmeldeingenieur.

Anforderungen an gute Hashverfahren

Eine Hashfunktion sollte die folgenden Eigenschaften aufweisen, wenn sie zum Schutz vor unbemerkten Manipulationen eingesetzt werden soll:

- Sie muß für beliebig lange Nachrichten einen (relativ) kleinen Wert mit vorgegebener Länge liefern.
- Sie muß von jedermann leicht zu berechnen sein.
- Es muß praktisch ausgeschlossen sein, zu einem vorgegebenen Hashwert eine Nachricht zu konstruieren, die genau diesen Hashwert liefert.

Die beiden letzten Bedingungen besagen, daß die Berechnung eine Einbahnstraße darstellt: In einer Richtung läßt sie sich einfach ausführen, aber der Rückschluß vom Hashwert auf eine mögliche Eingabe darf nicht mehr durchführbar sein. Kryptographische Hashfunktionen werden deswegen auch als *Einweg-*

oder *One-Way-Hashfunktionen* bezeichnet. Manchmal findet man in diesem Zusammenhang auch die Bezeichnung *trapdoor function* (»*Falltürfunktion*«). Damit werden Einwegfunktionen bezeichnet, bei denen es eine Information gibt, die den Rückschluß auf die Eingabe ermöglicht.

Die Einweg-Eigenschaft erinnert an die Bedingungen, die an die Public-Key-Verschlüsselung geknüpft werden: Die eine Richtung der Berechnung (Verschlüsseln mit dem öffentlichen Schlüssel bzw. Berechnen des Hashwertes) sollte einfach sein, die andere Richtung (Entschlüsseln anhand des öffentlichen Schlüssels bzw. Finden einer Nachricht mit vorgegebenem Hashwert) hingegen praktisch unmöglich. Public-Key-Algorithmen lassen sich deswegen als Trapdoor-Funktionen auffassen. Diese Ähnlichkeit wird in Kapitel 3.2 bei der Beschreibung von Signaturalgorithmen eine Rolle spielen.

Zusätzlich wird üblicherweise eine noch strengere Anforderung gestellt, die als *Kollisionsresistenz* bezeichnet wird:

- Es muß praktisch ausgeschlossen sein, daß man zwei Nachrichten finden kann, die den gleichen Hashwert liefern.

Diese Bedingung wird normalerweise mit dem Hinweis auf einen »Geburtstagsangriff« begründet. Dieser Jargon-Ausdruck spielt auf eine zunächst verblüffend anmutende Beobachtung aus der Kombinatorik an: Angenommen, jemand wollte mit Ihnen im Rahmen eines geselligen Beisammenseins wetten, daß mindestens zwei der Anwesenden am selben Tag im Jahr Geburtstag hätten. Würden Sie annehmen oder nicht? (Wir nehmen an, daß keiner der Beteiligten vorab Informationen über die Geburtstage der Anwesenden besitzt.) Die Antwort hängt natürlich davon ab, wie viele Menschen anwesend sind. Die Gruppengröße, ab der es für Sie ungünstig wird, liegt erstaunlich niedrig: Schon bei 23 Personen liegt die Wahrscheinlichkeit dafür, ein »Geburtstagspärchen« zu finden, bei etwa 50%. Der Grund für die zunächst verblüffend gering anmutende Zahl besteht darin, daß es in einer Gruppe dieser Größe bereits $23 \times 22/2 = 253$ Paare als Kandidaten für einen gemeinsamen Geburtstag gibt. Die Anzahl möglicher Paare steigt quadratisch mit der Anzahl der Anwesenden an. Demgegenüber ist die Wahrscheinlichkeit, daß einer der anderen Anwesenden *am gleichen Tag wie Sie selbst* Geburtstag hat, sehr viel niedriger: Erst ab 253 Teilnehmern ist die Wahrscheinlichkeit dafür größer als 50%.

Analog dazu ist die Aufgabe, irgend zwei Nachrichten mit demselben Hashwert (wie auch immer er lauten mag) zu finden, sehr viel leichter zu lösen als das

Problem, zu einem konkret vorgegebenen Hashwert eine Nachricht zu finden. Die praktischen Nachteile einer nicht kollisionsresistenten Hashfunktion werden wir später noch erläutern.

Die Funktionsweise von Hashverfahren

Die Anforderungen, die an gute Hashfunktionen gestellt werden, sind damit formuliert. Ehe wir einige konkrete Algorithmen beschreiben, betrachten wir zunächst die Grundmuster der Berechnung und des Einsatzes zur Integritätssicherung.

Während die einfachen Prüfsummen (XOR- und CRC-Verfahren) ähnlich wie Stromverschlüsselungen einsetzbar sind, die Eingabe also Zeichen für Zeichen verarbeiten, gehen Einweg-Hashfunktionen meistens blockweise vor. Die Blocklänge liegt typischerweise bei 128 bis 512 Bit. Eine Nachricht M wird zunächst genau wie bei den Blockchiffrierungen in Blöcke M_1, M_2 usw. bis M_n eingeteilt, die jeweils die passende Länge haben. Diese Blöcke werden nacheinander durch eine sogenannte *Kompressionsfunktion* f verarbeitet. Sie ist das Herzstück des Hashverfahrens, und wie sie aussieht, hängt vom jeweiligen Hashalgorithmus ab. Ihre Eigenschaften legen im wesentlichen die Sicherheit des Algorithmus fest. Der Vorgang ist in Abbildung 3-1 dargestellt.

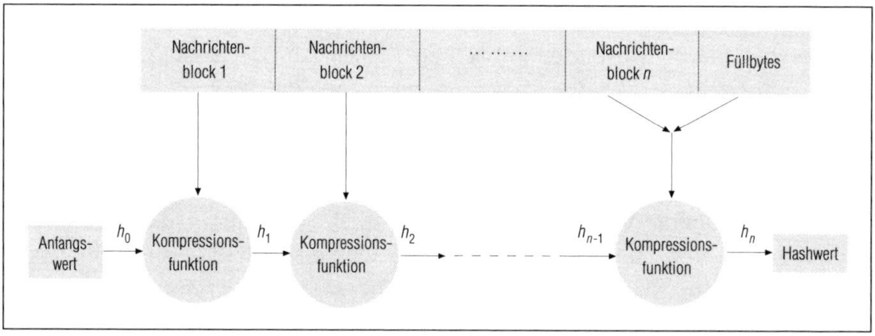

Abbildung 3-1: Die Berechnung des Hashwerts einer Nachricht

Das Ergebnis der Verarbeitung des i-ten Nachrichtenblocks M_i ist in der Abbildung mit h_i bezeichnet. Als Eingabe für f dient in jedem Schritt nicht nur der jeweilige Nachrichtenblock, sondern auch das Ergebnis der Verarbeitung des vorigen Nachrichtenblocks: In die Verarbeitung von M_2 geht also h_1 mit ein, bei

M_3 auch h_2 usw., und schließlich bei M_n auch h_{n-1}. Der zuletzt berechnete Wert, also h_n, bildet den gesuchten Hashwert. Weil die h_i die Verbindung zwischen den einzelnen Verarbeitungsschritten herstellen, werden sie auch als Verkettungswerte (*chaining values*) bezeichnet. Durch diese Konstruktion ist sichergestellt, daß im Wert h_n die gesamte Nachricht berücksichtigt ist. In mathematischer Notation läßt sich der ganze Vorgang als $h_i = f(M_i, h_{i-1})$ schreiben. Der Startwert h_0 für diese iterierte Berechnung wird fest vorgegeben, ähnlich dem Initialisierungsvektor beim CBC-Modus einer Blockverschlüsselung (siehe den Abschnitt *Mehr Sicherheit durch Cipher Block Chaining* in Kapitel 2.5).

Bei der Blockverschlüsselung trat bereits das Problem auf, daß der letzte Block der Nachricht möglicherweise nicht mehr die volle Länge hat. In diesem Fall sollte er mit Zufallsbits aufgefüllt werden. Das gleiche Problem kann auch bei der Berechnung von Hashwerten auftreten. Allerdings können hier keine Zufallsbits verwendet werden, denn Sender und Empfänger müssen genau dieselben Zeichen zum Auffüllen verwenden, wenn die Überprüfung des Hashwertes nicht sofort scheitern soll. Welche Füllzeichen zu verwenden sind, muß in der Spezifikation des Hashverfahrens angegeben werden.

Zusätzlich ist noch eine weitere Besonderheit zu berücksichtigen: In die Berechnung sollte die exakte Länge der Nachricht mit einfließen. Nachrichten unterschiedlicher Länge können ja durchaus denselben Hashwert besitzen, und das könnte ein potentieller Angreifer ausnutzen. Um das zu illustrieren, kann man sich vorstellen, der Angreifer hätte eine Nachricht abgefangen und in seinem Sinne modifiziert (etwa, indem er sich als Nutznießer eines Vertrages einträgt). Die derart veränderte Nachricht hätte dann einen anderen Hashwert, so daß die Manipulation auffiele. Der Angreifer könnte nun versuchen, die Nachricht möglichst unauffällig weiter zu verändern, um eine Kollision zu finden – also eine veränderte Nachricht, die denselben Hashwert wie das Original hat. Nimmt man weiterhin an, der Vertrag hätte mindestens 50 Zeilen, dann könnte er, indem er an jede dieser Zeilen entweder ein Leerzeichen anhängt oder eben gerade nicht, 2^{50} verschiedene Nachrichten erzeugen. Die Wahrscheinlichkeit, in dieser großen Menge von Nachrichten eine zu finden, die den gleichen Fingerabdruck wie das Original hat, ist bei einigen Hashverfahren nicht zu vernachlässigen. Eine solche Suche läßt sich in überschaubarer Zeit praktisch durchführen. Andererseits wird dem Empfänger der Nachricht kaum auffallen, daß einige Textzeilen am Ende ein Leerzeichen aufweisen. Damit wäre das Täuschungsmanöver geglückt. Enthält die Nachricht hingegen eine Längenangabe, wird diese Form des Angriffs zwar nicht vollkommen unmöglich gemacht, aber doch deutlich erschwert.

Wie der eben beschrieben Angriff schon andeutet, ist die Länge des Wertes, den die Hashfunktion liefert, ein wichtiges Kriterium für ihre Sicherheit. Einerseits soll der Wert kurz genug sein, um ihn ggf. per Telefon übermitteln zu können; das ist eine sehr effektive Methode, einen Angreifer daran zu hindern, den Hashwert ebenfalls zu manipulieren. Andererseits wird es um so einfacher, eine Kollision zu finden, je kürzer der Schlüssel ist. Eine Länge von 64 Bit wird als zu kurz eingeschätzt, um einem Geburtstagsangriff zu widerstehen. Die meisten heute verwendeten Hashverfahren liefern daher Werte mit mindestens 128 Bit, einige sogar solche mit 160 Bit Länge. Bereits im Jahre 1994 wurde eine Schätzung veröffentlicht, laut der man mit einem Aufwand von zehn Millionen Dollar eine Brute-Force-Maschine bauen könnte, die innerhalb von 24 Tagen eine Kollision (also ein Paar von Nachrichten mit demselben Hashwert) für einen 128-Bit-Hashwert finden könnte, indem sie 2^{64} Nachrichten durchprobiert. Nach dem schon erwähnten Mooreschen Gesetz würde eine solche Maschine im Jahr 2000 nur noch eineinhalb Tage benötigen. Für eine 160-Bit-Hashfunktion müßten in einem Geburtstagsangriff jedoch im Mittel etwa 2^{80} Dokumente geprüft werden, um eine Kollision zu finden, und das ist praktisch nicht mehr machbar, jedenfalls nicht in der absehbaren Zukunft.

Damit sind die Rahmenbedingungen für den Einsatz von Hashfunktionen beschrieben. Es fehlen nun nur noch die genauen Vorschriften, nach denen die Hashfunktion bzw. ihre Kompressionsfunktion praktisch berechnet werden kann. Wie schon bei der Suche nach guten Public-Key-Verschlüsselungsverfahren erweist es sich auch hier als nicht ganz einfach, Algorithmen zu finden, die die gewünschten Eigenschaften aufweisen. Public-Key-Verfahren wären zwar prinzipiell brauchbar, sind aber für viele Einsatzzwecke zu langsam in der Berechnung. Tatsächlich werden kryptographisch gute Hashfunktionen erst seit etwa Mitte der achtziger Jahre gezielt untersucht, so daß es sich hier um einen noch ziemlich jungen Forschungszweig handelt. In den folgenden Abschnitten werden die wichtigsten Einweg-Hashmechanismen beschrieben.[3]

---

3 Leser, die an den technischen Details kein Interesse haben, können die folgenden drei Abschnitte überspringen und auf Seite 103 weiterlesen.

Verfahren mit Blockverschlüsselung

Im vorigen Kapitel wurde bereits eine Methode vorgestellt, wie man einen Wert fester Länge berechnet, der von jedem Zeichen einer Nachricht beeinflußt wird: eine im Cipher-Block-Chaining-Modus betriebene Blockverschlüsselung. Vergleicht man die Abbildungen 2-5 und 3-1, sieht man die Ähnlichkeit sofort. Der letzte Geheimtextblock läßt sich dann als Hashwert verwenden, alle vorherigen Geheimtextblöcke werden weggeworfen. Auch der Cipher-Feedback-Modus läßt sich hierfür einsetzen. In beiden Fällen wird ein festgelegter und öffentlich bekannter Schlüssel verwendet. Leider ist diese Vorgehensweise nicht sehr sicher, weil hierbei einige Voraussetzungen nicht gelten, die beim »normalen« Verschlüsselungsbetrieb gegeben sind. Der Entwickler eines Verschlüsselungsverfahrens kann beispielsweise davon ausgehen, daß einem Angreifer der Schlüssel unbekannt ist. (Sonst hätte der Angreifer sein Ziel bereits erreicht.) Bei der Berechnung eines Hashwerts hingegen ist der »Schlüssel« ein für allemal festgelegt und daher auch dem Angreifer bekannt.[1] Deswegen kann er einen Angriff genau für den benutzten Schlüssel maßschneidern. Außerdem kann er beliebig viele Klartext-/Geheimtextpaare erzeugen.

Ein etwas sichereres Verfahren besteht darin, einen Blockverschlüsselungsalgorithmus »seitwärts« zu betreiben. Dabei benutzt man die Nachricht als *Schlüssel* und nicht wie sonst als zu verschlüsselnden Text. Zunächst wird ein Anfangswert fest vereinbart, ähnlich dem Initialwert beim CBC-Modus. Dann teilt man die Nachricht in Blöcke auf, die die Länge des Schlüssels haben (beispielsweise bei DES 56 Bit, bei IDEA 128 Bit). Daraufhin wird der Anfangswert mit dem ersten Nachrichtenblock als Schlüssel verschlüsselt, das Ergebnis mit dem zweiten Nachrichtenblock als Schlüssel usw. Auch bei diesem Vorgehen wird das letzte Ergebnis als Hashwert verwendet. In Unix-Systemen sind Login-Paßwörter mit DES im Seitwärtsbetrieb verschlüsselt und das Ergebnis in der Paßwortdatei gespeichert worden. Dadurch kann die Korrektheit eines Paßwortes geprüft werden, auch ohne daß dieses Paßwort selbst irgendwo gespeichert wäre.

Diese ersten Ansätze lassen sich so verallgemeinern, daß sie deutlich bessere Eigenschaften gewinnen. Dazu werden die Nachrichtenblöcke und die Verket-

---

4 Selbst wenn der festgelegte Schlüssel nicht öffentlich zugänglich ist, muß man sicherheitshalber annehmen, daß er einem Angreifer bekannt ist, weil er fester Bestandteil der Spezifikation des Hashverfahrens ist. Das gilt nicht bei den in Kapitel 3.2 beschriebenen Signaturalgorithmen.

tungsvariablen geschickt miteinander verknüpft, was die Suche nach Kollisionen sehr erschwert. Eine sichere Vorgehensweise ist etwa die folgende: Bei der Verarbeitung des i-ten Nachrichtenblocks (m_i) wird dieser zunächst mit dem Ergebnis des vorigen Schritts (h_{i-1}) durch XOR verknüpft. Das Ergebnis wird als Schlüssel verwendet, um h_{i-1} zu verschlüsseln. Der erzeugte Geheimtextblock wird erneut durch XOR mit m_i verknüpft, das Ergebnis ist h_i (siehe Abbildung 3-2).

Wenn die Schlüssellänge kürzer als die Blocklänge ist, sollte die Nachricht in Blöcke eingeteilt werden, die so lang wie der Schlüssel sind. Ist die Schlüssellänge hingegen größer, sind diese Konstruktionen nicht ohne weiteres anwendbar.[5]

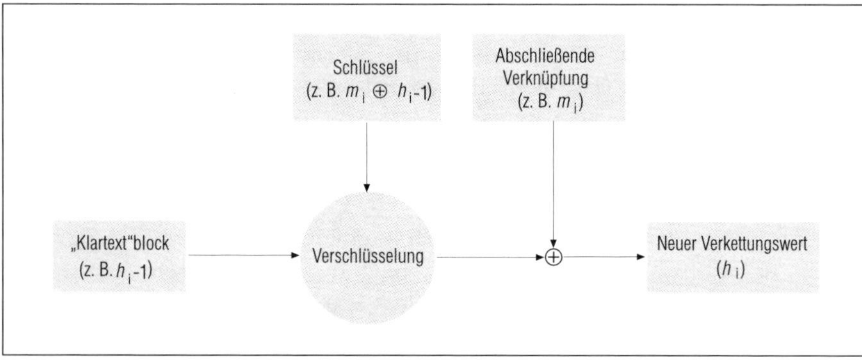

Abbildung 3-2: Aus einer Blockverschlüsselung abgeleitete Kompressionsfunktion

Diese Konstruktionen liefern Hashwerte, deren Länge mit der Blocklänge des Verschlüsselungsverfahrens übereinstimmt. Wie bereits erwähnt, werden Hashlängen unter 128 Bit jedoch als unsicher eingeschätzt, und selbst 128 Bit sind nicht mehr sehr sicher. Andererseits haben die meisten heutigen Blockverschlüsselungsverfahren Blocklängen von nur 64 Bit, und selbst die AES-Kandidaten überschreiten die 128-Bit-Grenze nicht. Daher sind verschiedene Vorschläge entwickelt worden, wie man zwei Blockverschlüsselungsstränge parallel betreiben kann, z.B. mit unterschiedlichen Anfangswerten. Dabei sollten Verkettungsvariablen dazu genutzt werden, Informationen zwischen den beiden Strängen auszutauschen und zu vermischen. Dies muß sehr sorgfältig und überlegt geschehen, wenn die Sicherheit nicht kompromittiert werden soll. Da

5 Schneier [1996] gibt für diesen Fall weitere Tips.

einige der sichereren Kandidaten zudem noch durch Patente geschützt sind, ist es für die meisten Anwendungen wohl sinnvoller, gleich eine der Hashfunktionen zu verwenden, die von Anfang an für diesen Zweck konzipiert worden sind.

Der Secure Hash Algorithm (SHA-1)

Der bereits erwähnte amerikanische Kryptograph Ron Rivest hat eine ganze Reihe von Einweg-Hashfunktionen erfunden, die auch andere Entwickler stark beeinflußt haben. Besonders bedeutsam waren seine Verfahren MD2, MD4 und MD5 (*MD* steht jeweils für *Message Digest*), die allesamt 128 Bit lange Hashwerte liefern. Insbesondere MD5 ist verbreitet eingesetzt worden, unter anderem auch in PGP. Abgesehen von ihrem interessanten Aufbau weisen MD4 und MD5 auch die günstige Eigenschaft auf, daß sie sich sehr effizient auf heutigen Mikroprozessoren programmieren lassen. Leider sind in allen drei Algorithmen mittlerweile Schwachstellen entdeckt worden, und die für heutige Verhältnisse kurze Hashlänge spricht ebenfalls gegen den weiteren Einsatz von Verfahren der MD*x*-Familie. Für MD4 lassen sich beispielsweise innerhalb weniger Sekunden auf einem normalen PC Kollisionen erzeugen.

Bei der Suche nach Schwachstellen, zu der Hans Dobbertin vom deutschen *Bundesamt für Sicherheit in der Informationstechnik* (*BSI*) wesentliche Beiträge geleistet hat,[6] sind allerdings wichtige neue Erkenntnisse gewonnen worden, die für die Konstruktion von Hashverfahren mit erhöhter Sicherheit genutzt werden konnten. Eines der derzeit besten Verfahren ist der *Secure Hash Algorithm* (*SHA*), den die *National Security Agency* (*NSA*) im Auftrag der amerikanischen Normierungsbehörde *NIST* entwickelt hat. Nachdem die erste Version (heute als SHA-0 bezeichnet) Schwächen aufwies, wird heute allgemein die Variante SHA-1 eingesetzt, deren Aufbau im folgenden beschrieben wird.

Die Kompressionsfunktion von SHA verarbeitet in jedem Schritt 16 Nachrichtenwörter zu je 32 Bit, also insgesamt 512 Bit der Nachricht. Aus den 16 Wörtern werden durch Mischen 80 modifizierte Wörter erzeugt. Der erzeugte Hashwert hat eine Länge von 160 Bit, deswegen werden fünf 32-Bit-Verkettungsvariablen benötigt. Bei jedem Schritt werden vier Runden mit je 20 Operationen durchgeführt, zusammen also 80 Operationen. In jeder Operation werden einige der Verkettungsvariablen in einer sogenannten *nichtlinearen Funktion* miteinander ver-

6 Siehe beispielsweise Dobbertin [1995].

knüpft, und zusätzlich werden einige der Bits um gewisse Beträge verschoben. Dann wird je Operation eines der modifizierten Nachrichtenwörter additiv verknüpft und schließlich noch eine gewisse rundenabhängige Konstante addiert. (Die Additionen sind modulo 2^{32} zu verstehen, Überträge über die 32-Bit-Wortgrenze hinaus werden also ignoriert.) Eine solche Operation ist in Abbildung 3-3 dargestellt.[7]

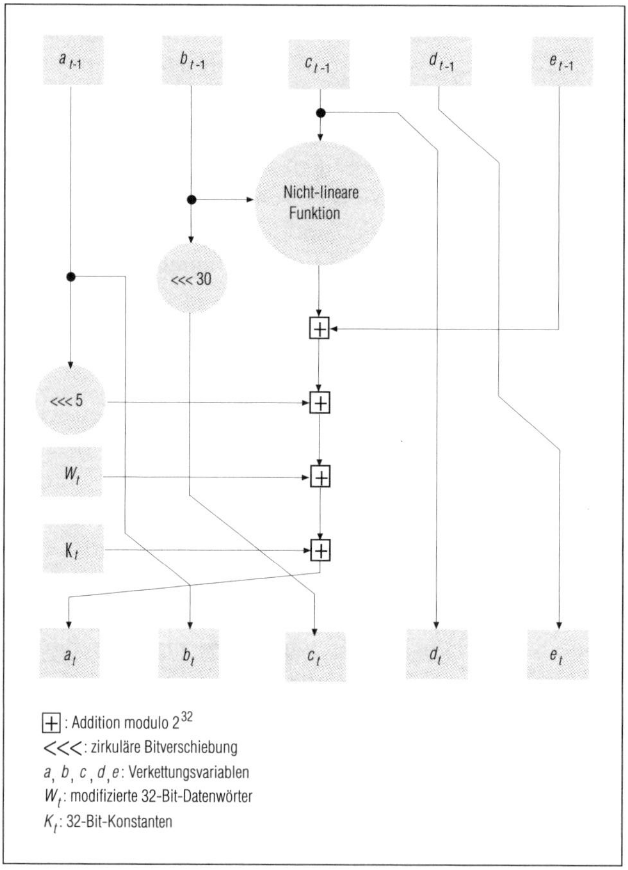

Abbildung 3-3: Eine Operation des Secure Hash Algorithm (SHA-1)

7 Die verwendeten Konstanten sind im Standard FIPS PUB 180-1 festgelegt. Sie sind auch bei Schneier [1996] nachzulesen.

SHA-1 verwendet je nach Runde unterschiedliche nichtlineare Funktionen auf Bit-Ebene. Diese Funktionen verknüpfen die einzelnen Bits der Eingabewörter auf eine Weise, die es einem potentiellen Angreifer schwer macht, das Ergebnis unter Kontrolle zu bekommen

Auch das Auffüllen des letzten 512-Bit-Nachrichtenblocks ist genau geregelt: Zunächst wird ein Eins-Bit angehängt, dann so viele Null-Bits, daß der letzte Block 448 Bits enthält. In die restlichen 64 Bits wird die Länge der Originalnachricht, gemessen in Bit, geschrieben. Damit wird gleichzeitig die weiter oben aufgestellte Forderung erfüllt, daß die Länge der Nachricht explizit in die Berechnung eingeht.

SHA-1 läßt sich als Weiterentwicklung des MD4-Algorithmus von Rivest verstehen. Die Kryptographen sind sich einig, daß das Verfahren außer der größeren Hashlänge auch sonst deutlich stärker geworden ist. Die bekannten Angriffe gegen MD4 und auch MD5 lassen sich auf SHA-1 nicht anwenden. Allerdings hat die NSA nie veröffentlicht, welche Gründe für die Änderungen im einzelnen ausschlaggebend waren. Man kann hier nur unterstellen, daß diese Geheimdienstagentur kein Interesse an einem Hashverfahren mit geheimen Schwächen hat. (Das sieht beim Entwurf von Verschlüsselungsverfahren möglicherweise anders aus!) Die Schwäche in SHA-0, die zur Entwicklung von SHA-1 führte, war anfangs anscheinend auch von der NSA nicht bemerkt worden. Auch hierzu hat sie keine Einzelheiten veröffentlicht. Im Jahr 1998 haben aber zivile Kryptanalytiker Angriffe gegen die ältere Fassung gefunden, die der neueren Variante nicht mehr gefährlich werden. Man darf wohl annehmen, daß die zivilen Forscher den Experten der Geheimdienste mittlerweile recht dicht auf den Fersen sind.

RIPEMD-160

Einen anderen Weg haben einige europäische Kryptographen bei der Entwicklung von RIPEMD-160 beschritten, dem derzeit wohl einzigen ernsthaften Konkurrenten für SHA. Im Rahmen des EU-Projekts RIPE[8] wurde unter anderem ein 128-Bit-Hashverfahren mit dem Namen RIPEMD (*RIPE Message Digest*) definiert, das genau wie SHA ebenfalls eine Weiterentwicklung von MD4 darstellte. Allerdings erwies sich auch RIPEMD als angreifbar und litt zudem unter der relativ

8 *RACE Integrity Primitives Evaluation*. RACE steht *für Research and Development in Advanced Communication Technologies*.

kleinen Hashlänge. Dobbertin, der Angriffe auf MD4 und MD5 entwickelt hatte, schuf daraufhin 1996 zusammen mit zwei belgischen Experten für Hashfunktionen, Antoon Bosselaers und Bart Preneel, eine stark verbesserte Version, die sie RIPEMD-160 nannten, weil die erzeugten Hashwerte 160 Bit lang sind. Zusätzlich beschrieben sie Varianten mit 128, 256 und 320 Bit. Sie machten ihre Designprinzipien öffentlich zugänglich, um anderen Kryptanalytikern die Überprüfung zu erleichtern, ob die Entwurfsziele erreicht wurden.[9] Bisher hat sich ihr Entwurf bewährt.

RIPEMD-160 benutzt (genau wie auch schon der Vorgänger RIPEMD) im wesentlichen zwei parallel arbeitende Instanzen eines MD4-artigen Algorithmus, wobei zwischen den beiden »Pipelines« immer wieder Informationen ausgetauscht und gemischt werden. Die beiden Instanzen sind ähnlich aufgebaut, aber nicht identisch. Dabei werden fünf Runden mit je 16 Operationen verwendet, insgesamt also 80 Operationen wie bei SHA. Wie dort wird die Nachricht in Blöcken von 16 Wörtern (512 Bit) verarbeitet. Die Reihenfolge, in der die Wörter in die Berechnung eingehen, ist in jeder Runde anders und unterscheidet sich auch zwischen den beiden Pipelines. Der Ablauf einer Operation ist in Abbildung 3-4 dargestellt, der Ablauf einer ganzen Runde in Abbildung 3-5.

Als nichtlineare Funktionen verwendet RIPEMD-160 Bit-Operationen, die mit denen von SHA nicht identisch, ihnen aber doch sehr ähnlich sind. Das Auffüllen des letzten Nachrichtenblocks geschieht genau wie bei SHA.

Hashfunktionen sind dafür gedacht, auch große Datenmengen schnell zu verarbeiten, wobei RIPEMD-160 rund 10% langsamer als SHA-1 arbeitet. Mit beiden Verfahren lassen sich selbst auf einem für heutige Begriffe langsamen 90-MHz-Pentium etwa fünf Megabyte pro Sekunde verarbeiten. MD5 ist hingegen fast dreimal so schnell, nur eben leider nicht mehr sicher genug. Zum Vergleich: Hashverfahren, die aus DES abgeleitet werden, erreichen typischerweise nur etwa ein Achtel der Geschwindigkeit von SHA und sind zudem deutlich unsicherer, da sie nur 64 Bit lange Hashwerte liefern.

Wie man anhand der technischen Beschreibungen der einzelnen Einweg-Hashfunktionen sieht, sind SHA-1 und RIPEMD-160 derzeit wohl die am besten geeigneten Algorithmen. Welchen von beiden man wählt, ist weitgehend eine

9 In Dobbertin et al. [1996]. Dort sind auch die verwendeten Konstanten im einzelnen aufgeführt.

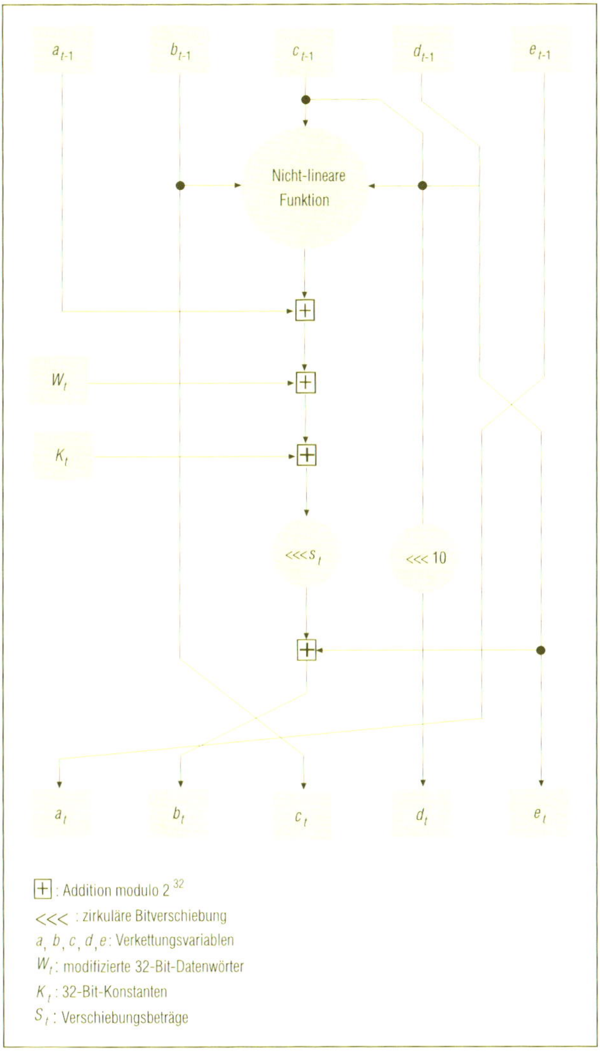

Abbildung 3-4: Eine Operation von RIPEMD-160

Frage des Geschmacks. Das Sicherheitsniveau ist nach heutigem Wissensstand vergleichbar, und beide unterliegen keinen Patenten, die einen allgemeinen Einsatz behindern könnten.

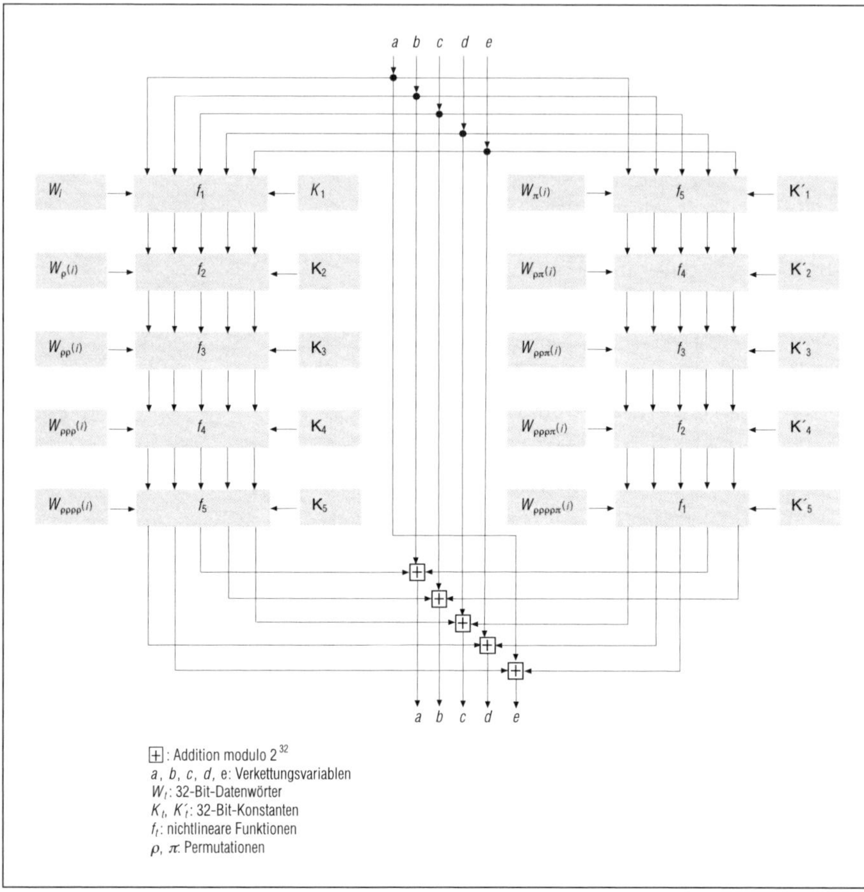

Abbildung 3-5: Die Kompressionsfunktion von RIPEMD-160

In der Beschreibung ist bereits klargeworden, wie Hashfunktionen dazu eingesetzt werden können, die Integrität einer Nachricht zu überprüfen. Nicht ganz befriedigend ist bis hierher allerdings die Frage beantwortet, wie man einen Angreifer daran hindern kann, kurzerhand außer der Nachricht auch den Prüfwert zu manipulieren, der durch den Hashwert gegeben ist. Schließlich hat die Berechnung nichts Geheimes an sich. Eine bereits erwähnte Möglichkeit besteht darin, den Prüfwert auf einem ganz anderen Weg als die eigentliche Nachricht zu übermitteln. Da der Hashwert typischerweise 160 Bit lang ist, läßt er sich durch 40 Hexadezimalziffern darstellen. Diese Ziffernfolge kann der Absender per Fax an den Empfänger übermitteln. Der Empfänger muß dann die Korrektheit des Hashwertes selbst durch Augenschein überprüfen. Ob der Angreifer diesen Übermittlungskanal abhören kann, ist dabei uninteressant. Wichtig ist, daß eine Manipulation nicht nur der per Rechner übermittelten Daten, sondern zusätzlich auch des per Fax übertragenen Hashwertes ziemlich schwierig sein dürfte. Noch sicherer, allerdings auch lästiger, wäre eine telefonische Übermittlung des Prüfwertes. Wenn sich die Gesprächspartner persönlich kennen, ist es ein sehr sicheres, schwer zu fälschendes Kriterium für die Echtheit einer Nachricht, ob die vorlesende Stimme »echt« klingt. Bei einem größeren Adressatenkreis (etwa bei einem Beitrag für eine Newsgroup, aber auch bei der Bedienung eines privaten Verteilers) wird dieses Vorgehen allerdings unpraktikabel.

Es muß also ein Verfahren benutzt werden, das sicherstellt, daß der Hashwert tatsächlich von der Person berechnet wurde, von der die gesamte Nachricht zu kommen scheint. Jeder Versuch eines Angreifers, einen falschen Hashwert einzuschmuggeln, sollte dem Empfänger sofort auffallen. Dieses Authentifizierungsproblem ist auch ohne zusätzliche Kommunikationswege zu lösen.

3.2 Elektronische Unterschriften

Ehe man sich der Frage zuwendet, wie elektronische Unterschriften eingesetzt werden, ist es sinnvoll, sich die Verwendungszusammenhänge normaler Unterschriften im Alltagsleben vor Augen zu führen. Eine grundlegende Funktion von Unterschriften (beispielsweise unter einem Brief) besteht darin, dem Empfänger anzuzeigen, daß das Dokument wirklich von dem vermeintlichen Absender kommt. Hiermit wird also die *Authentizität* des Dokuments belegt. Streng genommen funktioniert dies natürlich nur, wenn der Empfänger den Absender und seine Unterschrift bereits kennt, denn sonst kann er die Korrektheit nicht überprüfen.

Selbst dann besteht aber noch das Problem der *Fälschungssicherheit*. Banken lassen sich deswegen beim Einlösen von Barschecks häufig zusätzlich einen amtlichen Ausweis vorlegen. Solch ein Ausweis enthält ein Muster der Unterschrift, ein Foto des Besitzers und weitere Merkmale, die eine Fälschung oder mißbräuchliche Verwendungen verhindern oder zumindest sehr aufwendig machen. Außerdem bestehen Banken mitunter darauf, daß die Unterschrift vor den Augen eines Bankangestellten geleistet wird, um sorgfältige, aber zeitraubende Unterschriftsfälschungen zu unterbinden.

Unterschriften werden auch häufig als Bestätigung dafür verwendet, daß ein Schriftstück einen gewissermaßen offiziellen Charakter hat. Dies trifft z.B. bei manchen öffentlichen Bekanntmachungen zu, aber auch bei Schreiben von Individuum zu Individuum, bei denen die Kommunikationspartner sich nicht gegenseitig kennen. Der Empfänger geht jedenfalls davon aus, daß er bei Bedarf die Richtigkeit der Unterschrift überprüfen könnte. Besonders formalisiert ist dies etwa bei hoheitlichen Akten einer Behörde und bei Notaren, deren Unterschrift als sichere Bestätigung gilt. Auf die Frage, wie Vertrauensverhältnisse im Datenverkehr etabliert werden können, werden wir in Kapitel 5, *Einbettung der Verfahren in Protokolle*, eingehen.

Unterschriften dienen weiterhin dazu, den Absender an seine Aussagen zu binden. Er kann sich gegenüber dem Empfänger später nicht damit herausreden, der Brief – beispielsweise eine Warenbestellung – stamme gar nicht von ihm: Die Unterschrift belegt seine Urheberschaft, die nicht *zurückgenommen* werden kann.

Ein Problem ist dabei, daß der Inhalt des Schreibens nachträglich von jemand anderem geändert worden sein könnte. An der *Unveränderbarkeit* eines Schriftstücks ist sein Urheber normalerweise jedoch in hohem Maße interessiert. Vorsichtige Menschen tragen deswegen beispielsweise auf einem Scheck den Betrag so ein, daß niemand anderes weitere Ziffern davor eintragen kann. Einen Scheck mit durchgestrichenen oder offensichtlich geänderten Angaben würde ohnedies keine Bank annehmen.

Genauso wichtig ist auch eine Eigenschaft, die gefaxte Unterschriften weitestgehend wertlos macht: Unterschriften dürfen nicht *wiederverwendbar* sein. Sie müssen mit dem unterzeichneten Dokument fest verbunden sein.

Mit den Verfahren, die wir bis jetzt kennengelernt haben, lassen sich diese Situationen auch in der Datenkommunikation meistern, zum Teil sogar besser als mit herkömmlichen Unterschriften.

Message Authentication Codes (MACs)

Die einfachste Situation liegt wohl dann vor, wenn Absender und Empfänger sich bereits kennen. Wir gehen zunächst davon aus, daß sie bereits einen geheimen Schlüssel miteinander vereinbart haben. Der Absender berechnet den Hashwert der Nachricht, läßt dabei aber auf geeignete Weise den geheimen Schlüssel mit einfließen. Der Empfänger vollzieht die Berechnung auf identische Weise nach. Kommt er zum gleichen Ergebnis, weiß er erstens, daß die Nachricht unverändert bei ihm angekommen ist, und zweitens auch, daß sie von dem Absender kommt, von dem sie zu kommen scheint.

Ein bösartiger Angreifer könnte die Nachricht zwar immer noch manipulieren. Hatte er aber bei der Verwendung der bloßen Prüfwerte, wie sie im vorigen Abschnitt vorgestellt wurden, noch die Möglichkeit, auch einen gefälschten Prüfwert unterzuschieben, bleibt ihm diese Möglichkeit jetzt verschlossen. Schließlich kann er in eine Neuberechnung des Prüfwertes den ihm unbekannten Schlüssel nicht mit einbeziehen. Er kann nicht einmal die Nachricht auf der Suche nach einer Kollision so lange weitermodifizieren, bis er einen Text mit gleichem Prüfwert gefunden hat, denn er kann gar nicht nachprüfen, ob und wann diese Bedingung erfüllt ist.

Prüfwerte mit dieser Eigenschaft werden *Message Authentication Codes* (*MACs*) genannt. Man kann sie auf verschiedene Weisen erzeugen. Ein einfacher Weg besteht darin, eine Blockverschlüsselung mit geheimem Schlüssel im CBC-Modus durchzuführen und nur den letzten Block zu übertragen. Dieses Verfahren wird *CBC-MAC* genannt. Analog zu den Bemerkungen im Abschnitt *Verfahren mit Blockverschlüsselung* in diesem Kapitel, ist hierbei ungünstig, daß die Länge des erzeugten Werts relativ kurz ist. Da ein potentieller Angreifer den verwendeten Schlüssel nicht kennt, ist das Problem zwar nicht ganz so groß, man sollte aber zumindest eines der Verschlüsselungsverfahren mit größerer Blocklänge benutzen.

Es gibt mehrere Möglichkeiten, aus Hashfunktionen MACs zu machen. MACs, die auf Hashfunktionen beruhen, werden auch *HMACs* genannt. Beispielsweise kann man den erzeugten Hashwert mit einem symmetrischen Verfahren verschlüsseln, dessen geheimen Schlüssel nur die beiden legitimen Kommunikationspartner kennen. Das ist sicherer als das umgekehrte Verfahren (erst die ganze Datei verschlüsseln, dann den Hashwert berechnen), schützt aber nicht zuverlässig vor gefälschten Nachrichten.

Alternativ kann man auch den Initialisierungswert des Hashverfahrens abändern und den geänderten Wert als geheimen Schlüssel verwenden. Etwas allgemeiner kann man vorgehen, indem man den geheimen Schlüssel K der eigentlichen Nachricht M voranstellt und dann den Hashwert der verlängerten Nachricht berechnet, also $H(K,M)$. Dieses Vorgehen hat den großen Nachteil, daß ein Angreifer beliebig viele weitere Blöcke am Ende einfügen kann. Da man davon ausgehen muß, daß er das verwendete Hashverfahren kennt, kann er es sich zunutze machen, daß sich der Hashwert der verlängerten Nachricht aus dem Hashwert der Originalnachricht berechnen läßt. Den geheimen Schlüssel braucht er dafür nicht zu kennen. Diesem Angriff kann man begegnen, indem man die Länge der Nachricht mit übermittelt, und zwar am besten ganz zu Anfang. Dennoch wird dieses Vorgehen für unsicher gehalten. Auch das Einfügen des Schlüssels am Ende der Nachricht (statt am Anfang) ist nicht problemlos, wie eine detaillierte Analyse zeigt.

Nach derzeitigem Erkenntnisstand gibt es drei sichere Berechnungsvorschriften für HMACs. Eine Möglichkeit ist die Berechnung von $H(K, p, M, K)$, wobei p den Schlüssel K auf eine volle Blocklänge auffüllt. Eine weitere Möglichkeit ist die geschachtelte Anwendung der Hashfunktion: $H(K_1, H(K_2, M))$, wobei K_1 und K_2 zwei Schlüssel sind, die auch identisch sein dürfen. Die dritte Möglichkeit besteht darin, die Nachricht in kürzere Blöcke aufzuteilen und jeden Block mit einigen Bits des Schlüssels (am besten mindestens 64 Bits) wieder auf die volle Länge aufzufüllen. Dies verlangsamt die Berechnung zwar, ist nach heutigem Erkenntnisstand aber die sicherste Variante.

MACs erfüllen die Aufgabe, die Integrität einer Nachricht zu gewährleisten und ihre Urheberschaft zu dokumentieren. Bezüglich der garantierten Integrität leisten sie sogar mehr als eine herkömmliche Unterschrift, die vor subtilen nachträglichen Änderungen eines Dokuments nicht schützt. Allerdings gilt dies nur gegenüber dem jeweiligen Kommunikationspartner. Da sie einen geheimen Schlüssel verwenden, kann man MACs nicht zur Kommunikation mit einer größeren Gruppe verwenden. Außerdem wäre es einem bösartigen Empfänger selbst jederzeit möglich, gefälschte Nachrichten zu erzeugen, da er den geheimen Schlüssel ebenfalls kennt. MACs können also nicht dazu benutzt werden, Dokumente mit Vertragscharakter zu schützen: Der Absender könnte jederzeit behaupten, daß nicht er, sondern vielmehr der Empfänger das fragliche Dokument erstellt hat. Um dies zu vermeiden, muß ein etwas anderer Ansatz gewählt werden.

Signaturen

Eine vom Grundsatz her einfache Möglichkeit, mit Hilfe symmetrischer Verfahren elektronische Unterschriften zu erzeugen, bedient sich eines vertrauenswürdigen Vermittlers, eines sogenannten *Trust Centers*. Dieses übernimmt die Rolle eines Notars. Dazu ist es erforderlich, daß jeder, der überhaupt Interesse am Austausch unterschriebener Dokumente hat, mit dem Trust Center einen geheimen Schlüssel vereinbart. Dieser Schlüssel darf nur dem jeweiligen Kommunikationsteilnehmer und dem Trust Center bekannt sein. Will Alice ein Dokument mit Unterschrift an Bob senden, verschlüsselt sie es mit dem Schlüssel, den sie vereinbart hat, und schickt das Ergebnis an das Trust Center. Dort wird die Nachricht entschlüsselt und mit dem Schlüssel, der für Bob vereinbart wurde, verschlüsselt. Das Ergebnis wird zusammen mit Alices originaler, verschlüsselter Nachricht an Bob gesendet. Bob entschlüsselt den mit seinem Schlüssel verschlüsselten Teil und kann nun die Nachricht lesen. Den Nachrichtenteil, den Alice an das Trust Center geschickt hatte, speichert er lediglich für eine eventuelle spätere Verwendung. Da er Alices Schlüssel nicht kennt, kann er vorerst nichts anderes damit anfangen.

Bei diesem Verfahren sind die Anforderungen, die man gemeinhin an Unterschriften stellt, alle erfüllt: Gemäß den Voraussetzungen traut Bob dem Trust Center, und dieses konnte die Nachricht mit Alices Schlüssel entschlüsseln, kann also garantieren, daß die Nachricht wirklich von ihr stammt. Eine Fälschung scheidet aus demselben Grund aus. Wäre die Nachricht während der Übermittlung von Alice zum Trust Center verändert worden, wäre dies im Trust Center aufgefallen, da sich die Nachricht dort nicht mehr sinnvoll hätte entschlüsseln lassen, und Veränderungen auf dem Weg vom Trust Center zu Bob würde Bob bemerken. Bob kann die Nachricht auch nicht nachträglich verändern: Das Trust Center würde im Streitfall sowohl die Klartextnachricht als auch die bei Bob vorliegende, von Alice verschlüsselte Nachricht einfordern. Beim Versuch der Entschlüsselung mit Alices Schlüssel würde sich nicht der von Bob vorgelegte Klartext ergeben. Für den Versuch, die Unterschrift für ein ganz anderes Dokument wiederzuverwenden, gilt das gleiche. Schließlich kann das Trust Center Alice widerlegen, wenn sie die Urheberschaft bestreitet. Dazu braucht ebenfalls nur die von Bob vorgelegte Kopie der von Alice verschlüsselten Nachricht entschlüsselt zu werden.

In einer Variante des Verfahrens wird Alices verschlüsselte Nachricht nicht an Bob weitergeleitet, sondern im Trust Center selbst aufbewahrt, und zwar in genau der verschlüsselten Form, in der sie von Alice gesendet wurde. Dadurch werden Datenübermittlungskosten eingespart, und Bob wird entlastet, weil das Trust Center ihm die Speicherung abnimmt. Im Gegenzug besteht dort allerdings ein hoher Bedarf an Massenspeicher.

Sowohl in der ursprünglichen als auch in der modifizierten Fassung entsteht im Trust Center hoher Aufwand. Nicht nur gelegentlich, etwa im Konfliktfall, sondern bei jedem Austausch unterschriebener Nachrichten müssen dort eine Entschlüsselung und eine Verschlüsselung durchgeführt werden. Dadurch wird die Datenmenge beschränkt, die verarbeitet werden kann. Außerdem haben die Kunden eines Trust Centers sehr hohe Ansprüche an dessen Vertrauenswürdigkeit. Eine undichte Stelle oder ein Einbruch in die geheime Schlüsseldatenbank des Trust Centers hätte verheerende Folgen für den Geschäftsverkehr. Sowohl die Kosten für Verschlüsselungen als auch die Kosten für die Gewährleistung der Sicherheit machen dieses Verfahren auf die Dauer zu einer teuren Angelegenheit. Ein sinnvolleres Einsatzgebiet für Trust Center liegt hingegen in der Zertifizierung von Schlüsseln (siehe Kapitel 5.3).

Für die Alltagskommunikation mit unterschriebenen Dokumenten gibt es sinnvollere Methoden, die auf Public-Key-Verfahren beruhen. Sie kommen im Alltagsbetrieb ohne Trust Center aus, setzen allerdings voraus, daß der Empfänger den öffentlichen Schlüssel des Absenders zweifelsfrei kennt. Für digitale Unterschriften reicht bereits eine ganz normale Verschlüsselung wie die in Kapitel 2.3 beschriebenen Public-Key-Verfahren RSA und ElGamal aus, allerdings mit einer kleinen Besonderheit: Statt die Nachricht mit *Bobs öffentlichem* Schlüssel zu verschlüsseln, benutzt Alice ihren *eigenen geheimen* Schlüssel dazu. Nach dem Empfang entschlüsselt Bob den Text mit Alices öffentlichem Schlüssel.[10] Die verschlüsselte Fassung sollte er allerdings weiterhin für spätere Überprüfungen aufbewahren.

Auch dieses Vorgehen genügt den Anforderungen an elektronische Unterschriften. Da Bob die Nachricht lesen kann, nachdem er Alices öffentlichen Schlüssel angewendet hat, weiß er, daß die Nachricht wirklich von Alice kam. Wäre sie von jemand anderem erzeugt oder verändert worden, hätte sich beim Entschlüsseln Unsinn ergeben. Auch Bob kann die Nachricht nicht verändern, denn auch ein Richter könnte jederzeit die von Bob als Beweismittel vorzulegende verschlüsselte Form der Nachricht entschlüsseln. Da Bob Alices privaten Schlüssel nicht kennt, kann er diese Form nicht abändern. Gelingt dem Richter

---

10 Technisch ist es nicht ganz korrekt, von *Ver*schlüsselungen mit dem *privaten* Schlüssel zu sprechen. Eigentlich handelt es sich bei der Anwendung des privaten Schlüssels stets um eine *Ent*schlüsselung. Beim RSA-Verfahren, bei dem Ver- und Entschlüsselung genau gleich ablaufen, fällt der Unterschied zwar nicht auf, bei einigen Verfahren wie etwa dem weiter unten erwähnten DSA ist dies jedoch anders. Da aber die Anwendung des privaten Schlüssels auf einen Klartext im Ergebnis eben doch einen verschlüsselten Text ergibt, behalten wir hier diese intuitivere Sprechweise bei.

die Entschlüsselung, kann Alice die Urheberschaft nicht leugnen, und eine Wiederverwendung für ein anderes Dokument scheidet von vornherein aus.

Die Vorzüge dieses Verfahrens sind offensichtlich. Jedoch besteht ein großer Nachteil darin, daß Public-Key-Verfahren langsam sind. Die Unterzeichnung langer Dokumente ist daher aufwendig. Hybridverfahren (siehe Kapitel 2.4 zu diesem Thema) lassen sich für Unterschriften *nicht* einsetzen, weil Bob mit dem Sitzungsschlüssel, der ihm ja bekannt ist, eine modifizierte Nachricht erzeugen könnte. Alice wäre also vor einer Wiederverwendung und Änderung nicht sicher, und Bob müßte darauf gefaßt sein, daß Alice dies als Begründung dafür nimmt, warum sie ihre Urheberschaft abstreitet.

Die Kombination von zwei verschiedenen kryptographischen Techniken gibt einem jedoch ein ebenso effizientes wie sicheres Unterschriftsverfahren an die Hand. Alice berechnet für ihre Nachricht einen Hashwert und verschlüsselt nur diesen mit ihrem geheimen Schlüssel. Das Ergebnis wird mit der Nachricht an Bob gesendet. Dekodiert er den von Alice gesendeten verschlüsselten Hashwert unter Benutzung von Alices öffentlichem Schlüssel, muß sich der gleiche Wert ergeben, den er selbst als Hashwert für die Nachricht errechnen kann.

Man kann sich leicht davon überzeugen, daß auch bei diesem Vorgehen alle Anforderungen, die man an Unterschriften hat, erfüllt sind: Käme die Nachricht nicht von Alice, würde der Vergleich der Hashwerte fehlschlagen. Auf die gleiche Weise würde es auffallen, wenn ein Angreifer die Nachricht verändert hätte; er hätte zwar den Hashwert neu berechnen, ihn aber nicht mit Alices geheimem Schlüssel kodieren können. Auch Bob könnte keine geänderte oder ganz neu geschriebene Nachricht einfügen. Eine Wiederverwendung des verschlüsselten Hashwertes ist ausgeschlossen.

Alle Überprüfungen lassen sich innerhalb kurzer Zeit durchführen, da Hashberechnungen effizient sind und nur der relativ kurze Hashwert (beispielsweise 160 Bits) mit einem Public-Key-Verfahren zu verschlüsseln ist. Dafür ist nur ein einziger Block zu verschlüsseln, da ja die Blocklänge beispielsweise bei RSA normalerweise deutlich größer ist. Die Speicherung der Nachrichten ist ebenfalls effizient möglich, denn der Empfänger braucht nicht die verschlüsselte Nachricht zusätzlich zum Klartext aufzubewahren. Außer dem Klartext fällt nur ein einziger zusätzlicher Datenblock an, der auch problemlos getrennt vom Dokument aufbewahrt werden kann, beispielsweise in einer zentralen Signaturdatenbank.

Dies eröffnet eine weitere interessante Verwendungsmöglichkeit für diese Art von Unterschrift: Man kann ein Schriftstück entwerfen, beispielsweise eine Patentschrift oder ein literarisches Werk, und dann die Signatur (und nur diese) in einer öffentlichen Datenbank ablegen, etwa bei einem Patentamt. Damit könnte niemand das eigentlich zu schützende Dokument einsehen, und doch ließe sich später zweifelsfrei nachweisen, wer der Urheber ist. Dazu müßte dieser das Dokument dann allerdings vorlegen. Speichert die öffentliche Datenbank auch das Eingangsdatum, läßt sich sogar die Frage klären, welcher von zwei konkurrierenden Erfindern der erste war.

Somit eröffnen elektronische Signaturverfahren Möglichkeiten der Geheimhaltung, die bisher, für herkömmliche Methoden, undenkbar waren. Dennoch sollte man nicht zu euphorisch sein, denn es entstehen auch neue Gefahren. Selbst nach 20 Jahren läßt sich die Echtheit einer realen Unterschrift auf Papier noch überprüfen. Die Wissenschaft hat dazu feine Untersuchungsmethoden entwickelt, die weit über den ersten Augenschein hinausgehen, und die Spur von geschriebenen Unterschriften, die jemand in unserer Gesellschaft heute hinter sich herzieht, gibt eine gute Basis für Vergleiche ab. Demgegenüber werden elektronische Unterschriften mit einem Schlag wertlos, wenn der private Schlüssel in fremde Hände gerät. Eine Vertragslaufzeit von 20 und mehr Jahren ist durchaus nicht unüblich, und die Entwicklung der Faktorisierungstechnik in diesem Zeitraum wagt heute niemand ernsthaft vorherzusagen. Man tut deswegen gut daran, besser etwas zuviel Sicherheitsspielraum bei der Wahl der Schlüssellänge für das Public-Key-Verfahren einzuplanen.

Ähnliche Überlegungen gelten für die Wahl der Hashfunktion. All das oben Gesagte geht stillschweigend davon aus, daß sich keine zweite Nachricht finden läßt, die denselben Hashwert aufweist. Unumkehrbarkeit und Kollisionsfreiheit der Hashfunktion sind überaus wichtige Eigenschaften. Da man Unterschriften mitunter noch nach vielen Jahren verifizieren können muß, sollte man also hohe Anforderungen an die verwendete Hashfunktion stellen. Nach heutigem Stand bieten sich dafür RIPEMD-160 und SHA-1 an.

Mögliche Angriffe auf derartige Unterschriften müssen keine Brute-Force-Methoden verwenden, denn auch ein Geburtstagsangriff ist denkbar. Bob könnte zwei Vertragstexte erzeugen, von denen einer ihn, der andere aber Alice begünstigt. Durch einen Geburtstagsangriff mit Hilfe winziger Modifikationen, wie sie im Abschnitt *Anforderungen an gute Hashverfahren* in Kapitel 3.1 beschrieben wurden, könnte er von jedem der beiden Vertragstexte eine solche Variante erzeugen, daß beide den gleichen Hashwert haben. Schickt er nun die für Alice günstige Variante an sie mit der Bitte, sie zu unterschreiben, dann könnte er den von ihr verschlüsselten Hashwert hinterher unter den für ihn günstigen Vertrag kopieren. Dem kann Alice zuvorkommen, indem sie ihrerseits kleine Modifikationen am Text vornimmt (Einfügen von Leerzeichen an unauffälligen Stellen). Das ist eine ebenso einfache wie erfolgreiche Vorsichtsmaßnahme.

Vor einem speziellen Betrugsversuch ist Alice aber auch jetzt noch nicht geschützt: Bob könnte ein von ihr unterschriebenes Dokument nicht nur einmal, sondern mehrfach weiterversenden. Bei einem Vertrag mag das keine negativen Folgen haben. Wenn es sich jedoch um Zahlungsanweisungen für Alices Bank handelt, kann es unangenehm werden. Davor kann schon die Bank Alice schützen, indem sie Alice vorweg auf sichere Weise Transaktionsnummern (TANs) mitteilt, die genau wie die Schecknummern auf real existierenden Schecks vor Kopien schützen. Bei Eingang einer solchen Zahlungsanweisung braucht die Bank nur zu prüfen, ob die Nummer schon früher verwendet wurde.

Auch ohne diesen Service der Bank läßt sich das gleiche Ziel durch Verwendung von *Zeitstempeln* erreichen. Alice braucht ihrer Nachricht dazu lediglich einen eindeutigen Wert anzufügen, beispielsweise die in Millisekunden ausgewiesene Systemzeit ihres Rechners. Dieser Wert braucht nicht mit der amtlichen Normalzeit identisch zu sein. Wichtig ist nur, daß Alice ihn nur ein einziges Mal verwendet (Vorsicht bei der Umstellung von Sommer- auf Winterzeit!). Die Bank kann dann prüfen, ob bereits früher eine Zahlungsanweisung von Alice mit dem gleichen Zeitstempel eingegangen ist. (Wenn die Zahlungen analog zur Zahlung mit Bargeld »anonym« bleiben sollen, läßt sich dieses Vorgehen nicht anwenden; siehe den Abschnitt *Digitales Geld* in Kapitel 5.4).

Die Verschlüsselung eines Hashwertes mit einem Public-Key-Verfahren ist nicht die einzige Art, wie man elektronische Unterschriften erzeugen kann. In den USA legt beispielsweise der *Digital Signature Standard* (*DSS*)[11] ein Unterschriftsverfahren fest, das Hashwerte nach SHA-1 benutzt. Aus dem Hashwert werden zwei Zahlen berechnet, die als Unterschrift übermittelt werden. Der Empfänger kann überprüfen, ob zwischen diesen beiden Zahlen und dem von ihm selbst berechneten Hashwert eine bestimmte mathematische Beziehung besteht. Liegt sie vor,

---

11 Der im DSS verwendete Algorithmus erhielt den Namen *Digital Signature Algorithm* (*DSA*), wobei die beiden Ausdrück gelegentlich synonym verwendet werden. Einzelheiten zur Technik finden sich beispielsweise bei Schneier [1996].

kann er sicher sein, daß die Unterschrift gültig ist. Interessant ist daran, daß dieses Verfahren ohne Verschlüsselung im technischen Sinne auskommt, auch wenn es offensichtlich auf kryptographischen Techniken beruht. Deswegen unterliegt der DSS keinen Gesetzen, die Verschlüsselung einschränken oder verbieten (siehe hierzu auch Kapitel 8, *Rechtliche Rahmenbedingungen*).

Bei der Beschreibung der Mechanismen für elektronische Unterschriftsverfahren ist ein Aspekt noch nicht angesprochen worden: Zwar wird bei den eingangs erwähnten symmetrischen Methoden der eigentliche Nachrichtentext in verschlüsselter Form übermittelt. Bei den Verfahren, die mit Public-Key-Algorithmen arbeiten, ist der eigentliche Nachrichtentext jedoch unverschlüsselt und kann daher von jedermann problemlos gelesen werden. Manchmal stört dies nicht weiter, weil der Inhalt nicht geheimgehalten werden soll. In anderen Fällen will man aber gleichzeitig Vertraulichkeit, Integrität und Authentizität einer Nachricht sicherstellen. Bei herkömmlichen Dokumenten erreicht man dieses Ziel, indem man das Schriftstück unterzeichnet und in einen versiegelten Umschlag steckt. Analog dazu spricht man von elektronischen Umschlägen, wenn man Computerdokumente schützt.

Dazu müssen wir nur noch einige kryptographische Verfahren geschickt miteinander kombinieren, wie es in Abbildung 3-6 gezeigt ist: Alice berechnet den Hashwert der Nachricht und verschlüsselt ihn mit ihrem privaten Schlüssel. Das Ergebnis hängt sie an das Ende der Nachricht an. Die auf diese Weise verlängerte Nachricht verschlüsselt sie mit Bobs öffentlichem Schlüssel. Dadurch wird sichergestellt, daß niemand außer Bob sie lesen kann. Bob als rechtmäßiger Empfänger kann die Nachricht mit seinem privaten Schlüssel entschlüsseln. Er trennt den von Alice verschlüsselten Hashwert von der Nachricht ab und entschlüsselt unter Verwendung von Alices öffentlichem Schlüssel den Hashwert, den Alice berechnet hat. Bob berechnet nun selbst den Hashwert der Nachricht und überprüft sein Ergebnis mit dem von Alice übermittelten. Stimmen sie überein, kann er sicher sein, daß die Nachricht von Alice stammt, unterwegs nicht verändert und von keinem Fremden belauscht wurde. Stimmen sie hingegen nicht überein, dann ist die Nachricht entweder manipuliert (also von jemandem verändert worden) oder fingiert (also nicht von Alice gesendet worden).

Will Bob eine Empfangsbestätigung senden, schickt er die Nachricht einfach nach dem gleichen Verfahren wieder zurück.

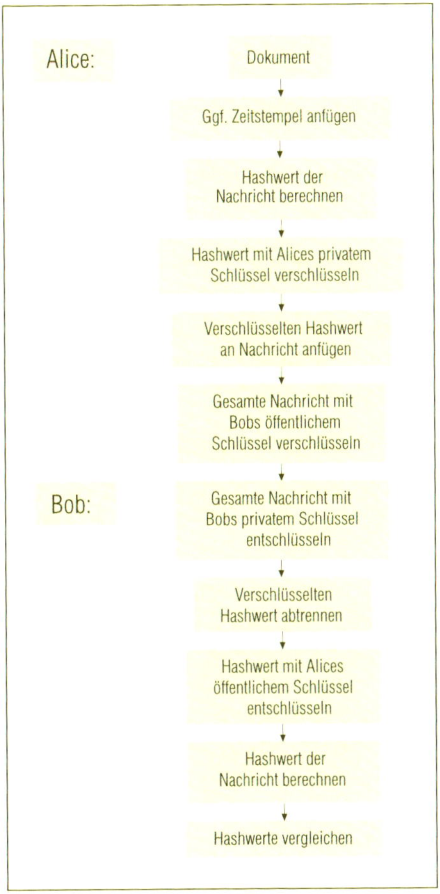

Abbildung 3-6: Elektronischer Umschlag

Es sollte übrigens stets zuerst die Unterzeichnung und dann die Verschlüsselung mit dem öffentlichen Schlüssel des Empfängers stattfinden, und nicht umgekehrt. Das macht es einem Angreifer unmöglich, die Unterschrift zu entfernen und statt dessen seine eigene anzubringen, um sich so als Urheber der Nachricht auszugeben. Die Sicherheit läßt sich noch weiter erhöhen, indem man für Unterschrift und Verschlüsselung unterschiedliche Schlüsselpaare oder sogar verschiedene Verfahren verwendet.

In den vorangegangenen beiden Kapiteln sind die grundlegenden kryptographischen Techniken skizziert worden. Mit diesen Hilfsmitteln lassen sich die am Anfang dieses Buches genannten Ziele erreichen: Vertraulichkeit, Integrität und Authentizität beim Austausch von Nachrichten. Die Wahl der Mittel wird dabei von den Sicherheitsanforderungen im Einzelfall abhängig sein. Auch Parameter wie Schlüssellängen müssen dem jeweiligen Verwendungszweck angemessen gewählt werden.[12]

Die übrigen Kapitel werden sich weniger mit mathematischen Methoden und ihrer Umsetzung in Computeralgorithmen befassen, sondern mehr mit deren Einbettung in Abläufe. Dabei wird sich zeigen, daß sich der Verwendungszusammenhang nicht nur auf technische, sondern auch auf organisatorische Fragen auswirkt.

Um den Überblick über die Methoden, mit denen man Sicherheitsanforderungen erfüllen kann, abzurunden, ist es sinnvoll, noch ein Randgebiet der Kryptographie zu betrachten. Es befaßt sich nicht mit dem Verschlüsseln, sondern mit dem Verbergen von Informationen.

---

12 Im Abschnitt *Wahl der Schlüssellänge* in Kapitel 6.2 werden konkrete Kriterien angegeben.

4 Nicht-kryptographische Verfahren zum Schutz vertraulicher Daten

Die beiden vorigen Kapitel haben eine Reihe von Methoden dargestellt, mit denen man vertrauliche Nachrichten und Daten vor unbefugten Zugriffen schützen kann. Sie hindern einen Angreifer daran, vertrauliche Informationen mitzulesen oder sich als jemand anders auszugeben. Es gibt aber Situationen, in denen selbst eine verschlüsselte Nachricht noch zu viele Informationen preisgibt, selbst wenn ihr eigentlicher Inhalt gut geschützt ist. Gerade die offensichtlich verschlüsselten Daten können die besondere Neugier von Lauschern erregen, weil sie auf das Vorhandensein vertraulicher Informationen hinweisen. Insofern trifft ein häufig in Kryptographiebüchern benutzter Vergleich nicht zu. Dort findet man immer wieder das Bild, unverschlüsselte Nachrichten seien wie Postkarten, die jeder lesen kann, dem sie in die Hände fallen; verschlüsselte Nachrichten aber seien wie Briefe. Das Absenden eines verschlossenen Briefes ist jedoch eine vollkommen normale Sache, die keinerlei Aufmerksamkeit erregt. Die Benutzung von Verschlüsselungsverfahren ist hingegen eine Ausnahme und wird daher oft als deutlicher Hinweis darauf gewertet, daß hier jemand große Geheimniskrämerei betreibt. Zumindest gilt dies derzeit. Das kann sich ändern, wenn Verschlüsselungsmethoden häufiger im Alltag verwendet werden und damit ebenso normal wie zugeklebte Briefe geworden sind.

Besonders wichtig ist der Aspekt, daß Verschlüsselung unerwünschte Aufmerksamkeit nach sich ziehen kann, in Ländern mit eingeschränkter Meinungsfreiheit oder, genauer gesagt, mit eingeschränkter Freiheit, eine Meinung nicht nur zu haben, sondern auch zu äußern. Dazu müssen wir nicht bis in Länder mit finsteren Diktaturen reisen. Stellen Sie sich vor, Sie stünden unter dem Vorwurf der Steuerhinterziehung, und die Ermittlungsbeamten finden auf der Festplatte Ihres PCs Daten, die verschlüsselt aussehen: Das dürfte als weiteres Verdachtsmoment gegen Sie gewertet werden. Aber auch »ganz »normale« Abhöraktionen gehören in Mitteleuropa zum Alltag. So wird geschätzt, daß allein in Deutschland pro Jahr eine halbe Million Verbindungen über das Telefonnetz abgehört werden.[1] Hinzu kommen die globalen Abhöranstrengungen der NSA im Rahmen des Echelon-Projekts[2]. Dabei wird in großem Maßstab der grenzüberschreitende Telefon-, Fax- und Datenverkehr abgehört. Selbst in einem Land wie Frankreich, das eigentlich stolz sein kann auf seine Vorreiterrolle bei der Durchsetzung bürgerlicher Freiheiten, war bis Anfang 1999 die Anwendung von Verschlüsselungstechniken praktisch vollständig verboten.[3]

In manchen Fällen wird sogar nicht nur der Versand verschlüsselter Nachrichten als verdächtig betrachtet. Schon die reine Existenz einer Kommunikationsbeziehung reicht mitunter aus, um die Beteiligten in Schwierigkeiten zu bringen. In der Presse lassen sich immer wieder Beispiele für Länder finden, in denen Gespräche von Ausländern mit Bürgerrechtlern dazu führen, daß diese verhaftet oder verfolgt werden. Auch in Deutschland ist derlei nicht undenkbar: Im Zuge von Rasterfahndungen, die uns die Terroristenhysterie der siebziger Jahre beschert hat, können »Erkenntnisse« (Polizeijargon für die Resultate von Abhör- und Überwachungsmaßnahmen) über Kommunikationsbeziehungen dazu führen, daß man sich unversehens im Fokus von Verdächtigungen wiederfindet, weil die semantische Umwidmung von »vagem Verdacht« zu »Erkenntnis« sehr schnell vonstatten gehen kann.

Mit diesen Schilderungen soll keineswegs ein Verfolgungswahn erzeugt werden. Zweifelsohne leben wir *nicht* in einem Schnüffelstaat, in dem hinter jeder Ecke finster blickende Figuren in Schlapphut und Trenchcoat stehen. Tatsache bleibt jedoch, daß es immer wieder Situationen gibt, in denen am besten unbemerkt bleibt, *daß* es überhaupt etwas zu bemerken gäbe. Zwei Techniken, die dabei helfen können, werden in diesem Kapitel vorgestellt.

---

1 Diese Zahl wurde unter dem Titel »Der Staat lauscht zu viel« in der »Zeit« vom 16. September 1999 veröffentlicht.

2 Lesenswerte Darstellungen finden Sie in den Artikeln von Ruhmann und Schulzki-Haddouti [1998] sowie Ruhmann [1998].

3 Weitere Einzelheiten zu den *Rechtlichen Rahmenbedingungen* für den Einsatz von Verschlüsselungstechniken finden Sie in Kapitel 8.

4.1 Versteckte Information: Steganographie

Wahrscheinlich gibt es im Leben eines jeden Menschen Phasen, in denen er große, weltbewegende Geheimnisse mit sich herumträgt, von denen nur ein ganz kleiner, auf unverbrüchliche Treue eingeschworener Kreis wissen darf. Typischerweise treten diese Phasen im Alter zwischen sechs und zwölf Jahren auf. Die Möglichkeit, mit Hilfe geheimer Zeichen und heimlicher Nachrichten Kontakt zu den anderen Eingeweihten zu halten, sind dann von alles entscheidender Bedeutung. Die geheimen Zeichen stellen den Prototyp der im zweiten Kapitel vorgestellten Verschlüsselungen dar. Heimliche Nachrichten, von deren Existenz nur der rechtmäßige Empfänger etwas ahnt, werden beispielsweise mit Zitronensaft statt mit Tinte auf ein gewöhnliches Blatt Papier geschrieben. Einem derart beschriebenen Blatt sieht man den Text, den es enthält, nicht an. Erhitzt man es jedoch über einer Kerze, wird der Text in brauner Farbe sichtbar.

Etwas aufwendiger, aber vom Grundmuster her ganz ähnlich war die in der Antike angewendete Methode, einem Sklaven eine Nachricht auf den geschorenen Schädel zu tätowieren. War das Haar nachgewachsen, konnte der Bote (der die Nachricht selbst gar nicht zu kennen brauchte) sich zum Empfänger durchschlagen, der nach erneuter Rasur den Text lesen konnte. Leider wird dieses Verfahren den Ansprüchen moderner Hochgeschwindigkeitskommunikation nicht ganz gerecht, vom heutigen Mangel an Sklaven ganz zu schweigen.

Praktikabler waren Methoden, die beispielsweise im diplomatischen Verkehr früherer Jahre eingesetzt wurden. Auf ein Blatt Papier wurde dazu eine Schablone gelegt, die nur wenige Stellen freiließ. In diese Stellen trug man den zu übermittelnden Text ein. Danach wurde die Schablone entfernt. Der Schreiber hatte nun ein überwiegend weißes Blatt Papier vor sich, auf dem nur an wenigen Stellen Wörter standen. Nun füllte er das Papier mit einem harmlos plaudernden Text, der so beschaffen sein mußte, daß sich die bereits dort stehenden Wörter möglichst natürlich einpaßten. Der unwissende Leser fand also einen mehr oder weniger banalen, jedenfalls vollständig uninteressanten Text vor. Die Existenz eines »Subtextes«, einer geheimen Botschaft, blieb ihm verborgen. Erst der legitime Empfänger, der eine identische Schablone besaß, konnte das Unwichtige ausblenden und dadurch die eigentliche Nachricht wieder zum Vorschein bringen.

Ein simples Beispiel für einen solchen Text kursierte vor einiger Zeit im Internet. Der englischsprachige Originaltext ist im folgenden wiedergegeben:[4]

The Boss asks a project manager for an evaluation of one Bob Smith:

```
Bob Smith, my assistant programmer, can always be found
hard at work in his cubicle. Bob works independently, without
wasting company time talking to his colleagues. Bob never
thinks twice about assisting fellow employees, and he always
finishes assignments on time. Often Bob takes extended
measures to complete his work, sometimes skipping coffee
breaks. Bob is an individual who possesses absolutely no
vanity in spite of his high accomplishments and profound
knowledge in his field. I firmly believe that Bob can be
classed as a high-caliber employee, the type which cannot be
dispensed with. Consequently, I duly recommend that Bob be
promoted to executive management, and a proposal will be
executed as soon as possible.
```

Project Leader

This memo follows soon afterward:

The idiot you asked me to evaluate was rudely looking over my shoulder as I wrote it. For a true assessment, therefore, kindly read only the odd numbered lines, 1, 3, 5, etc.

Project Leader

Derartige Verfahren werden mit dem Wort *Steganographie* bezeichnet, das sich – genau wie das Wort *Kryptographie* – aus dem Griechischen ableitet und ebenfalls »verborgene Schrift« bedeutet. Es gibt verschiedene Ansätze zu einer zeitgemäßen Realisierung der alten Idee, eine Nachricht so zu senden, daß sie unbemerkt bleibt. Wir beschränken uns im folgenden auf die wohl populärste Variante, die Multimediadateien als Vehikel einsetzt.

Nehmen wir als Beispiel eine Grafikdatei, die ein buntes Bild enthält. In den meisten Fällen werden Bilder als Bitmaps gespeichert. Für jeden Punkt wird der Farbwert in die drei Grundfarben Rot, Grün und Blau zerlegt. Die drei zugehörigen Helligkeitswerte bestimmen dann, welche Farbe wir an der entsprechenden Stelle wahrnehmen. Die Helligkeitswerte werden als Zahlen in einem vor-

4 Mein Dank gilt Nina Graf, Herzogenrath, die mich auf diesen Text aufmerksam machte.

gegebenen Bereich kodiert. Typischerweise sind dies die Bereiche 0 bis 15 oder 0 bis 255, aber auch andere Bereiche sind üblich. Der Fall, daß jede der drei Farben in einem eigenen Byte (also mit dem Wertebereich 0 bis 255) dargestellt wird, wird auch als *Truecolour* oder »16 Millionen Farben« bezeichnet. Die Auflösung solcher Bilder liegt häufig im Bereich zwischen 640×480 und 1024×768 Bildpunkten. Diese Bilder haben zwar nicht die Qualität guter Farbfotos, bieten aber schon eine recht überzeugende Darstellungsqualität.

Tatsächlich enthalten sie sogar mehr Farbinformationen, als das Auge in einem bunten Bild verarbeiten kann. Dieser Umstand wird von steganographischen Verfahren ausgenutzt, indem einzelne Bits der Farbdaten dazu zweckentfremdet werden, statt einer Farbinformation ein Bit einer geheimen Nachricht zu tragen. Sinnvollerweise wählt man dazu das niedrigstwertige Bit einer der Farben aus. Beispielsweise ist ein Rotwert von 127 mit bloßem Auge kaum vom Rotwert 126 zu unterscheiden. Ein einfaches Steganographieprogramm würde also zunächst die zu versteckende Nachricht in eine Folge einzelner Bits zerlegen. Dann würde es nach und nach jeweils das unterste Bit aller Rotwerte durch jeweils ein Bit der Nachricht ersetzen. In einem Bild der Auflösung 640×480, das also aus 307.200 Bildpunkten besteht, ließe sich demnach maximal eine 307.200/8 = 38.400 Byte lange Nachricht verstecken. Das entstehende Bild würde sich nur äußerst gering vom Originalbild unterscheiden. Mit bloßem Auge wäre wahrscheinlich kein nennenswerter Unterschied erkennbar, sofern das Ausgangsbild keine großen gleichfarbigen Flächen aufweist. Wenn die Nachricht vorher mit einem der gängigen Dateikomprimierungsprogramme komprimiert wurde, so hätte das gleich zwei Vorteile: Erstens könnte die Nachricht länger sein, zweitens wäre das relativ zufällige Bitmuster, das ein komprimierter Datenstrom aufweist, optisch besonders unauffällig.

Dies beschreibt nur das grundsätzliche Vorgehen steganographischer Verfahren. Es lassen sich viele Varianten denken. Man könnte mehr Bits je Bildpunkt zum Nachrichtentransport verwenden; das würde den Transport längerer Nachrichten ermöglichen, aber optisch auffälliger werden. Man könnte umgekehrt auch die Nutzungsdichte senken, indem man nicht jeden Bildpunkt nutzt. Oder man könnte statt der oben dargestellten RGB-Kodierung eine der anderen, funktional äquivalenten Farbdarstellungen wie etwa HSB (*Hue/Saturation/Brightness*, Farbton/Sättigung/Helligkeit) verwenden. Man muß nur darauf achtgeben, daß das Bild ausschließlich in verlustfreien Datenformaten und mit hinreichender Farbauflösung gespeichert wird – ein Abspeichern im verlustbehafteten JPEG-

Format würde die Nachricht mit ziemlicher Sicherheit unwiederbringlich zerstören.[5]

Statt Grafikdateien lassen sich ebensogut Filme, Klangdateien usw. nutzen. Der Phantasie sind hier keine Grenzen gesetzt.[6]

Viele Kryptographen nehmen allerdings die Steganographie normalerweise nicht recht ernst. Ihr Argument besteht meistens in dem Hinweis darauf, daß die Information nur oberflächlich versteckt ist. Ein Byte-für-Byte-Vergleich mit dem Originalbild zeigt sehr schnell die Abweichungen auf, über die sich das menschliche Auge noch täuschen lassen mag. Von hier bis zur Wiederherstellung der Nachricht ist es nur ein kleiner Schritt. Hinzu kommt, daß einige Steganographieprogramme keinen Schlüssel benutzen, sondern immer nach dem gleichen Schema vorgehen. Wer das richtige Programm benutzt, sieht die versteckte Nachricht sofort vor sich.

Der Einwand ist für sich genommen korrekt. Steganographie sollte jedoch nicht als *Alternative* zu »ernsthafter« Kryptographie verstanden werden. Sie kann vielmehr in einigen Anwendungsfällen als sinnvolle *Ergänzung* zu den kryptographischen Verfahren dienen. Vor der steganographischen Einbettung sollte die zu übermittelnde Nachricht deswegen mit einem der üblichen Verfahren sauber verschlüsselt werden (ggf. nach vorhergehender Komprimierung). Ein Lauscher müßte dann zunächst einmal die versteckten Daten *finden*, ehe er vor dem noch größeren Problem steht, sie zu *entschlüsseln*. Das Ziel ist und bleibt schließlich, dem Lauscher die Arbeit so schwer wie möglich zu machen.

Genau wie bei reinen Verschlüsselungsverfahren sollte man einige Vorsichtsmaßnahmen treffen, um die zusätzliche Sicherheit nicht zu schnell wieder zu verschenken. Dazu gehört es, das Bild (oder was auch immer als »Trägerdatei« genutzt werden mag) am besten nicht aus einer öffentlich zugänglichen Quelle zu beziehen. Wenn ein Lauscher das Original kennt, kann er wie oben beschrieben die Abweichungen leicht herausfinden. Auch sollte man jede Trägerdatei

---

5 Daran sind bisher auch alle Versuche gescheitert, sogenannte digitale Wasserzeichen einzuführen. Darunter versteht man Urheber- bzw. Eigentümerinformationen, die so in Bilddateien eingefügt werden, daß sie beim normalen Betrachten des Bildes nicht auffallen, sich aber im Streitfall zweifelsfrei nachweisen lassen. Die Verwandtschaft mit steganographischen Methoden ist offensichtlich.

6 Das Angebot an steganographischen Freeware- und Shareware-Programmen wandelt sich ständig. Aktuelle Quellen lassen sich mit Hilfe der WWW-Suchmaschinen leicht finden. Der Quelltext für eine einfache Implementierung findet sich beispielsweise in dem Buch *Mastering Algorithms with Perl* von Orwant, Hietaniemi und Macdonald [1999].

nur ein einziges Mal verwenden; sonst könnte der Lauscher die Differenz zweier (oder mehrerer) veränderter Versionen bilden und hätte damit die Differenz der eingebetteten Nachrichten vorliegen – für einen Kryptanalytiker ein gefundenes Fressen. Am besten verwendet man also Fotos, Filme oder Klänge, die man selbst aufgenommen hat und sofort nach der Verwendung wieder löscht. Das entspricht etwa der einmaligen Verwendung von Sitzungsschlüsseln im Rahmen hybrider Verschlüsselungsverfahren.

Schließlich kann es einem systematisch vorgehenden Lauscher auffallen, wenn zwei Leute, die sich sonst gegenseitig immer nur Texte gesendet haben, plötzlich anfangen, sich Bilder zuzuschicken. Je glaubwürdiger und natürlicher der ganze Vorgang abläuft, desto besser ist das für die Sicherheit.

Unabhängig von dem Nutzen, den der Einsatz steganographischer Methoden für den einzelnen haben mag, erfüllen diese jedoch noch einen anderen, politisch-strategischen Zweck: Wie wir in Kapitel 8 noch sehen werden, werden immer wieder Versuche unternommen, das Bürgerrecht auf freie und geheime Kommunikation gesetzlich einzuschränken. Das gilt für die USA, die bisher immer den Export kryptographischer Techniken behindert haben, ebenso wie für Deutschland, wo das Innenministerium mit diffusen Hinweisen auf die Bekämpfung der »OK« (Staatsschützer-Slang für »organisierte Kriminalität«) den Einsatz von Kryptographie einschränken will. Die bloße *Existenz* der Steganographie führt derartige Kryptoregulierungsbemühungen ad absurdum: Wenn die Benutzung von Verschlüsselungstechniken nicht mehr nachweisbar ist, dann ist es vollkommen sinnlos, sie verbieten zu wollen. Es ist eine rechtspolitische Binsenweisheit, daß Gesetze, deren Einhaltung prinzipiell nicht kontrolliert werden kann, nicht nur keinen Nutzen bringen, sondern außerdem die Akzeptanz des Rechtssystems als ganzes schwächen.

4.2 Vertraulichkeit ohne Verschlüsselung: Chaffing and Winnowing

Einen anderen Ansatz für ein praktikables Verfahren, Kryptoregulierungsversuche zu unterlaufen, hat der amerikanische Kryptograph Ron Rivest im Jahre 1998 erfunden. Die Grundidee kann man mit den Worten »Vertraulichkeit ohne Verschlüsselung« beschreiben. Der Name »Chaffing and Winnowing«, den Rivest seinem Verfahren gegeben hat, bezieht sich auf die Redensart »die Spreu vom Weizen trennen«. In diesem Fall ist jedoch die »Spreu« von besonderem Nutzen.

Das Modell geht davon aus, daß eine Nachricht vor der Übertragung in Blöcke zerlegt wird. Wir kennen diese Zerlegung bereits aus der Beschreibung der Blockchiffrierungen. (Tatsächlich werden elektronisch übermittelte Nachrichten auch ohne Verschlüsselung in der Regel in Blockform übertragen, ohne daß die Kommunikationspartner davon etwas merken. Das liegt einfach daran, daß im Internet wie auch in vielen anderen Netzen sämtlicher Datenverkehr paketorientiert abläuft.) Bei der paketweisen Übertragung von Nachrichten ist es üblich, jedes Paket mit einer Seriennummer zu versehen, damit der Empfänger feststellen kann, daß nichts verlorengegangen ist. An das Ende jedes Pakets werden weiterhin einige Bytes gestellt, die es dem Empfänger ermöglichen, den korrekten Empfang zu überprüfen. Das können im einfachsten Fall simple Prüfsummen sein, es können allerdings auch die Message Authentication Codes (MACs) sein, die im vorigen Kapitel beschrieben wurden. MACs erlauben nicht nur die Prüfung, ob das jeweilige Paket korrekt ist; über den zu ihnen gehörenden geheimen Schlüssel kann man auch feststellen, ob das Paket tatsächlich von dem vermeintlichen Absender kommt. An dieser Stelle ist es wichtig zu bemerken, daß MACs zwar kryptographische Techniken benutzen, aber von Kryptoregulierern üblicherweise nicht als kryptographische Techniken eingestuft werden.[7]

Stellen wir uns nun in einem einfachen Beispiel vor, Alice möchte an Bob eine Nachricht mit dem Inhalt »Hallo Bob! Hol mich um 7 Uhr ab. Gruß und Schluß – Alice« schicken, Die beiden haben einen geheimen Schlüssel für die MACs bereits vereinbart. Alice zerlegt ihre Nachricht in kleine Pakete, die wir »Weizenpakete« nennen wollen. Sie versieht jedes mit einer Seriennummer, berechnet den MAC und hängt ihn an das Paket an. Das ergibt beispielsweise die folgende Reihe von Paketen:

```
(1, Hallo Bob!, 979323)
(2, Hol mich um, 265358)
(3, 7 Uhr ab. Gruß, 278182)
(4, und Schluß - Alice, 100658)
```

Außerdem erzeugt sie aber zu jeder Seriennummer ein weiteres Paket – ein »Spreupaket« , und packt einen ganz anderen Inhalt hinein. Statt eines korrekten

7 Falls diese feinsinnige Unterscheidung sinnlos erscheint, muß man sich vergegenwärtigen, daß MACs für Authentifizierungsverfahren wesentlich sind. Die Authentifizierung aber wird aus wirtschaftlichen Gründen dringend benötigt, weil sonst kein rechtlich bindender elektronischer Geschäftsverkehr möglich wäre. Da aber dieser von der Wirtschaft dringend gewünscht wird, ließe sich ein Verbot von MACs politisch keinesfalls durchsetzen.

MAC hängt sie eine Folge von Zufallsbits an, die lediglich die gleiche Länge wie ein korrekter MAC hat. Die Wahrscheinlichkeit, daß ein solcher »Pseudo-MAC« zufällig einmal korrekt ist, ist verschwindend gering. Die Spreupakete mischt sie nun in zufälligem Rhythmus unter die Weizenpakete:

```
(1, Mojn Dave!, 123456)
(1, Hallo Bob!, 979323)
(2, Hol mich um, 265358)
(2, Ich ruf Dich um, 693147)
(3, 6 Uhr an. Bis, 618033)
(3, 7 Uhr ab. Gruß, 278182)
(4, bald - Carol, 577216)
(4, und Schluß - Alice, 100658)
```

Der Empfänger erhält nun eine ganze Reihe »doppelter« Pakete, d.h. Pakete mit identischer Seriennummer. Er benutzt die MACs, um das jeweils richtige von beiden Paketen zu identifizieren, und wirft die Spreupakete fort. Dann kann er die Nachricht problemlos lesen. Schon hier können wir anmerken, daß Bob gar nicht wissen muß, daß Alice absichtlich eine Spreu-und-Weizen-Technik verwendet. Vielleicht wundert er sich nur darüber, daß die Leitung so schlecht zu sein scheint, daß viele offensichtlich defekte Pakete ankommen. Er ahnt also gar nicht, daß sein Empfang der Nachricht irgendetwas mit Geheimhaltung zu tun haben könnte.

Ein heimlicher Lauscher ist allerdings in einer schlechteren Lage. Er kennt den geheimen Authentifizierungsschlüssel nicht und kann daher nicht anhand der MACs entscheiden, welche der Pakete korrekt sind. Für ihn ist nicht erkennbar, ob die Nachricht nicht eigentlich »Mojn Dave! Ich ruf Dich um 6 Uhr an. Bis bald – Carol« lauten sollte.

Nun ist das bei diesem einfachen Beispiel noch recht leicht zu lösen. Schließlich weiß der Lauscher ja, daß die Nachricht von Alice an Bob und nicht etwa von Carol an Dave ging. Alice muß also noch etwas cleverer vorgehen. Dafür hat sie mehrere Möglichkeiten. Stellen wir uns zunächst vor, sie machte die Pakete einfach drastisch kürzer. Statt bis zu 18 Bytes packte sie nur noch ein einziges Bit in jedes Paket. Die 56 Bytes der ursprünglichen Nachricht würden also in 56×8 = 448 Weizenpakete aufgeteilt. Zusammen mit gleich vielen Spreupaketen kämen wir auf fast 900 Pakete, die aus je einem einzelnen Bit als »Nutzlast« sowie aus einer großen Anzahl von Bits für Seriennummer (typischerweise 32 Bits) und MAC (typischerweise 64 Bits) bestünden.[8] Für Bob würde das wieder keinen Unterschied machen. Seine Software zum Empfang von Mails (die darauf ausgelegt ist, Mails auch bitweise entgegenzunehmen) würde die »defekten« Pakete klaglos aussortieren und die Klartextnachricht anzeigen.

Der Lauscher hingegen kann nun bei jeder Seriennummer nur noch raten, welches das richtige Paket sein soll. Dazu müßte er 448mal hintereinander richtig raten. Die Wahrscheinlichkeit, daß ihm das gelingt, beträgt $1/2^{448}$, also etwa 1 zu 10^{135}. Mit anderen Worten: Seine Situation ist aussichtslos, selbst bei einer so kurzen Nachricht wie in unserem Beispiel. Alice könnte die Erfolgsaussichten des Lauschers übrigens beliebig weiter verkleinern, indem sie je Seriennummer weitere Spreupakete beimischt.[9]

Wir haben bereits festgestellt, daß Bob von dem ganzen Vorgang gar nichts bemerken muß. Es kommt aber noch toller: Es wäre vorstellbar, daß gar nicht Alice die Spreupakete einstreut, sondern jemand anders; etwa der Systemadministrator bei ihrem Mail-Provider, der aus Langeweile Unsinnsdaten einschleust. Daß er damit außer der höheren Belastung eines Übertragungskanals sowie den damit eventuell verbundenen Mehrkosten keinen Schaden anrichtet, weiß er, denn Alice und Bob haben ihm berichtet, daß sie die Echtheit ihrer Mails routinemäßig durch Verwendung von MACs absichern. Der Administrator braucht also kein schlechtes Gewissen zu haben.

Wie sieht es nun mit der Frage aus, ob hier Datenverschlüsselung betrieben wird? Alice weiß von dem Spielchen des Administrators nichts, sie sendet ganz normal ihre Nachricht. Sie kennt sich mit Kryptographie gar nicht aus und hat noch nie irgendwelche Anstrengungen unternommen, so etwas zu benutzen. Für Bob gilt das gleiche; daß die Datenübertragung etwas langsam ist, wundert ihn nicht weiter. Über ankommende defekte Pakete macht er sich schon deswegen keine Gedanken, weil er sie gar nicht zu Gesicht bekommt – sein Mailprogramm filtert die Pakete heraus. Der Administrator wiederum läßt die von Alice kommende Nachricht ganz und gar unverändert; er streut nur ein paar zusätzliche Bytes ein, von denen er weiß, daß sie niemanden stören. Da er die Nachricht nicht verändert, wäre der Vorwurf, er würde sie verschlüsseln, geradezu

8 Natürlich wäre eine Nutzlastquote von rund 1% eine großartige Verschwendung von Übertragungsbandbreite. Eine Entgegnung auf diesen Einwand findet sich weiter unten.
9 Das schon zitierte Buch von Orwant, Hietaniemi und Macdonald [1999] enthält eine Perl-Implementierung einer Variante dieses Verfahrens.

absurd. Außerdem hat er nie einen Schlüssel mit Alice oder Bob vereinbart, und den unter ihnen vereinbarten Schlüssel (der ohnedies nur der Authentifizierung, nicht aber der Verschlüsselung dient) kennt er ebenfalls nicht. Theoretisch könnte es statt des Systemadministrators sogar einfach nur ein defektes elektronisches Bauteil sein, das systematisch fehlerhafte Pakete in den Datenstrom einschleust. Dennoch kann der Lauscher nicht mehr mitlesen!

Die Spreu-und-Weizen-Technik ereicht also genau das Gewünschte: Mit ihrer Hilfe können vertrauliche Nachrichten übermittelt werden, ohne verschlüsselt zu sein. Die sichere Übermittlung könnte realisiert werden, ohne daß jemand auch nur die Absicht zu einer Verschlüsselung hat. Es gäbe weiterhin niemanden, der einen Schlüssel besäße, zu dessen Herausgabe man ihn verpflichten könnte. Staatliche Regulierungsversuche, die die Nutzung dieser Technik unterbinden wollten, müßten gleichzeitig elektronische Authentifizierungsverfahren verbieten.

Am Rande sei noch eine weitere schöne Eigenschaft dieser Technik angesprochen: Die Spreupakete könnten statt aus Zufallstexten mit zufällig gewählten Pseudo-MACs auch aus sinnvollen Texten mit echten MACs bestehen, die aber auf einem anderen geheimen Schlüssel beruhen. Nehmen wir an, Alice wolle geheime Daten auf ihrer Festplatte speichern und fürchtete dabei, irgend jemand könne die Daten finden und sie dann zwingen, den verwendeten Authentifizierungsschlüssel zu verraten. Dann könnte sie die geheimen Daten mit einem Schlüssel als »Weizenpakete« benutzen und andere, vergleichsweise harmlose Daten mit einem anderen Schlüssel als Spreu untermischen. Im Ernstfall könnte sie dann »freiwillig kooperieren« und den Schlüssel verraten, der als Ergebnis der Filterung die unverfänglichen Daten liefert. Wer auch immer ein Interesse an Alices gespeicherten Daten hat, müßte davon überzeugt sein, daß sie eigentlich doch harmlos sind.

Gegen das Spreu-und-Weizen-Verfahren läßt sich einwenden, es sei zwar ein interessantes Gedankenspiel, wegen seiner Ineffizienz sei es jedoch praktisch nicht nutzbar. Tatsächlich mag die Ineffizienz bitweiser Übertragung bei kurzen Nachrichten wie in dem obigen Beispiel noch zu verkraften sein. Bei einer Nachricht von beispielsweise 128 Kilobyte ginge das aber nicht mehr, denn dann wären 128×1024×8×2, also über 2 Millionen Pakete zu übertragen. Statt einer Zerlegung in einzelne Bits kann Alice jedoch *eine Alles-oder-Nichts-Transformation* nutzen, wie sie Rivest bereits 1997 entwickelt hatte. Diese Transformation stellt sicher, daß jemand eine Nachricht entweder ganz oder gar nicht erhält. Wer nur einen Teil der transformierten Nachricht (beispielsweise den Anfang) erhält, kann die Transformation nicht rückgängig machen. Das wäre jedoch nötig, um auch nur einen kleinen Teil der Nachricht lesen zu können.[10] Eine derart transformierte Nachricht ist nur wenige Bytes länger als das Original. Zusammen mit den notwendigen Spreupaketen fiele etwa die 2,2fache Datenmenge wie bei einer einfachen, durch keinerlei MAC geschützten Übermittlung an. Das ist zwar immer noch ein wenig ineffizient, aber sicherlich im Bereich des Verkraftbaren. Der Lauscher müßte jedoch über tausendmal hintereinander das richtige Paket herausgreifen, um die vollständige (transformierte) Nachricht zu erhalten, denn ohne die Vollständigkeit könnte er die Transformation nicht rückgängig machen. Seine Erfolgschancen sind demnach praktisch gleich null.

10 Die Einzelheiten sind bei Rivest [1997] beschrieben. Wichtig ist hier für uns nur, daß diese Transformation zwar Techniken aus der Kryptographie »ausborgt«, selbst aber keine Verschlüsselung darstellt.

5 Einbettung der Verfahren in Protokolle

Die bisherigen Kapitel haben sich ausführlich mit Algorithmen befaßt, mit deren Hilfe Daten verschlüsselt, versteckt und auf Echtheit überprüft werden können. Die Beschreibung hat sich sehr auf die technische Seite der Verfahren konzentriert, deren Verständnis eine notwendige Voraussetzung für ihre Realisierung darstellt. Die reine Verschlüsselungstechnik ist jedoch nur einer von mehreren Bausteinen, die erst gemeinsam ein sicheres System ergeben, denn ein Kommunikationsvorgang besteht häufig nicht aus einem isolierten Vorgang, sondern aus einer ganzen Reihe von einzelnen Schritten. Beispielsweise müssen Schlüssel vereinbart werden, oder der Sender muß sich gegenüber dem Empfänger einer Nachricht identifizieren, aber dieser sich auch umgekehrt gegenüber dem Sender, beispielsweise beim E-Commerce. Eine solche Kette von Vorgängen muß organisiert werden, ohne daß dabei Sicherheitslücken entstehen. Wie sich dies erreichen läßt, ist der Gegenstand dieses Kapitels. Das nachfolgende Kapitel wird sich dann mit der Organisation des Umfelds und der Arbeitsabläufe befassen, denn ein Angreifer wird auch organisatorische Schwachstellen für einen Angriff zu nutzen versuchen.

Zunächst einmal muß es eine genaue Beschreibung geben, wie ein Nachrichtenaustausch im einzelnen vonstatten gehen soll. Denn die Kommunikation muß nach gewissen Regeln ablaufen, damit die Sicherheit, die durch die kryptographischen Verfahren erreicht werden *kann*, tatsächlich realisiert *wird*. Solche Regeln werden häufig als *Protokoll* bezeichnet. Ursprünglich wurden Protokolle in der diplomatischen Welt entwickelt, um Gesprächsbeziehungen zwischen Partnern mit unterschiedlichem kulturellen Hintergrund so zu regeln, daß ein für alle Beteiligten verläßliches Ergebnis erzielt werden konnte. Dafür erwies es sich als günstig, den Ablauf der Kommunikation streng zu formalisieren, um Mißverständnisse, Sicherheitslücken und andere unliebsame Überraschungen möglichst auszuschließen.

Ganz ähnliche Ziele verfolgen Protokolle bei der modernen Datenkommunikation. Sie sollen beispielsweise verhindern, daß vertrauliche Informationen in die falschen Hände gelangen oder daß jemand eine falsche Identität vortäuschen kann. Die Protokolle, die für diese Zwecke entwickelt wurden, verwenden kryptographische Methoden. Bevor diese Verfahren angewendet werden können, müssen die beiden Kommunikationspartner sich zunächst auf einen Schlüssel verständigen. Auch Public-Key-Verfahren kommen nicht ganz um dieses Problem herum: Wer einen öffentlichen Schlüssel verwendet, muß sicher sein können, daß dieser Schlüssel tatsächlich demjenigen gehört, mit dem er kommunizieren will. Es muß also ausgeschlossen sein, daß man von einem Dritten einen gefälschten Schlüssel untergeschoben bekommt.

5.1 Austausch von Schlüsseln nach Diffie-Hellman

Vor der Benutzung eines symmetrischen Verschlüsselungsverfahrens müssen sich die beiden Partner auf einen Schlüssel einigen, den niemand außer ihnen kennt. Die hybriden Verschlüsselungsverfahren aus Kapitel 2.4 bieten eine sichere Möglichkeit zum Austausch von Sitzungsschlüsseln. Diese Methoden lassen sich allerdings nur nutzen, wenn ein Public-Key-Verfahren zur Verfügung steht und zudem gewährleistet werden kann, daß der öffentliche Schlüssel des jeweiligen Kommunikationspartners zweifelsfrei bekannt ist. Public-Key-Verfahren sind jedoch nur mit einem gewissen Aufwand zu realisieren. Es gibt deswegen immer wieder Anwendungsfälle, die allein mit einer symmetrischen Methode auskommen müssen. Außerdem gibt es gelegentlich Situationen, in denen ein Public-Key-Verfahren sogar unerwünscht ist, weil das dabei benutzte Schlüsselpaar notwendigerweise eine längere »Lebensdauer« haben muß. Insbesondere muß der geheime Teil des Schlüssels auf dem lokalen Rechner des Empfängers dauerhaft verfügbar und doch vor unbefugten Dritten geschützt sein. Das ist zum Beispiel bei Verwendung öffentlich zugänglicher Rechner (in Rechnerpools von Universitäten, in nicht abgeschlossenen Büroräumen, in Internet-Cafés usw.) nicht leicht zu realisieren.

Aber auch in diesen Fällen gibt es eine Reihe sicherer Möglichkeiten, einen geheimen Schlüssel zu vereinbaren. So besteht z.B. eine ebenso banale wie zuverlässige Methode darin, bei einem persönlichen Treffen der Kommunikationspartner vorab einen Schlüssel zu vereinbaren. Schließlich ist nirgends vorgeschrieben, daß eine Datenkommunikation nicht auch persönliche Kontakte zuläßt. Auch die Möglichkeit eines Schlüsselaustauschs über ein anderes Medium, etwa in einem Brief oder per Telefon, kann genutzt werden. Wem sogar dies zu riskant ist, etwa weil die telefonische Kommunikation im Rahmen des Echelon-Projekts abgehört und Briefe abgefangen werden können, der kann einen Schlüssel auch aufteilen und die einzelnen Teile auf unterschiedlichen Kommunikationswegen übermitteln. Das macht einem Spion die Arbeit wesentlich schwerer.

Leider ist der Aufwand für die Kommunikationspartner ziemlich hoch. Das verhindert einen häufigen Wechsel des Schlüssels. Da andererseits ein symmetrischer Schlüssel öfter gewechselt werden sollte, um den Schaden durch das mögliche Bekanntwerden eines Schlüssels gering zu halten, sind andere, in die eigentliche Kommunikation integrierte Verfahren besser geeignet.

Das bekannteste derartige Vefahren wurde 1976 von Whitfield Diffie und Martin Hellman veröffentlicht. Der zugrundeliegende Algorithmus ist derselbe wie der, den später auch Taher ElGamal für das nach ihm benannte Verschlüsselungsverfahren verwendet hat. Er beruht darauf, daß die Umkehrfunktion zur Exponentiation modulo einer Primzahl nur sehr schwer zu berechnen ist. Wie im Abschnitt *ElGamal* in Kapitel 2.3 beschrieben, werden zunächst eine große Primzahl p und eine kleine Zahl g gewählt, die öffentlich übermittelt werden können. Innerhalb einer Gruppe brauchen sie sogar nur einmal für alle Gruppenmitglieder gemeinsam bestimmt zu werden und können danach unverändert bleiben. Die beiden Kommunikationspartner wählen zu Beginn einer Nachrichtenübermittlung insgeheim je einen Exponenten und übermitteln sich gegenseitig das Ergebnis der Exponentiation. Abschließend wendet jeder seinen eigenen, geheim gehaltenen Exponenten auf den vom Partner empfangenen Wert an. Bei beiden ergibt sich dieselbe Zahl, die somit als gemeinsamer Schlüssel verwendet werden kann. Die geheimen Exponenten werden nicht mehr benötigt und sollten sofort gelöscht werden. Der ganze Vorgang der Schlüsselvereinbarung kann durch Software automatisiert werden, ohne daß die Kommunikationspartner im Einzelfall eingreifen oder überhaupt nur etwas bemerken müßten.

Der vereinbarte Schlüssel ist bei diesem Vorgang nie über eine Datenleitung übermittelt worden. Es werden nur Werte übertragen, die den beiden Partnern erlauben, den Schlüssel unter Benutzung ihrer eigenen, geheimen Information zu berechnen. Ein Spion kann zwar die übermittelten Zahlen abhören, müßte aber zur Berechnung des Schlüssels aus einem der beiden ermittelten Werte auf den zugrundeliegenden Exponenten zurückschließen können. Das ist zwar prinzipiell möglich, praktisch geht dies jedoch nicht, weil es zur Berechnung dieses diskreten Logarithmus keine effizienten Verfahren gibt. Im Ergebnis haben Alice und Bob also wie gewünscht einen geheimen Schlüssel erhalten, mit dem sie nun eine symmetrische Verschlüsselung ihrer Nachrichten vornehmen können.

Das Diffie-Hellman-Verfahren ist nicht der einzige Ansatz für einen sicheren Schlüsselaustausch, wohl aber der bekannteste und gebräuchlichste. Ob man es einsetzen kann, hängt davon ab, welche Anforderungen man an ein kryptographisches System hat: Will man schnell, sicher und ohne Vorbereitungsarbeiten Schlüssel vereinbaren, dann läßt sich das wie oben beschrieben erreichen, wobei beide Partner etwa gleichzeitig online sein müssen. Will man andererseits nach eher klassischer E-Mail-Art mit Partnern kommunizieren, die aktuell nicht ansprechbar sind, dann muß man auf zusätzliche Vorarbeiten zurückgreifen.

Diese Protokolle lösen jedoch ein Problem noch nicht befriedigend: Sie garantieren nicht, daß der *tatsächliche* Kommunikationspartner auch der *beabsichtigte* ist. Alice muß sich zusätzlich noch versichern, daß der von ihr empfangene Wert tatsächlich von Bob stammt (und umgekehrt). Beispielsweise könnte sich jemand in den Kommunikationskanal einschalten und sich Alice gegenüber als Bob, Bob gegenüber hingegen als Alice ausgeben. Dieser sogenannte Man-in-the-Middle-Angriff wird im Abschnitt *Weitere Schwachstellen* in Kapitel 6.3 näher beschrieben. Dem Angriff kann man begegnen, indem man ein Verfahren verwendet, das jeweils den einen Partner gegenüber dem anderen eindeutig identifiziert.

5.2 Identifikation des Kommunikationspartners

Das prinzipielle Problem, die Identität eines Menschen eindeutig festzustellen, ist weder im normalen Leben noch in der elektronischen Kommunikation endgültig zu lösen. Wenn ein Unbekannter sich uns unter einem bestimmten Namen vorstellt, können wir letztlich auch nicht sicher sein, daß dies sein wirklicher Name ist. Im Zweifelsfall werden wir eine offizielle Beglaubigung (etwa den Personalausweis) verlangen, auf die wir dann aber wiederum mehr oder weniger blind vertrauen. Rein theoretisch könnte ein geschickter Schauspieler sich sogar als einer unserer Bekannten ausgeben und uns so eine falsche Identität vorspiegeln. Bei flüchtigen Bekannten oder per Telefon ist das sogar durchaus realistisch,[1] aber je länger und besser wir den betreffenden Menschen schon aus früheren Situationen kennen, desto schwieriger wird eine solche Maskerade.

Ganz analog läßt sich auch beim Austausch von Daten nur eine *relative* Sicherheit erreichen. Je nach den Anforderungen kann man aber hohe Hürden dagegen errichten, von jemandem bösartig getäuscht zu werden. Ganz aus dem Nichts kann diese Sicherheit natürlich nicht erschaffen werden. Deswegen gehen die meisten kryptographischen Identifikationsprotokolle davon aus, daß es entweder eine zuverlässige öffentliche Stelle (einen Server) gibt, der identifizierende Angaben beglaubigt, oder daß Zertifikate auf anderem Wege ausgetauscht werden können, z.B. durch persönliche Bekanntschaften.

Das Interlock-Protokoll

Das *Interlock-Protokoll* stellt eine grundlegende Idee dar, mit der auch einem Angreifer, der sich aktiv in eine Kommunikation einschaltet, das Leben schwergemacht werden kann. Es kommt ohne vertrauenswürdige öffentlich zugängliche Stellen aus, erfordert allerdings, daß sich die beiden Kommunikationspartner vorher bereits ein wenig kennen.

Im ersten Schritt schicken Alice und Bob sich gegenseitig ihre öffentlichen Schlüssel zu. Anschließend entwirft Alice einen kurzen Text, der zwar nicht wirklich geheim ist, an dem Bob aber erkennen können sollte, daß er zweifelsfrei von Alice stammt. (Wie ein solcher Text aussehen könnte, wird vom Protokoll nicht geregelt.) Alice verschlüsselt den Text mit Bobs öffentlichem Schlüssel, schickt aber nur einen nicht dechiffrierbaren Teil davon an Bob. Das könnte beispielsweise jedes zweite Byte sein, oder sie könnte den Text vorher einer Alles-oder-Nichts-Transformation[2] unterzogen haben und einfach die erste Hälfte senden, oder sie könnte auch einfach nur einen Hashwert der Nachricht senden.

Bob speichert die (Teil-)Nachricht zunächst nur. Dann entwirft er seinerseits einen Text, an dem Alice zweifelsfrei erkennen kann, daß er von ihm stammt,

1 Derlei kommt durchaus nicht nur in billigen Krimis vor. Auch der Autor dieses Buches hat bei seinen Forschungsarbeiten auf dem Arzneimittelmarkt schon einen Anruf eines vorgeblichen Journalisten bekommen, der sich hinterher als von einem Pharmaunternehmen angeheuerter Privatdetektiv entpuppte.

2 Siehe Kapitel 4.2, *Vertraulichkeit ohne Verschlüsselung: Chaffing and Winnowing*.

verschlüsselt ihn mit Alices öffentlichem Schlüssel und sendet ebenfalls einen Teil davon an Alice. Nach Empfang sendet Alice nun den zweiten Teil an Bob, der nach Erhalt schließlich den Rest seiner Nachricht schickt. Beide entschlüsseln die nun vollständig vorliegenden Nachrichten und prüfen, ob der Text wirklich vom jeweils anderen stammt.

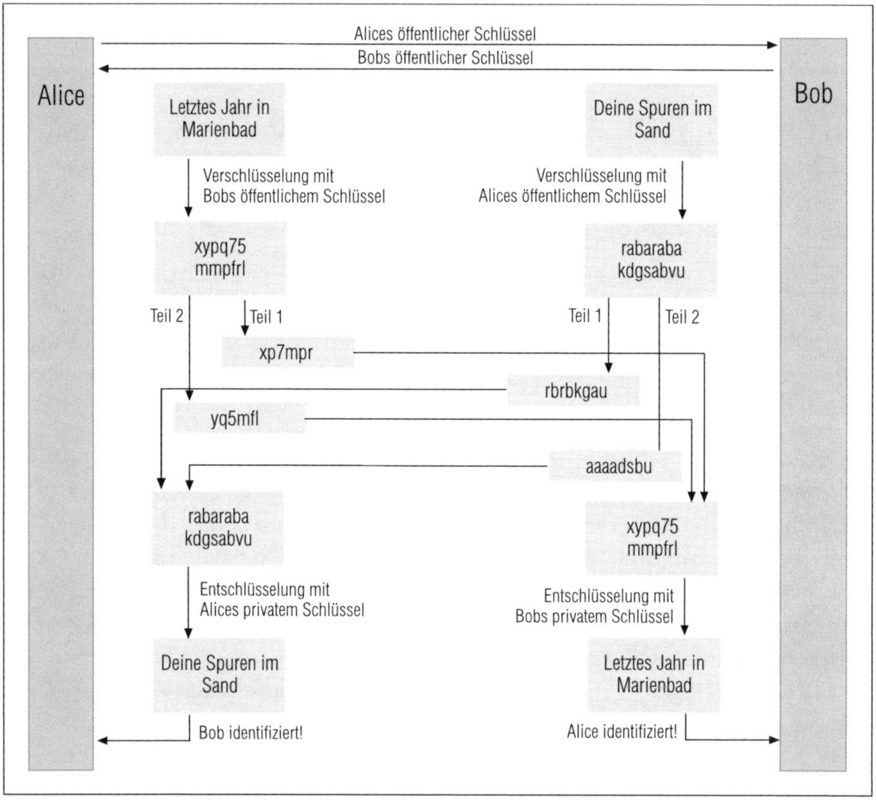

Abbildung 5-1: Das Interlock-Protokoll

Natürlich kann jemand den Nachrichtenverkehr belauschen und die öffentlichen Schlüssel abfangen. Das allein hilft einem Angreifer aber noch nicht weiter. Ein Man in the Middle, der sich aktiv in die Kommunikation einschaltet, könnte Bobs und Alices Schlüssel im ersten Schritt abfangen und statt ihrer seinen eigenen öffentlichen Schlüssel weiterreichen. Ohne das Interlock-Protokoll würde Alice ihre Nachricht dann nichtsahnend mit dem vermeintlichen öffentlichen Schlüssel von Bob verschlüsseln. Der Angreifer könnte die Nachricht abfangen und entschlüsseln. Damit der Angriff nicht auffällt, könnte er die Nachricht anschließend selbst mit Bobs öffentlichem Schlüssel neu verschlüsseln und das Ergebnis an Bob weiterreichen.

Das Interlock-Protokoll macht diese Art von Angriff jedoch so gut wie unmöglich. Der Angreifer fängt zunächst nur einen Teil von Alices Nachricht ab, und den kann er nicht sinnvoll entschlüsseln. Demzufolge kann er ihn auch nicht mit Bobs wahrem Schlüssel chiffrieren und an Bob weiterleiten. Seine einzigen Möglichkeiten bestünden darin, entweder Alices Text zu erraten oder aber einen eigenen Text zu erfinden und einen Teil davon weiterzuleiten. Entsprechend müßte er mit Bobs Nachricht vorgehen. Sobald er die Reste zu sehen bekommt, könnte er natürlich die gesamte Nachricht neu verschlüsseln. Dazu ist es jedoch zu spät, denn den ersten Teil hat er längst abgesendet.

Deswegen ist es bei diesem Protokoll auch wichtig, daß die einzelnen Schritte wie beschrieben nacheinander ablaufen: Alice darf ihren zweiten Teil erst senden, wenn sie sicher ist, daß der erste Teil bei Bob angekommen ist. Das weiß sie in dem Moment, wenn Bobs erster Teil bei ihr eintrifft. Sollte der Angreifer wirklich eigene Nachrichten erfunden haben, fällt dies bei Alice und Bob auf, denn die Texte sollten ja so sein, daß ein Dritter sie nicht erfunden haben könnte.

Protokolle mit Server

Das Interlock-Protokoll setzt eine gewisse Vertrautheit zwischen den Partnern sowie menschliche Aktivitäten voraus, denn die beiden benutzten Texte können schlechterdings nicht automatisch generiert werden. Wenn eine dieser beiden Voraussetzungen nicht vorliegt, kann man statt dessen auf ein Protokoll mit einem vertrauenswürdigen Server zurückgreifen, der gleich einem Notar die Identität der Kommunikationspartner bestätigen kann. Ein solcher Server wird auch *Key Distribution Center* (*KDC*) genannt. Für derartige Protokolle gibt es mehrere Ansätze.

Beim sogenannten *Breitmaulfrosch-Protokoll* beispielsweise erzeugt Alice einen Zeitstempel (einen Zahlenwert, der die aktuelle Zeit angibt) und einen zufälligen Sitzungsschlüssel. Diese Angaben und Bobs Namen verschlüsselt sie mit dem geheimen Schlüssel, den sie mit dem Schlüsselserver vereinbart hat, und schickt das Paket dorthin. Dort wird das Paket entschlüsselt und der Zeitstempel auf Aktualität überprüft. Der Sitzungsschlüssel, Alices Name und ein vom Server neu erzeugter Zeitstempel werden mit Bobs geheimem Schlüssel verschlüsselt und an Bob gesendet. Dieser kann das empfangene Paket entschlüsseln und hat nun den Sitzungsschlüssel. Anhand des Zeitstempels kann Bob prüfen, ob die erhaltenen Werte aktuell sind oder aber eine Wiederholung einer alten Sendung. Die Prüfung der Zeitstempel verhindert, daß jemand den Schlüsselaustausch belauscht und später die gespeicherten Nachrichten erneut absendet.[3] Dabei wird stillschweigend vorausgesetzt, daß die Uhren auf Alices und Bobs Rechner einigermaßen synchron gehen, was auf PCs häufig jedoch nicht der Fall ist.

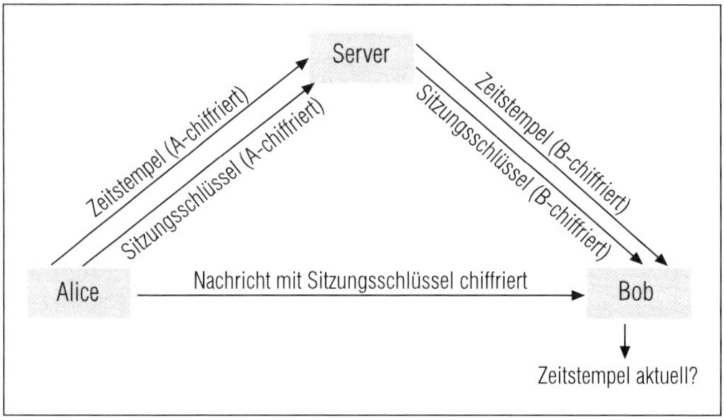

Abbildung 5-2: Das Breitmaulfrosch-Protokoll

Leider haben Verfahren, die einen Server voraussetzen, zwei Schwachstellen organisatorischer Art: Der Server muß *ständig* allen Kommunikationspartnern zur Verfügung stehen. Andererseits muß er jedoch absolut sicher vor einem Einbruch sein. Wer sich die geheimen Schlüssel aus der Datenbank des Servers besorgen kann, kann den gesamten Datenverkehr im Netz nach Belieben abhören oder verfälschen. Er kann sogar bereits früher gesendete Nachrichten, die er zunächst nur gespeichert hatte, nachträglich entschlüsseln.

Beide Schwächen lassen sich abmildern, wenn Alice und Bob mit einem Public-Key-Verfahren arbeiten und ihre jeweiligen öffentlichen Schlüssel auf dem Ser-

3 Solche *Replay-Angriffe* gehören zu den in Kapitel 6.3 beschriebenen weiteren Schwachstellen.

ver ablegen. Will Alice eine Nachricht an Bob senden, fragt sie das KDC nach Bobs öffentlichem Schlüssel. Vom Server erhält sie Bobs und ihren eigenen öffentlichen Schlüssel zurück, versehen mit einer Signatur des Servers. Alice überprüft mit Hilfe der Signatur, ob die Antwort tatsächlich vom KDC stammt. Beides sendet sie auch an Bob, der die Überprüfung ebenfalls vornehmen kann. (Bob kann natürlich auch unabhängig von Alice beim KDC nach Alices öffentlichem Schlüssel fragen.) Beide sind also im Rahmen der Vertrauenswürdigkeit des Servers sicher, den jeweils richtigen Schlüssel zu benutzen. Einen Sitzungsschlüssel können Alice und Bob nun beispielsweise durch das Diffie-Hellman-Protokoll vereinbaren. Wenn sie öfter miteinander kommunizieren wollen, können sie den öffentlichen Schlüssel des jeweils anderen lokal speichern, damit sie nicht immer im KDC nachzufragen brauchen. Dadurch wird der Server nachhaltig entlastet. Allerdings sollten sie von Zeit zu Zeit die Schlüssel mit dem KDC abgleichen, weil der Kommunikationspartner gelegentlich den Schlüssel wechseln kann.

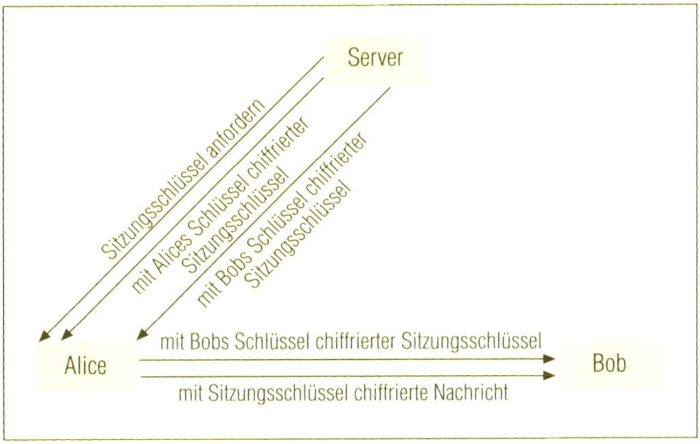

Abbildung 5-3: Das KDC-Server-Protokoll

Hierbei wird vorausgesetzt, daß sowohl Alice als auch Bob eine garantiert sichere Möglichkeit haben, die Echtheit der KDC-Signatur zu überprüfen. Dies läßt sich durch die Zertifizierung von Schlüsseln erreichen.

5.3 Zertifizierung von Schlüsseln

Für den Fall, daß sich zwei Kommunikationspartner persönlich gut genug kennen, gibt es also effektive Verfahren, mit denen jeder von beiden Gewißheit erlangen kann, daß er tatsächlich den »richtigen« Schlüssel hat. Auch einander ansonsten unbekannte Personen können bei einem Treffen einen Schlüssel vereinbaren, wenn sie sich der Identität des jeweils anderen versichern können, indem beispielsweise jeder seinen Paß vorzeigt. Diese Methoden der Identifizierung sind auf ganz natürliche Weise von alltäglichen Vorgehensweisen abgeleitet: Alice wird nicht bezweifeln, daß der vor ihr stehende Mensch Bob ist, wenn er wie Bob aussieht, wie Bob spricht, Bobs Reisepaß vorzeigen kann usw.

Diese Methoden zur Identifikation kann Alice jedoch nicht verwenden, wenn sie Bob nicht unmittelbar kennt und sich auch zu weit von ihm entfernt aufhält, um ihn zu einer persönlichen Identitätsüberprüfung treffen zu können. Um Bobs Signaturen auch in diesem Fall überprüfen zu können, kann sie sich an einen Server wenden, der ihr Bobs öffentlichen Schlüssel mitteilt. Nun stellt sich die Frage, wie sie denn sicher sein kann, daß der vertrauenswürdige Server tatsächlich »echt« ist. Schließlich könnte ein Angreifer die Rolle eines solchen Servers spielen und falsche Identitätsbescheinigungen ausstellen. Natürlich könnte Alice versuchen, sich bei einem weiteren, noch vertrauenswürdigeren Server eine Identitätsbescheinigung für den ersten zu holen, also die Informationen, die sie benötigt, um die Echtheit der Signatur des ersten kontaktierten Servers zu überprüfen. Damit wird klar, daß Alice sich im Kreise dreht: Jedes Zertifikat könnte seinerseits gefälscht sein, Gewißheit schlechthin kann sie nicht erreichen.

Dennoch besteht in der Datenkommunikation genausowenig wie im normalen Leben ein Grund zur Paranoia. Die zwei Auswege aus dem scheinbaren Dilemma des elektronischen Datenaustauschs entsprechen zwei Vorgehensweisen, die wir auch im Alltag anwenden: Das eine Modell geht von einem vernetzten Ansatz aus, das andere von einem hierarchischen. Der hierarchische Ansatz verläßt sich auf Beglaubigungen durch offizielle Autoritäten: Ein Reisepaß bestätigt die Identität eines Menschen und enthält seinerseits die Unterschrift eines Beamten und ein Dienstsiegel. Daß der Beamte wirklich existiert und zur Ausstellung des Reisepasses berechtigt war, läßt sich im Zweifelsfall beim Leiter des Einwohnermeldeamtes überprüfen usw.

Im Privatleben hingegen kommen wir normalerweise ohne amtliche Beglaubigungen aus. Unsere Freunde stellen uns ihre Freunde vor und erweitern so unseren eigenen Bekanntenkreis. Oft stellen wir fest, daß wir mit den neu gewonnenen Bekannten auch noch weitere Freunde gemeinsam haben. Je fester die neuen Bekannten in unser eigenes soziales Netz eingebunden sind, desto mehr Vertrauen können wir ihnen von Anfang an entgegenbringen.

Allerdings wird sich absolute, unumstößliche, durch nichts zu widerlegende Sicherheit durch keinen der beiden Ansätze je erlangen lassen. Das Ziel kann nur sein, Gewißheit über alle vernünftige Bezweifelbarkeit hinaus zu erlangen. Auch hierin unterscheidet sich elektronische Kommunikation nicht vom »richtigen« Leben.

Hierarchische Zertifizierungssysteme

Ein hierarchisches Zertifizierungssystem muß so beschaffen sein, daß eine Täuschung um so schwieriger wird, je höher man in der Hierarchie gelangt. Je weiter oben ein Server in der Hierarchie steht, desto sicherer kann man sich also sein, daß ein von ihm stammendes Zertifikat echt ist. Häufig wird ein vertrauenswürdiger Server innerhalb einer solchen Struktur als *Certification Authority* (*CA*) bezeichnet.

Will Alice nun Bobs öffentlichen Schlüssel überprüfen, muß sie einen Server finden, der die nötigen Informationen über Bob bereithält und diese, mit der Signatur des Servers versehen, an Alice schickt. Bei welcher CA Bob registriert ist (es könnten natürlich auch mehrere CAs sein), kann man entweder einem öffentlichen Verzeichnis entnehmen, oder Bob kann es Alice direkt mitteilen. Zu glauben braucht sie ihm natürlich nicht, aber eine Lüge würde Bob (oder der Person, die als Bob auftritt) nichts nützen. Denn Alice nimmt mit dem benannten Server Kontakt auf und erhält die Informationen, die sie braucht, um Bobs Unterschrift zu prüfen.

Vielleicht reicht ihr dieses Zertifikat bereits, etwa weil sie schon häufiger mit dieser CA Kontakt hatte und von deren Integrität überzeugt ist. Es kann jedoch vorkommen, daß sie mißtrauisch ist (beispielsweise, weil die Internet-Adresse des angegebenen Servers zur Domain mafia.org gehört, oder auch nur, weil sie von dem Server noch nie etwas gehört hat). Es reicht bereits aus, daß sie keine Möglichkeit hat, die Signatur der CA zu überprüfen. Dann wird sie eine höherrangige CA suchen, die ein Zertifikat für die niederrangige auszustellen bereit ist. Möglicherweise ist Alice nach Erhalt dieses Zertifikats hinreichend beruhigt; sonst wiederholt sich der Vorgang auf immer höheren Ebenen, bis Alice eine CA gefunden hat, der gegenüber sie keinerlei Zweifel mehr hat. Das könnte im Extremfall ein bei einer angesehenen internationalen Behörde angesiedelter Server sein, der als oberste Instanz in der Hierarchie gilt.

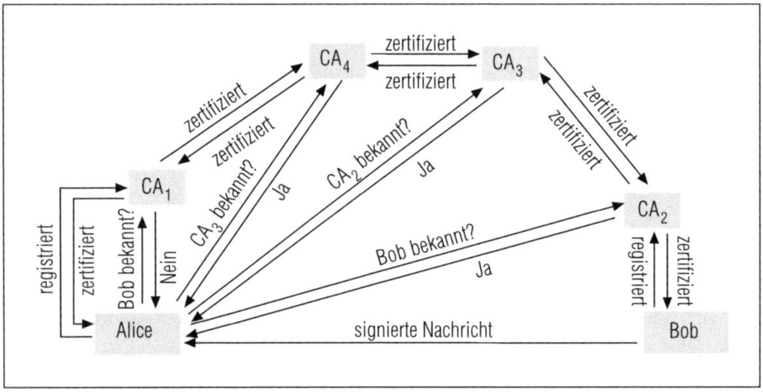

Abbildung 5-4: Hierarchische Zertifizierungssysteme

Natürlich kann es auch vorkommen, daß die Kette abbricht, denn vielleicht ist niemand bereit, die Vertrauenswürdigkeit von mafia.org zu bezeugen. Dann muß Bob entweder eine andere CA nennen, bei der er registriert ist, oder Alice tut gut daran, sich nicht auf die Identität von Bob zu verlassen.

Die Aufgaben einer Certification Authority sind also zweierlei: Sie muß im täglichen Betrieb zertifizierte Informationen über die registrierten Kunden zur Verfügung stellen. Zusätzlich muß sie bei der Registrierung von Kunden Sorgfalt walten lassen. Es darf nicht ausreichen, daß jemand sich formlos anmeldet. Das könnte schließlich auch unter einem falschen Namen geschehen. Die Betreiber der CA sind dafür verantwortlich, die Identität des Kunden gründlich zu überprüfen; falsche Identitätszertifikate würden die Glaubwürdigkeit schnell unterminieren. Für die Benutzer muß klar erkennbar sein, welche Regeln für die Registrierung gelten, damit sie die Glaubwürdigkeit der CA abschätzen können. Entsprechend stehen die Betreiber höherrangiger CAs auch für die Qualität der nachgeordneten CAs gerade. Sie müssen strikte Vorgaben für deren Arbeit machen und die Einhaltung der Regeln in vertretbarem Umfang überprüfen. Denn fehlerhafte Zertifikate nachgeordneter Server fallen letztlich auf die übergeordneten zurück. Zusätzlich müssen alle CAs natürlich sehr sorgfältige Vorsorge gegen Einbrüche treffen.

Wenn man sich einmal von der Vertrauenswürdigkeit einer Certification Authority und der Hierarchie, in der sie steht, überzeugt hat, hat man das Problem der Zertifizierung für viele Kommunikationspartner auf einen Schlag erledigt. Wenn es nur einzelne, untereinander unverbundene CAs gäbe, müßte man in jedem Einzelfall eine Stelle suchen, bei der der Partner bekannt ist und die man darüber hinaus selbst für so vertrauenswürdig hält, daß man bereit ist, ihrem Zertifikat zu vertrauen. In einem hierarchischen Modell hingegen braucht man diesen Aufwand für die Suche nach einer Zertifizierungsstelle prinzipiell nur einmal zu betreiben, und man braucht sich nur einmal registrieren zu lassen.

Die Stärke der hierarchischen Modelle begründet auch gleichzeitig ihre beiden größten Schwächen: Zum einen sind Systeme um so schwerer realisierbar, je umfassender ihr Anspruch ist. Daran ist beispielsweise PEM (*Privacy Enhanced Mail*), einer der früher einmal vorgeschlagenen Standards für sichere E-Mail, gescheitert. Zum anderen wird das gesamte System gefährdet, wenn eine weit oben in der Hierarchie stehende CA durch einen Angreifer kompromittiert wird.

Das »Vertrauensnetz« von PGP (»Web of Trust«)

Das alternative Zertifizierungsmodell, das mit vernetzten Strukturen arbeitet, vermeidet diese Probleme. Es geht von einem anderen Vertrauensmodell aus, das den sozialen Kontakten im Alltagsleben abgeschaut ist.

Wenn Alice ihrem Freund Bob eine Person als Carol vorstellt, mit der sie gut bekannt ist, dann kann Bob aus dem Vertrauen, das er in seine Freundin Alice hat, darauf schließen, daß diese Person wirklich Carol ist. Stellt Bob fest, daß noch weitere seiner Freunde diese Person als Carol kennen, wird sein Vertrauen in Carols Identität noch weiter steigen. Versichern sie Bob zudem einvernehmlich, daß Carol vertrauenswürdig ist, wird Bob in Zukunft auch akzeptieren, daß Carol ihm einen ihrer Bekannten vorstellt.

Dieses Modell kommt ohne unumstößliche Autoritäten aus. Es kommt sogar *ganz* ohne Certification Authorities aus. Jegliche Gewißheit beruht nur darauf, daß vertrauenswürdige Personen ihre Einschätzung über die Identität (und die Vertrauenswürdigkeit) anderer Menschen weiterreichen. Insofern wird tatsächlich die alltägliche Vorgehensweise beim Kontakt mit anderen Menschen weitgehend nachgebildet, denn nur in außergewöhnlichen Situationen vergewissert man sich der Identität eines anderen, indem man nach seinem Paß oder seiner Geburtsurkunde fragt. Je mehr man über einen Menschen weiß oder je mehr der eigenen Freunde und Bekannten diesen Menschen ebenfalls kennen, desto weniger zweifelt man an seiner Identität.

Wenn viele bereit sind, die Identität von ihnen persönlich bekannten Menschen zu bestätigen, dann kann sich auf die Dauer ein Netz von Vertrauensverhältnissen *(Web of Trust)* aufbauen. Dieses Netz ist nicht prinzipiell vor Fehlern geschützt. Durch die weniger formalisierte Struktur können sich Fehler prinzipiell sogar leichter einschleichen als bei einem hierarchischen System, denn es gibt keine festgefügten Regeln, nach denen jemand die Identität eines anderen bestätigen darf. Andererseits bleiben solche Fehler normalerweise begrenzt, denn es gibt keine globalen »Masterkeys«, die kompromittiert werden und damit das ganze System gefährden können.

Der Begriff »Web of Trust« ist eng mit dem Namen *Pretty Good Privacy* (*PGP*) verknüpft. Dieses Programm wurde von dem Amerikaner Phillip Zimmermann seit Anfang der neunziger Jahre entwickelt. Seine Hauptfunktion besteht darin, Nachrichten vor dem Versand zu signieren und zu verschlüsseln bzw. empfangene Nachrichten zu entschlüsseln und auf eine gültige Signatur hin zu prüfen. Dazu verwendet es eine Reihe von kryptographischen Techniken, insbesondere hybride Verschlüsselung und Fingerabdrücke durch Hashfunktionen. Für weit verbreitete Mailprogramme wie Eudora und Outlook gibt es Plugin-Module, die durch Anklicken eines Buttons eine Nachricht verschlüsseln bzw. signieren. Damit fallen früher gelegentlich geäußerte Gegenargumente weg, die Benutzung sei für einen nichttechnischen Benutzer zu schwierig. PGP ist für nichtkommerzielle Zwecke kostenlos einsetzbar, und der Quelltext ist frei verfügbar.[4]

PGP enthält auch ausgeklügelte Module zur Schlüsselerzeugung und -verwaltung. Jede PGP-Benutzerin (sagen wir, Alice) kann den öffentlichen Schlüssel einer anderen, ihr bekannten Nutzerin (Carol) signieren. Carol kann Alices Signatur nun beispielsweise zusammen mit ihrem eigenen Schlüssel an Alices Freund Bob weitergeben, der Carol bisher noch nicht kannte. Alice (genauer gesagt: ihre Signatur) übernimmt dann im übertragenen Sinne die Aufgabe, Carol ihrem Freund Bob vorzustellen. Wenn Bob Alice als vertrauenswürdig empfindet, kann

4 Die Geschichte von Phillip Zimmermann und der Entwicklung von PGP ist sehr spannend, weil er wegen dieses Programms durch US-Behörden juristisch verfolgt wurde. Bücher über PGP (z.B. Garfinkel [1996]) enthalten zumindest einen kurzen Überblick über die Ereignisse und die internationale solidarische Unterstützung für ihn.

er nun bereits sicher sein, daß der Schlüssel wirklich zu Carol gehört. Kennt Bob Alice hingegen eher flüchtig, dann vertraut er ihr vielleicht nicht vollständig. Kann Carol nun aber auch noch zeigen, daß Bobs Bekannter Dave ebenfalls ihren Schlüssel signiert hat, dann ist Bob vielleicht beruhigt. Vielleicht aber auch nicht, denn wieviel Sicherheit er verlangt, ist allein seine eigene Entscheidung. In jedem Falle ist es gut für Carol, wenn sie von möglichst vielen anderen Menschen ebenfalls Signaturen ihres Schlüssels vorweisen kann, weil die Wahrscheinlichkeit steigt, daß jemand dabei ist, dem Bob wirklich traut.

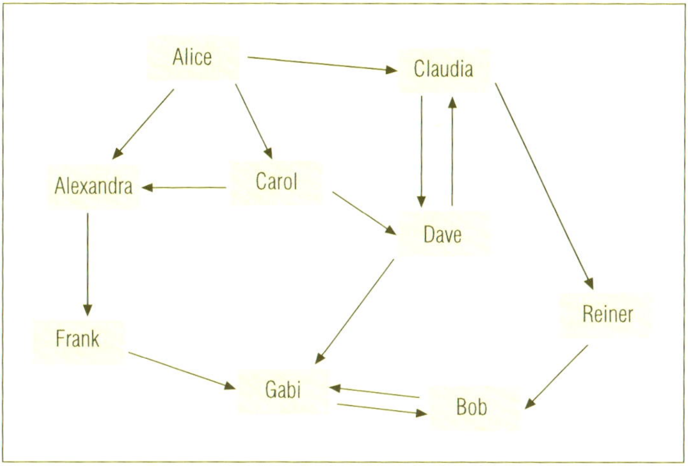

Abbildung 5-5: Das »Web of Trust«

Auch wenn Bob von Carols *Identität* überzeugt ist, bedeutet das noch nicht, daß er sie ebenfalls für *vertrauenswürdig* halten muß. PGP unterscheidet deswegen zwischen dem Grad an Sicherheit, die man bezüglich der Identität eines anderen hat, und dem Maß an Vertrauen, das man ihm entgegenbringt, wenn er den Schlüssel eines Dritten signiert hat.

Für den PGP-Anfänger bedeutet all das, daß er sich jemanden suchen muß, der bereits in das Vertrauensnetz integriert ist und der den öffentlichen Schlüssel des Neueinsteigers signiert. Der Signierer kann ein persönlicher Bekannter sein, oder man kann sich durch Vorlage etwa des Personalausweises identifizieren. In jedem Falle darf die Signatur nicht leichtfertig und als bloße »nette Geste« einem Unbekannten gegenüber geleistet werden, wenn sie ihren Zweck erfüllen soll.

Seitdem PGP so weite Verbreitung gefunden hat, ist zusätzlich zum individuellen Weiterreichen von Schlüsseln noch ein weiterer Weg der Schlüsselverteilung entstanden: Es gibt eine Reihe von PGP-Schlüsselservern, auf denen Schlüssel und ihre Signaturen in großer Zahl gespeichert werden. Diese Server stehen untereinander in Kontakt und gleichen ihre Datenbestände ab. Will Alice eine Nachricht an Bob senden, ohne seinen Schlüssel bereits zu kennen, dann kann sie bei einem der Server nach Bobs Adresse suchen und so seinen öffentlichen Schlüssel erhalten. Die öffentlichen PGP-Schlüsselserver sind jedoch keine Certification Authorities, denn sie zertifizieren nicht die Identität von Personen oder die Echtheit von Schlüsseln. Sie dienen nur zur Verbreitung signierter Schlüssel.

PGP bietet noch eine weitere Möglichkeit, sich der Korrektheit eines Schlüssels zu versichern. Zu jedem Schlüssel kann man sich einen »Fingerprint« anzeigen lassen. Wenn Alice Bobs Schlüssel auf irgendeine Weise erhalten hat, aber noch nicht von der Echtheit überzeugt ist, kann sie ihn anrufen und ihn bitten, seinen Fingerprint vorzulesen. Viele PGP-Nutzer lassen ihren Fingerprint sogar auf ihre Visitenkarten drucken. Das ist wiederum ein Ausdruck der stets gleichen Grundidee von PGP: Je breiter verfügbar eine Information ist, desto schwerer wird sie sich fälschen lassen.

Gegenüber einem hierarchischen Ansatz hat das PGP-Modell eine Reihe von Vorteilen, die sich letztlich darauf zurückführen lassen, daß es weniger blindes Vertrauen in Institutionen voraussetzt. Allerdings ist es ziemlich schwierig, seinen Schlüssel gelegentlich zu wechseln, denn man weiß ja selbst nicht, an wie vielen Stellen der bisherige Schlüssel gespeichert und deswegen auszutauschen ist. Für Firmen und Behörden ist zudem der »basisdemokratische« Ansatz von PGP gewöhnungsbedürftig. Informationsarchitekturen werden dort normalerweise zentral geplant, und die Infrastruktur entsteht ohne die Mitwirkung der einzelnen Benutzer. Es wäre auch sehr ineffizient, wenn jeder Mitarbeiter erneut die Identität von Geschäftspartnern überprüfen müßte. Hier kann beispielsweise eine firmeninterne CA den Aufwand für Zertifizierungen deutlich verringern.[5]

---

5 Die Anforderungen vieler größerer Firmen werden beispielsweise durch ein Produkt namens Entrust erfüllt, das auch Trust-Center-Funktionalität bietet. Lotus Notes bietet ebenfalls E-Mail-Verschlüsselung, und zwar mit RSA-Schlüsseln von 512 Bit Länge sowie 64 Bit langen symmetrischen RC4-Schlüsseln. Allerdings beträgt die effektive Schlüssellänge nur unsichere 40 Bit, denn 24 der 64 Bit sind der US-Regierung bekannt. Durch Plug-In-Module können in Lotus Notes jedoch auch andere Verschlüsselungsverfahren genutzt werden.

5.4 Spezielle Protokolle: Secret Sharing, Zero-Knowledge-Proofs und digitales Geld

Die bisher beschriebenen Protokolle und Modelle decken den weitaus größten Teil der alltäglichen Anforderungen an sichere elektronische Kommunikation ab. Daneben gibt es aber noch eine ganze Reihe von Protokollen für Spezialfälle. Manchmal muß beispielsweise eine geheime Information so auf mehrere Menschen verteilt werden, daß sie nur gemeinsam an das zu schützende Wissen gelangen können. In anderen Fällen hingegen will man zeigen, daß man über bestimmte Daten verfügt, ohne sie jedoch preiszugeben. (An diesem Dilemma sind schon unzählige Informanten in Gangsterfilmen gescheitert.) In wieder anderen Fällen soll jemand die Echtheit eines Dokuments bestätigen, das so streng vertraulich ist, daß er dessen Inhalt nicht kennenlernen darf. Für all diese Fälle haben Kryptographen tatsächlich Lösungen entwickelt.

Secret Sharing

Manchmal steht man vor dem Problem, daß man eine geheime Information auf mehrere Leute so aufteilen möchte, daß keiner mit dem ihm anvertrauten Teil etwas anfangen kann. Ein solcher Fall liegt z.B. dann vor, wenn eine Bank dafür sorgen will, daß keiner ihrer Angestellten allein den Tresorraum betreten kann. So kann sie das Risiko verringern, daß einer der Angestellten mit Zugangsberechtigung die Bank bestiehlt. Sie wird dann zwei oder mehreren Angestellten je einen Teil des Safeschlüssels anvertrauen. Das kann ein Teil der Zahlenkombination sein, der für sich genommen wertlos ist; sie kann aber auch mehrere Sicherheitsschlösser anbringen, so daß mehrere (physische) Schlüssel zum Öffnen nötig sind.

Diese Techniken lassen sich unmittelbar auf geheime, verschlüsselte Informationen übertragen. Eine Datei, die nur unter genau kontrollierten Bedingungen gelesen oder geändert werden darf, kann verschlüsselt abgelegt werden, und der zum Entschlüsseln benötigte Schlüssel wird auf zwei oder mehr Personen verteilt. Die Aufteilung ist in dem Sinne perfekt, daß einer der Schlüsselbenutzer allein keinerlei Aufschluß über die geheimen Informationen erlangen kann: Nur alle gemeinsam können die Entschlüsselung vornehmen.

Häufig ist aber gerade diese Eigenschaft gar nicht so erwünscht, denn wenn beispielsweise einer der Schlüsselbesitzer seinen Schlüssel verliert oder im schlimmsten Fall plötzlich stirbt, besteht keine Möglichkeit mehr, an die geschützten Daten zu gelangen. Deswegen werden normalerweise Redundanzen eingebaut, so daß es beispielsweise zu jedem Schlüsselbesitzer einen Vertreter mit dem gleichen Schlüssel gibt.

Der *Secret-Sharing*-Mechanismus geht hier noch einen Schritt weiter. Mit seiner Hilfe kann eine Information so auf mehrere Menschen aufgeteilt werden, daß bereits einige von ihnen ausreichen, um an die geheimgehaltene Information zu gelangen. Beispielsweise wird bei einem (4;2)-Secret-Sharing die Information so auf *vier* Menschen verteilt, daß je *zwei* von ihnen gemeinsam das Geheimnis rekonstruieren können. Welche zwei der Geheimnisträger sich zusammenfinden, ist dabei unerheblich.

Ein solches (4;2)-Secret-Sharing ist flexibler als die »klassische« Lösung, zwei Geheimnisträger mit je einem Vertreter (Carol für Alice, Dave für Bob) festzulegen. Die Bankangestellten Alice und Carol könnten beispielsweise den Tresor nicht öffnen, da sie beide den gleichen Schlüssel haben. Bei einem (4;2)-Schema hingegen kann Alice mit Carol das gleiche erreichen wie mit Bob.

Diese Flexibilität ist mit herkömmlichen Mitteln, etwa mit Schlüsseln für Tresore, praktisch nicht zu erreichen. Es gibt jedoch ein ganz einfaches, von Adi Shamir im Jahre 1979 entwickeltes Protokoll, das im wesentlichen sogar ohne kryptographische Algorithmen auskommt.

Um das Protokoll durchführen zu können, wird zunächst die aufzuteilende geheime Information als Zahl dargestellt. Es könnte sich hierbei etwa um den privaten Exponenten d für eine RSA-Verschlüsselung (siehe den Abschnitt *RSA* in Kapitel 2.3) handeln.

Im einfachsten Fall reichen je zwei aus einer größeren Anzahl von Beteiligten dafür aus, den Exponenten gemeinsam zu ermitteln. Es handelt sich dann um ein (n;2)-Secret-Sharing. Man wählt eine zufällige Gerade f in der x-y-Ebene mit der einzigen Bedingung, daß sie die y-Achse genau bei $y = d$ schneidet (siehe Abbildung 5-6). Jedem der Geheimnisträger werden nun die Koordinaten eines Punktes auf der Geraden genannt, also z.B. dem ersten der Wert $f(1)$, dem zweiten $f(2)$ usw. Einer allein hat keine Möglichkeit, zu erraten, wo f die y-Achse schneidet, sofern die Gerade wirklich zufällig gewählt wurde. Aber sobald zwei Gruppenmitglieder sich zusammentun, können sie den Schnittpunkt leicht berechnen, denn durch zwei Punkte ist eine Gerade (und damit auch ihr y-Achsenabschnitt) eindeutig bestimmt. Sie müssen lediglich ein einfaches System von zwei Gleichungen mit zwei Unbekannten lösen. Dabei ist es gleichgültig, welche zwei Mitglieder das sind, denn jedes beliebige Paar ist dazu in der Lage.

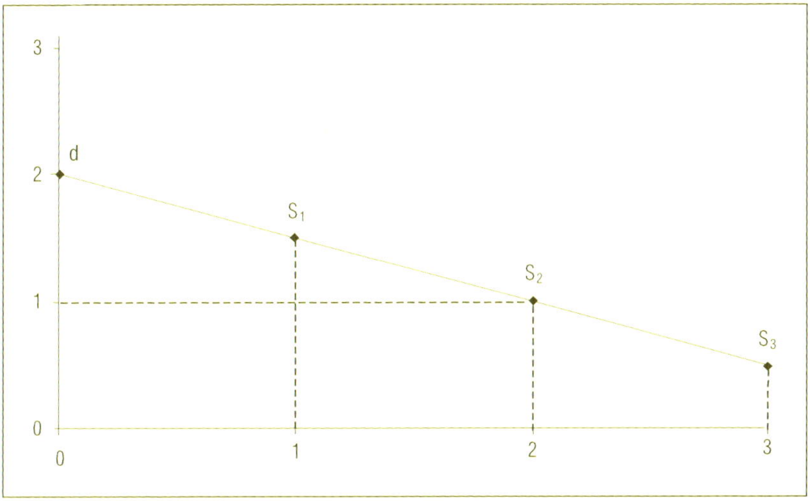

Abbildung 5-6: Eine Gerade zur Realisierung eines (n;2)-Secret-Sharing

Dieses Vorgehen läßt sich leicht auf das allgemeine (n;m)-Secret-Sharing verallgemeinern. Das Verfahren kann auch sehr flexibel an weitere Anforderungen angepaßt werden. Beispielsweise könnte die Sicherheitspolitik einer Bank festlegen, daß zwei Direktoren ausreichen, um den Tresor zu öffnen, daß Abteilungsleiter jedoch nicht so vertrauenswürdig sind und deswegen mindestens ein Direktor und zwei Abteilungsleiter oder aber drei Abteilungsleiter notwendig sind, um den Schlüssel benutzen zu dürfen. Dann könnte man jedem Direktor drei Teilgeheimnisse anvertrauen, jedem Abteilungsleiter jedoch nur zwei, und verlangen, daß mindestens sechs Teilgeheimnisse zusammengelegt werden müssen, ehe der Schlüssel rekonstruiert werden kann. Es handelt sich hier also um ein (n;6)-Secret-Sharing.

Zero-Knowledge-Proofs

Eine andere spezielle Situation, bei der Informationen geheimgehalten werden sollen, liegt vor, wenn man jemanden davon überzeugen will, daß man eine gewisse vertrauliche Information hat, ohne sie dem anderen jedoch verraten zu wollen. Will man jemandem beispielsweise eine Information verkaufen, dann hat der Käufer ein Interesse daran, keine Katze im Sack zu kaufen. Er will sich schon vorher vergewissern, daß der Verkäufer die Information wirklich hat. Verrät dieser die Information jedoch vorzeitig, kann der Verkäufer nicht sicher sein, daß der Käufer sich dankend verabschiedet, ohne den Kaufpreis zu bezahlen, denn hat er ja bereits bekommen, was er wollte.

Techniken, die dieses Problem lösen, sind unter dem Namen *Zero Knowledge Proofs* bekannt geworden. Bei einem solchen Beweis dafür, daß man eine gewisse Information kennt, gibt man keinerlei Wissen über die eigentliche Information preis. Das Zero-Knowledge-Protokoll wird häufig mit Hilfe einer in besonderer Weise aufgebauten Höhle illustriert (vgl. Abbildung 5-7).

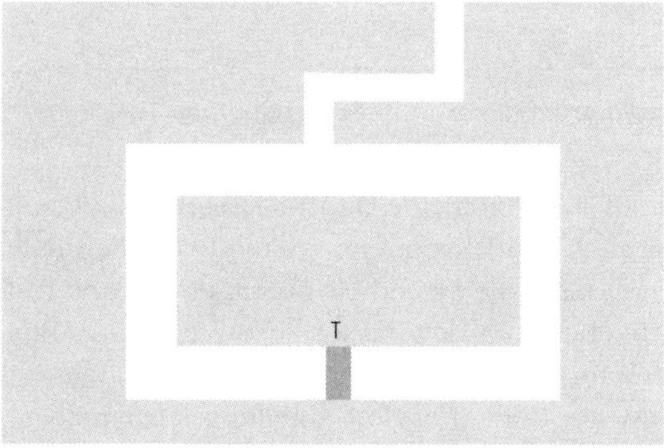

Abbildung 5-7: Zero-Knowledge-Beweis für die Kenntnis eines Paßworts

In der Höhle befindet sich an der mit T markierten Stelle eine Tür, die sich nur mit einem geheimen Paßwort öffnen läßt. Wenn Alice Bob davon überzeugen will, daß sie dieses Paßwort kennt, ohne es ihm jedoch verraten zu wollen, dann kann sie einen Zero-Knowledge-Beweis für ihr Wissen antreten. Dafür geht Alice in die Höhle, wählt zufällig den rechten oder den linken Weg und geht bis zur Tür. Bob wartet noch draußen, so daß er nicht sieht, für welchen Weg Alice sich entschieden hat. Wenn sie aus dem Inneren der Höhle »Fertig!«

ruft, geht Bob bis zu der Gabelungsstelle und ruft in die Höhle hinein, auf welchem Weg Alice wieder herauskommen soll. Wenn sie tatsächlich auf dem richtigen Pfad herauskommt, ist Bob natürlich noch nicht von Alices Wissen überzeugt, denn sie könnte ja zufällig schon in den Gang hineingegangen sein, aus dem Bob sie wieder hervorzukommen hieß.

Dieser ganze Vorgang wird nun aber mehrere Male durchgespielt. Bei jedem Durchgang kann Alice mit fünfzigprozentiger Wahrscheinlichkeit selbst dann Bobs Auftrag erfüllen, wenn sie das Paßwort nicht weiß. Dafür jedoch, daß sie dies beispielsweise zwanzigmal hintereinander schafft, ist die Wahrscheinlichkeit kleiner als eins zu einer Million. Die beiden können das Spiel so oft wiederholen, bis Bob von Alices Wissen überzeugt ist.

Entgegen dem ersten Anschein ist es durchaus wichtig, daß Bob nicht sieht, für welchen Weg Alice sich am Anfang entscheidet. Das läßt sich so begründen: Nehmen wir an, Alice wäre eine Betrügerin, und Bob wäre lediglich von Carol damit beauftragt worden, Alices Wissen zu überprüfen. Zur Kontrolle soll er die gesamte Aktion mit einem Videorecorder mitschneiden. Insgeheim steckt er jedoch mit Alice unter einer Decke. Entweder er signalisiert Alice heimlich, welche Richtung er ihr hinterher vorgeben wird, so daß sie von vornherein den richtigen Weg nimmt; oder er schneidet die fehlgeschlagenen Versuche hinterher aus der Videoaufnahme heraus.

Carol könnte keine dieser Fälschungen entdecken, denn aus ihrer Sicht ist eine gefälschte nicht von einer ordnungsgemäßen Aufnahme zu unterscheiden. Da aber eine gefälschte Aufnahme nichts über Alices Wissen verraten kann (als Betrügerin hat sie schließlich gar kein Wissen, über das sich etwas verraten ließe!) und eine gefälschte und eine korrekte Aufzeichnung sich nicht unterscheiden lassen, kann auch in der korrekten Aufzeichnung kein Wissen verraten worden sein. Diese Eigenschaft ginge verloren, wenn Bob mitfilmen könnte, für welchen Weg Alice sich am Anfang entscheidet. Die ganze Überlegung ist etwas verwickelt, liefert aber einen streng logischen Beweis der Zero-Knowledge-Eigenschaft.

Derartige Beweisverfahren sind durchaus praktisch relevant, z.B. dort, wo es (ganz wie im Höhlenbeispiel) um Zugangskontrollen geht, ohne daß das Kontrollsystem etwas über die Paßwörter erfährt. Auch ein Lauscher kann demzufolge nichts erfahren, was ihm nützen würde.

Eine praktische Umsetzung dieses Verfahrens ist als Feige-Fiat-Shamir-Protokoll bekannt. Es beruht auf der Schwierigkeit, Quadratwurzeln modulo einer großen zusammengesetzten Zahl zu berechnen. Das Verfahren funktioniert in einer einfachen Variante wie folgt:

Zunächst werden zwei große Primzahlen gewählt und deren Produkt n gebildet. Die Primzahlen sollten wie beim RSA-Verfahren sofort wieder vergessen werden, während n öffentlich bekanntgegeben wird und auch von einer größeren Gruppe gemeinsam genutzt werden kann. Wenn Alices geheime Information in der Zahl s besteht, berechnet Alice nun deren Quadrat $v = s^2 \bmod n$. Diese Zahl v ist ihr öffentlich bekanntes Paßwort.

Wenn Bob sich von Alices Identität überzeugen will, muß er prüfen, ob sie s kennt, ohne daß sie ihm jedoch diese Zahl nennt. Er fordert sie deswegen auf, eine beliebige Zahl r zu wählen. (Das entspricht in dem Höhlengleichnis ihrer Entscheidung für einen der beiden Wege.) Diese Zahl behält sie für sich, sendet aber das Quadrat $x = r^2 \bmod n$ an Bob. Dieser entscheidet im nächsten Schritt willkürlich, ob Alice ihm r oder aber das Produkt $rs \bmod n$ nennen soll; dies ist das Analogon zu seiner Aufforderung, auf dem linken oder aber dem rechten Weg wieder herauszukommen. rs kann sie natürlich nur berechnen, wenn sie s kennt. Nachdem Alice ihm den Wert genannt hat, quadriert er ihn modulo n und überprüft, ob das Ergebnis entweder x (falls er nach r gefragt hatte) oder aber xv (falls er nach rs gefragt hatte) ergibt. Im letzteren Fall gilt ja $(rs)^2 = r^2s^2 = xv \bmod n$. Da Bob nichts über r weiß, kann er jedenfalls keine Rückschlüsse auf s vornehmen, sofern Alice sich hütet, zweimal das gleiche r zu benutzen. Natürlich könnte Alice, genau wie im Beispiel der Höhle, zufällig erraten haben, daß Bob nach r fragen wird. Dann könnte sie den Test bestehen, auch ohne s zu kennen. Auf viele derartiger Glückstreffer kann sie aber nicht hoffen, und Bob wird nicht schon nach dem ersten Erfolg zufrieden sein.

Digitales Geld

Auch *elektronische Geldzahlungen* lassen sich durch kryptographische Protokolle auf sichere Weise abwickeln. Hierfür hat sich in den letzten Jahren ein wachsender Bedarf entwickelt, nachdem das Internet zunehmend von einem eher akademisch orientierten Netz zu einem Bereich kommerzieller Betätigung geworden ist. Einige der Anforderungen an den Zahlungsverkehr im WWW sind dieselben wie im bekannten, alltäglichen Geschäftsverkehr. Andere hingegen wie z.B. der Bedarf, auch kleinste Beträge von Bruchteilen eines Pfennigs abrechnen zu können, entstehen neu. Für viele dieser Bedürfnisse gibt es bereits maßgeschneiderte marktfähige Lösungen.[6]

Für welchen der Ansätze man sich entscheidet, hängt von den Bedürfnissen im konkreten Anwendungsfall ab. Zu den sehr allgemeinen Anforderungen gehört es sicherlich, daß ein Händler wie beim normalen Zahlungsverkehr gewiß sein kann, bei Annahme einer elektronischen Bezahlung das Geld auch tatsächlich zu bekommen, daß die Zahlung also von einem gedeckten Konto aus erfolgt. Weiterhin soll sich ein elektronischer Scheck nicht mehrfach verwenden lassen, obwohl er nur aus einem Bitmuster besteht und deswegen leicht kopierbar ist. Bei manchen finanziellen Transaktionen ist es wichtig, daß sie genau wie mit Bargeld auch zwischen Privatpersonen erfolgen können. Im Gegensatz hierzu stehen Kreditkartensysteme, bei denen nur die beim Kreditkartenunternehmen registrierten Händler Zahlungen annehmen können. Schließlich sollten die Beteiligten (Käufer und Händler) am besten möglichst anonym bleiben, um ein ungehindertes Ausspähen persönlicher Informationen möglichst von vornherein zu unterbinden. Gleichwohl sollte es im Interesse aller möglich sein, Betrüger zu identifizieren.

Daneben gibt es in speziellen Bereichen noch besondere Anforderungen, die im traditionellen Zahlungsverkehr keine oder eine nur untergeordnete Rolle spielen: Manchmal kann eine Online-Validierung der Zahlung (z.B. Prüfung, ob ein Konto gedeckt ist) nötig sein; in anderen Fällen ist dies nicht unbedingt nötig. Manchmal werden nur Summen aufgewendet, die in den aus dem Alltagsleben gewohnten Größenordnungen liegen. Andererseits werden jedoch sogenannte »Micropayments« diskutiert, mit denen der Zugriff auf einzelne WWW-Inhalte honoriert werden soll. Die Beträge können hierbei sehr niedrig sein und sogar unter einem Pfennig liegen.

Die Protokolle, die für Zahlungssysteme mit elektronischem Geld verwendet werden, sind zum Teil sehr komplex. Typischerweise kombinieren sie mehrere kryptographische Algorithmen und Protokolle.

Bei einem dieser Systeme, das unter dem Namen *DigiCash* vermarktet wird, erstellt der Bankkunde in einem ersten Schritt auf seinem eigenen Rechner einen Scheckvordruck mit einer eindeutigen Nummer. Diesen sendet er in verschlüsselter Form an seine Bank, die die verschlüsselte Form unterzeichnet und das

6 Eine ausführliche Darstellung findet sich bei Stolpmann [1997].

Ergebnis an den Kunden zurücksendet. Die Verschlüsselung ist so beschaffen, daß der Kunde sie nun rückgängig machen kann, ohne die Signatur der Bank zu zerstören. Eine solche Unterschrift wird *blinde Signatur* genannt, weil der Unterschreibende selbst nicht weiß, was er eigentlich unterschreibt. Auf diese Weise kann ein Dokument ein öffentlich nachprüfbares Echtheitszertifikat tragen, obwohl der Inhalt des Dokuments (hier: die vom Kunden gewählte Nummer) bis auf weiteres geheim bleibt.

Der Kunde kann nun mit dem Scheck bezahlen, indem er einem Händler die entschlüsselte Schecknummer sowie die Signatur der Bank mitteilt. Der Händler, der den Scheck annimmt, kann die Unterschrift der Bank prüfen. So hat er die Garantie, daß der Scheck nicht gefälscht ist und daß die Bank ihn einlösen wird. Die Bank hat aber nicht sehen können, was sie eigentlich unterschrieben hat. Dadurch ist sichergestellt, daß die Zahlung anonym erfolgt, denn der Scheck enthält den Namen des Scheckausstellers nicht.

Wie die einzelnen Schritte ablaufen, muß sehr sorgfältig formuliert werden, um Betrugsmöglichkeiten auszuschließen. Zunächst einmal darf es für einen Lauscher nicht möglich sein, den von der Bank zurückgesendeten signierten Scheck abzufangen. Weiterhin muß sichergestellt werden, daß der Kunde seine Bank nicht über den Scheckbetrag täuschen kann. Außerdem darf der Kunde keine Möglichkeit haben, einen Scheck mehrfach einzureichen, ohne dabei sofort aufzufallen. Schließlich muß verhindert werden, daß ein Händler einen Scheck mehrfach zum Inkasso einreicht. All diese Probleme werden durch DigiCash gelöst, andere hingegen nicht. Beispielsweise bleibt zwar der Kunde bei der Abwicklung des Geschäfts anonym, der Händler hingegen nicht. Auch macht es gerade die Anonymität des Kunden sehr schwer, einen Scheckbetrüger namentlich zu identifizieren.

Genau wie bei anderen kryptographischen Systemen hängt die Sicherheit des elektronischen Zahlungsverkehrs wesentlich davon ab, daß niemand die von den legitimen Kommunikationspartnern verwendeten Schlüssel herausfinden kann. Gerade die erwünschte Anonymität der Zahlungsvorgänge kommt auch einem böswilligen Angreifer möglicherweise zugute. Um sicheren Zahlungsverkehr gewährleisten zu können, müssen deswegen noch geeignete organisatorische Rahmenbedingungen geschaffen werden.

6 Sicherheitsbewußte Organisation von Abläufen

Um ein sicheres kryptographisches System aufzubauen, müssen neben den kryptographischen Algorithmen und den Verfahren zur Schlüsselvereinbarung noch einige weitere Aspekte berücksichtigt werden. Auch später, wenn das System läuft, reicht es für einen umfassenden Schutz vertraulicher Informationen nicht aus, die Daten nur gut zu verschlüsseln. Vielmehr müssen auch nichtkryptographische Angriffe bedacht werden, denn wer an die Geheimnisse anderer Leute kommen will, kann dies beispielsweise auch durch einen Einbruch versuchen. Deswegen muß das ganze Umfeld der Verarbeitung und Speicherung vertraulicher Informationen in die Überlegungen einbezogen werden. So müssen beispielsweise die Rechner von Sender und Empfänger durch Paßwörter vor Eindringlingen gut geschützt sein. Diese Paßwörter und die zur Verschlüsselung verwendeten Schlüssel müssen geeignet gewählt und danach sicher aufbewahrt werden. Beim Entwurf eines Systems zum Schutz sensibler Daten müssen auch nichtkryptographische Angriffe wie Einbruch oder Bestechung mit berücksichtigt werden, denn ein kryptographisches System ist nur so sicher wie das schwächste seiner Elemente. Nachlässigkeiten in diesen Bereichen können die Sicherheit auch der besten Algorithmen zunichte machen. Nur ein gut durchdachtes *Gesamtsystem* kann Sicherheit gewähren.

Bei der Organisation eines solchen Systems muß man sich jedoch auch überlegen, wie wertvoll die zu schützenden Daten sind und wer ein möglicher Angreifer sein könnte. Bei der Beschreibung der einzelnen Algorithmen in den Kapiteln 2 und 3 ist bereits klargeworden, daß *absolute* Sicherheit prinzipiell nicht zu erreichen ist. Ein sehr mächtiger Gegner wird *jeden* Schutz brechen können. Das gilt für herkömmliche Geheimhaltungsmechanismen (schwere Tresore, geheime Boten usw.) ebenso wie für kryptographisch angestrebte Sicherheit. Ein gut ausgerüsteter Geheimdienst oder auch eine reiche kriminelle

Organisation wird jeden Safe und jede kryptographische Verschlüsselung knakken können. Wer über so wichtige Geheimnisse verfügt, daß sich die NSA ernsthaft dafür interessiert, dürfte in jedem Fall einen schweren Stand haben, ob nun mit oder ohne Kryptographie.

Unabhängig davon, wie mächtig er ist, wird jemand, der an vertraulichen Daten interessiert ist, im Zweifelsfall stets den Weg des geringsten Widerstands bevorzugen, und das muß keineswegs ein kryptanalytischer Angriff sein. Deswegen wäre es auch unangebracht, von dem Teil des Systems, der die im engeren Sinne kryptographischen Methoden verwendet, absoluten Schutz zu verlangen. Vielmehr sollten die kryptographisch erzielte Sicherheit und der Schutz des Umfeldes in einem ausgewogenen Verhältnis zueinander stehen. Zur grundlegenden Designregel sollte man sich die folgende Formulierung machen:

Das gesamte System der Nachrichtenübermittlung und -speicherung sollte so entworfen werden, daß die Kosten eines Angreifers dafür, an die gewünschten Informationen zu gelangen, den Wert dieser Informationen übersteigen.

Welchen Wert jemand den Daten anderer beimißt, läßt sich mitunter zwar nicht genau bestimmen, oft aber doch ziemlich verläßlich abschätzen. Dies gilt insbesondere bei Geschäftsvorgängen, deren Wert relativ klar zu beziffern ist. Beispielsweise unterlag angeblich vor einigen Jahren bei der Ausschreibung für die Lieferung von Hochgeschwindigkeitszügen nach Südkorea das ICE-Konsortium gerade auch deswegen der konkurrierenden TGV-Gruppe, weil die französischen Mitbewerber Einzelheiten des deutschen Angebots kannten, die sie durch Abhören der deutschen E-Mail- oder Fax-Korrespondenz erlangt hatten. Dies ermöglichte ihnen ein gezieltes Unterbieten. Die ICE-Gruppe wird den dadurch bei ihr verursachten wirtschaftlichen Schaden recht genau angeben können, Gerüchte sprechen von einem Verlust in Milliardenhöhe.

In die Abschätzung des Wertes muß auch die Zeitdauer einfließen, nach der eine Information ihren Wert verliert. Vertragsverhandlungen wie die eben erwähnten werden sich typischerweise im Zeitraum einiger Monate abspielen, die »heiße Phase« wahrscheinlich sogar nur innerhalb einiger Tage bis Wochen. Wenn ein Brute-Force-Angriff mit hinreichend großer Wahrscheinlichkeit erst danach ein Ergebnis liefert, dann stellt dies für den Besitzer der schützenswerten Information kein Problem dar. Der Erfolg des Angreifers kommt zu spät, als daß ihm dies noch etwas nützen würde. In anderen Bereichen, etwa im elektronisch vermittelten Börsenhandel, sind die Zeiträume, in denen eine Information sich nutzen läßt, noch viel kürzer, denn sie ist oft schon nach wenigen Minuten wertlos. Hier ist deswegen nicht so sehr die hohe Sicherheit bedeutsam, sondern vielmehr die Geschwindigkeit der Verschlüsselung. Bei langlaufenden Verträgen, die eine elektronische Signatur tragen, kann hingegen auch jahrzehntelange Sicherheit vonnöten sein.

Bei dem Aufwand, den man für die Verschlüsselung von Daten betreibt, sollte man auch stets daran denken, daß die Kosten in einem gesunden Verhältnis nicht nur zum Wert der Information, sondern auch zu den Kosten *anderer* Lauschmethoden stehen. Niemand wird 400.000 DM für einen DES-Cracker ausgeben, wenn man einen Einbrecher für einen Bruchteil der Kosten anheuern kann und dies außerdem auch noch schneller zu einem Ergebnis führt. Bestechliche Angestellte werden ebenfalls oft mit geringeren Beträgen zufrieden sein.

6.1 Schutz der Rechnerumgebung

Einbruch, Bestechung, Erpressung und ähnliche Methoden können nicht nur preiswerte Mittel dafür sein, an vertrauliche Informationen zu gelangen. Diese Verfahren haben gegenüber dem Knacken von Kodes außerdem den Vorteil, seit Jahrtausenden erprobt zu sein, so daß reichlich Erfahrung mit ihrer Anwendung besteht. Zudem hat die Abhörtechnik in den vergangenen Jahren deutliche Fortschritte gemacht:[1] Die Gespräche in einem Zimmer lassen sich beispielsweise belauschen, indem man die Schwingungen einer Fensterscheibe per Laserstrahl abtastet, und die Hochfrequenzabstrahlungen eines Computermonitors erlauben die Rekonstruktion des Bildschirminhalts.

Um an vertrauliche Dokumente zu gelangen, ist es für einen Spion verlockend, direkt auf den Rechner des Absenders oder des Empfängers zuzugreifen und dort nach Klartextfassungen der Nachrichten zu suchen. Bei einem nicht vernetzten Rechner muß er dazu in den Raum gelangen können, in dem dieser steht. In Rechnernetzen reicht es hingegen, wenn er sich wie ein legitimer Nutzer im Netz anmelden kann. Um sich gegen derartige Angriffe zu schützen, reicht es nicht aus, kryptographische Methoden einzusetzen. Man muß auch verantwortungsvoll mit der Rechnerumgebung umgehen.

1 Der Artikel von Ruhmann und Schulzki-Haddouti [1998] enthält eine bemerkenswerte Zusammenstellung unter dem Titel »Das total überwachte Büro«.

Zugriff auf Festplatten

Offen herumliegende Ausdrucke oder auch PCs, auf deren Festplatte sich eine unverschlüsselte Kopie der schützenswerten Dokumente findet, stellen beispielsweise ein erhebliches Risiko dar. Bei vielen Firmen ist es nicht sehr schwer, abends in ein Büro einzudringen und einen Rechner zu stehlen. Eine Festplatte auszubauen dauert nur wenige Minuten, und sie läßt sich unauffällig in einer Jackentasche nach draußen schmuggeln. Auch das »Löschen« einer Datei von einem Datenträger schützt nicht davor, daß jemand sie unerlaubt liest, denn normalerweise werden die Daten beim »Löschen« nicht wirklich entfernt. Sie lassen sich oft mit einfachen, frei verkäuflichen Programmen wieder lesbar machen, und es gibt Firmen, die sich auf die Wiederherstellung in schwierigen Fällen spezialisiert haben.

Selbst wenn man vertrauliche Dokumente überhaupt nur geschützt auf einer Festplatte speichert, kann man vor solchen Attacken nicht sicher sein. Viele Programme und Betriebssysteme legen während der Bearbeitung eines Dokuments Sicherungskopien und temporäre Arbeitsdateien an, die sich ebenfalls rekonstruieren lassen. Der Anwender kann solche Speicherungen nicht verhindern, und meistens erfährt er nicht einmal etwas davon. Bei Rechnern mit sicherheitsempfindlichen Daten sollten die Festplatten deswegen regelmäßig mit einem »Wipe-Tool« von verräterischen Überresten gesäubert werden.[2] Bei besonders gefährdeten Rechnern kann man auch die gesamte Festplatte verschlüsseln. Unter Unix gibt es dafür beispielsweise das *Cryptographic File System* (*CFS*) von Matt Blaze.[3]

Paßwortschutz in lokalen Netzen

Auch ohne unmittelbaren Zugang zu einem Rechner zu haben, auf dem vertrauliche Daten gespeichert sind, kann man unauffällig nach interessanten Informationen suchen, wenn man sich an dem LAN anmelden kann, in dem dieser Rechner steht. Hat man einmal solche Daten gefunden, kann man sie schnell unbemerkt kopieren. Deswegen sollte es selbstverständlich sein, das Netzwerk effizient vor Eindringlingen zu schützen. Dazu muß der Administrator

2 Solche Hilfsprogramme sind oft in Sammlungen von technischen Tools enthalten, und auch PGP verfügt über eine Wipe-Option.

3 Eine Beschreibung findet sich bei Wobst [1998]. Die dort beiliegende CD enthält den Quelltext von CFS.

den Zugang zum Netz durch ein Paßwort regeln. Die Benutzer müssen mitarbeiten, indem sie sich abends und bei längerer Abwesenheit aus dem Netz abmelden. Anderenfalls könnte jeder von diesem Netz-Client aus auf Netzressourcen zugreifen, beispielsweise auf die Festplatten eines Servers. Bildschirmschoner mit Paßwortschutz verhindern dies für den Fall, daß man den Arbeitsplatz überraschend verlassen muß. (Unter Windows 3.x und Windows 95 bieten Paßwörter allerdings keinen Schutz für den lokalen Rechner; das sieht erst unter neueren Versionen von Windows NT besser aus.) Ein Netzadministrator sollte auch darauf achten, daß die Paßwörter in einem lokalen Netz gewissen Mindestanforderungen genügen. Bei der Wahl eines guten Paßworts kann man sich an den folgenden Faustregeln orientieren:

- Das Paßwort sollte mindestens sieben Zeichen lang sein.
- Groß- und Kleinbuchstaben sollten gleichermaßen darin vorkommen, und Großbuchstaben nicht nur am Anfang.
- Auch Ziffern sind eine gute Wahl.
- Besonders gut ist es, wenn zusätzlich Sonderzeichen (Interpunktion, Klammern usw.) auftreten.
- Normale deutsche, englische, ... Wörter sind zu leicht zu erraten und sollten deswegen vermieden werden.
- Namen sind tabu. Dies gilt generell für sämtliche Benutzer-, Orts- und Vornamen, insbesondere für die von PartnerInnen, Familienangehörigen und Haustieren.
- Leicht zu erratende Datumsangaben, Autokennzeichen oder ähnliches sind gefährlich.
- Auch dadurch, daß man ein leicht zu erratendes Wort rückwärts schreibt oder Buchstaben darin vertauscht, wird es nicht viel sicherer.

Diese Regeln erschweren es einem Angreifer, das Paßwort durch »Social Engineering«, also aus den Lebensumständen des Paßwortbesitzers, zu erschließen. Ein gutes Paßwort kann zwar nur schwer auf diese Weise *erraten* werden, jedoch ist es oft leider auch für den legitimen Benutzer schwerer zu *merken*. Als Gedächtnisstütze könnte man sich beispielsweise irgendeinen verrückten Satz ausdenken und die Anfangsbuchstaben der Wörter (korrekt groß- bzw. kleingeschrieben) sowie die Satzzeichen als Paßwort verwenden.

Selbst gut gewählte Paßwörter können aber im Laufe der Zeit unsicher werden, weil beispielsweise das Risiko besteht, daß man irgendwann einmal bei der Paßworteingabe beobachtet wird. Gut (und bei den Betroffenen unbeliebt) ist es deswegen, wenn Paßwörter regelmäßig gewechselt werden müssen. Einige Betriebssysteme unterstützen den Administrator dadurch, daß sie die Einhaltung von Mindestvorgaben für die Qualität und die Geltungsdauer von Paßwörtern überwachen. Es gibt auch Hilfsprogramme, die vor Sicherheitslöchern durch schlechte oder alte Paßwörter warnen. Sie sind wichtige Hilfsmittel für Netzverwalter, denn die Information der Benutzer über sicherheitsbewußtes Verhalten gehört mit zu den Aufgaben der Netzwerkadministration. Das gilt für die Paßwortwahl ebenso wie für die anderen hier aufgeführten Aspekte des Umgangs mit sensiblen Daten. Ohne die Mitarbeit der Betroffenen ist jede Anstrengung zum Scheitern verurteilt.

Die Sicherheitsanforderungen einerseits und die unmittelbaren Interessen der Benutzer andererseits führen häufig zu einem Dilemma des Netzwerkschutzes: Wenn kein Anreiz zur Wahl guter Paßwörter besteht, werden schnell Sicherheitslöcher entstehen. Wenn andererseits die Anforderungen zu streng sind, werden sich die Benutzer in ihrer normalen Arbeit gestört fühlen, womit sie zumindest subjektiv vollkommen im Recht sind. Ein paßwortgeschützter Bildschirmschoner, der während jedes dreiminütigen Telefonats »zuschlägt« und dann die Eingabe einer unaussprechlichen Kombination von 15 Zeichen verlangt, wird kaum Akzeptanz finden. Und »sinnlose« Paßwörter, die sich auch noch alle vier Wochen ändern, werden am Ende doch auf dem berühmten kleinen gelben Zettel notiert, der praktischerweise direkt am Bildschirm klebt. Auch hier muß der Wert der zu schützenden Information gegen den Aufwand zum Schutz abgewogen werden. Regelmäßige Information und Aufklärung der Betroffenen können zu einem praktikablen Kompromiß zwischen Sicherheit und ungestörtem Arbeitsablauf führen.[4]

Schutz vor Lauschangriffen in größeren Netzen

Beim Arbeiten in Netzen gibt es für einen Angreifer außer der Möglichkeit, sich im Netz anzumelden und Datenbestände direkt von den Festplatten zu kopieren, auch noch die Option, den Verkehr der Datenpakete direkt auf der Leitung zu

---

4 Im übrigen sollte ein Netzadministrator Benutzungsberechtigungen von Mitarbeitern und externen Arbeitskräften, deren Verträge beendet sind, möglichst bald löschen.

belauschen. Sogenannte *Packet Sniffer* (»*Paketschnüffler*«) sind problemlos und zum Teil sogar kostenfrei erhältliche Programme, die den gesamten Datenverkehr oder gezielt Teile desselben aufzeichnen. Die aufgezeichneten Datenpakete können online oder später in Ruhe analysiert werden. Davon sind prinzipiell alle Arten von Informationsübertragung betroffen: Zugriffe auf Serverplatten, Dateitransfer mit FTP, Terminalsitzungen mit Telnet, WWW-Verbindungen mit Übertragung vom Server zum Browser und andersherum (z.B. Kreditkartennummern beim Online-Shopping), Homebanking usw.

Diese Gefahr des Belauschtwerdens ist um so größer, je größer das betroffene Netz ist. Eine ungeschützte Datenverbindung über das Internet sollte deswegen nicht zur Übertragung vertraulicher Informationen benutzt werde. Die Schlüssellänge von 40 Bit, die WWW-Browser typischerweise anbieten, kann nicht als ernsthafter Schutz angesehen werden. Aber auch im LAN einer größeren Firma ist es für einen entschlossenen Angreifer nicht sehr schwierig, die übertragenen Datenpakete abzufangen.

Für den Schutz in solchen Situationen sind mehrere Lösungen entwickelt worden, die auf unterschiedlichen Ebenen ansetzen. Einige davon verschlüsseln die IP-Pakete auf einer der unteren Protokollebenen entweder zwischen je zwei benachbarten Netzknoten (*Link-by-Link*) oder »von einem Ende zum anderen« (*End-to-End*), d.h. auf der gesamten Strecke zwischen den beiden Kommunikationspartnern. Derartige Verschlüsselungen auf den unteren Protokollebenen lassen sich so implementieren, daß sämtliche Anwendungen (Dateizugriff, FTP, Telnet, ...) davon profitieren, ohne daß Änderungen an ihnen vorgenommen werden müssten. Der Inhalt der Datenpakete wird bei diesen Protokollen vollständig verschlüsselt. Bei einer Link-by-Link-Verschlüsselung wird in jedem Knoten eine Entschlüsselung vorgenommen, so daß sämtliche Knotenrechner vertrauenswürdig sein sollten. Bei einer End-to-End-Verschlüsselung fällt dies weg, jedoch ist für Außenstehende erkennbar, wer mit wem kommuniziert, weil die Rechner und Router, die die Pakete weiterleiten, die Netzadressen im Klartext zu sehen bekommen müssen.

Beide Typen können auch miteinander kombiniert werden. Dazu werden die Paketinhalte beim Absender ein erstes Mal verschlüsselt, und zwar so, daß nur der Empfänger sie wieder entschlüsseln kann (End-to-End). Zusätzlich werden die (bereits verschlüsselten) Pakete während des Transfers zwischen zwei Netzknoten jeweils neu verschlüsselt übertragen (Link-by-Link). Dadurch können auch über öffentlich zugängliche Leitungen (beispielsweise das Internet) Netzverbindungen aufgebaut werden, die für Außenstehende faktisch nicht zugänglich sind. Sie verbinden also die Privatheit, die sonst nur eigene Datenleitungen gewähren, mit der Flexibilität und den Kostenvorteilen, die aus der weiten Verbreitung des Internet resultieren. Vernetzungen mit diesen Eigenschaften werden auch *Virtual Private Networks* (*VPNs*) genannt.[5]

Allerdings muß die Unterstützung für diese Mechanismen bereits bei der Internet-Konfiguration eines Rechners berücksichtigt werden und natürlich an beiden Enden der Kommunikationsstrecke vorhanden sein. Dies kann in der Regel nur ein Netzadministrator einrichten. Außerdem werden dadurch auch Daten verschlüsselt übertragen, die eigentlich gar keinen Schutz benötigen; dies ist eine mögliche Quelle von Ineffizienz.

Die bekannteste derartige Verfahrensfamilie heißt *IPSec*. Sie setzt auf der Vermittlungsschicht des OSI-Sieben-Schichten-Modells an und bietet Vertraulichkeit und Authentizität auf der Basis von DES (im CBC-Modus) und MD5 sowie die Schlüsselvereinbarung nach Diffie-Hellman; weitere Algorithmen sind optional.[6] IPSec ist als relativ allgemeine Spezifikation gehalten, die mehrere Ausformungen zuläßt. Eine Konkretisierung liegt beispielsweise unter dem Namen *S/WAN* (*Secure Wide Area Network*) vor. In die Weiterentwicklung des Internet-Protokolls (*IPv6*) wird IPSec integriert sein. Eine Alternative zu IPSec bietet für manche Anwendungsfälle auch das Point-to-Point Tunneling Protocol (PPTP).

Andere Produkte verschlüsseln die Dateninhalte auf höheren Abstraktionsebenen der Datenübertragung, beispielsweise auf der Ebene der einzelnen Anwendung (z.B. HTTP-Verkehr im WWW). Hier kann normalerweise der Benutzer selbst entscheiden, welche Produkte er einsetzt. Entsprechend kann jeder Entwickler einer Client-Server-Anwendung ein selbstgewähltes, für die konkreten Belange maßgeschneidertes Verfahren implementieren. (Die Betonung liegt hier auf »*selbstgewählt*« im Gegensatz zu »*selbstentwickelt*«, siehe hierzu den Abschnitt *Mangelhafte Software* in Kapitel 6.3.)

Es gibt auch eine Reihe käuflicher oder frei verfügbarer Produkte, die beispielsweise für Unix-Systeme eine Möglichkeit für sicheres Arbeiten auf anderen Rechnern über eine Netzverbindung bieten. Sie schützen zum Teil den gesam-

---

5 Eine umfassende Darstellung bietet das Buch von Scott et al. [1999].

6 Näheres zum Thema »Internet-Sicherheit durch Verschlüsselung« findet sich im sehr ausführlichen Buch von Smith [1998]. IPSec ist in den Internet-Standards RFC 1825 bis 1829 beschrieben.

ten Datenverkehr, zum Teil auch nur das Paßwort, das sonst normalerweise unverschlüsselt übertragen wird und somit leicht belauscht werden kann. Beispiele für Produkte, die frei verfügbar sind (zum Teil allerdings nur für nichtkommerziellen Einsatz), sind *SSH* (*Secure Shell*) und *Logdaemon*.[7]

Eines der am weitesten verbreiteten Sicherheitsprotokolle im Internet ist als *Secure Sockets Layer* (*SSL*) bekannt geworden. Es wird in Abschnitt 7.2 über Industriestandards genauer dargestellt. Es setzt auf der Transportschicht (also höher als IPSec, aber noch unterhalb der Ebene der einzelnen Anwendung) an. Wegen der weitgehenden Unabhängigkeit der einzelnen Schichten kann SSL problemlos zusätzlich zu S/WAN eingesetzt werden, um bei Bedarf den Nutzen beider Ansätze zu kombinieren.

Paßwortschutz in Windows-Netzen – ein Negativbeispiel

In Windows-basierten Netzen (Windows for Workgroups 3.11, Windows 95 und Windows NT) wird zum Anmelden bei einem Server das Paßwort nicht über das Netz übertragen. Statt dessen sendet der Server eine zufällige Folge von acht Bytes (eine sogenannte *Challenge*, also eine »Herausforderung«) an den Client. Dieser berechnet daraus und aus dem Paßwort des Benutzers unter Verwendung kryptographischer Algorithmen eine andere Bytefolge (die *Response*, also »Antwort«), die er an den Server zurücksendet. Dieser führt die Berechnung mit Hilfe der bei ihm gespeicherten Angaben über den Benutzer ebenfalls durch. Wenn der berechnete und der empfangene Wert übereinstimmen, gilt der Benutzer als erkannt und wird daraufhin angemeldet.

Das ist zunächst einmal eine sinnvolle Idee, nur wurde sie leider mangelhaft umgesetzt. Zum genaueren Verständnis muß man sich ansehen, wie die einzelnen Berechnungen durchgeführt werden. Das Paßwort, das höchstens 14 Zeichen lang sein kann, wird in zwei Teile zerlegt, aus denen mit Hilfe von DES und einem Hashverfahren drei Ergebnisworte erzeugt werden. Da die zwei Teile ungeschickterweise getrennt verarbeitet werden, läßt sich den Ergebnisworten sofort ansehen, ob ein Paßwort nur höchstens sieben Zeichen lang ist. In diesem Fall kann eine Brute-Force-Suche sich auf diesen Teil beschränken. Die von Windows benutzte Berechnungsmethode führt dazu, daß sich viele Paßwörter nach nur einer einzigen, schnell durchzuführenden Hashberechnung ausschließen lassen, was einem Angreifer natürlich sehr willkommen ist. Auch

7 Beschreibungen sowie die Quelltexte auf CD-ROM finden Sie in dem Buch von Wobst [1998].

bei längeren Paßwörtern verdoppelt sich der Aufwand nur, statt daß er exponentiell wächst, wie eigentlich zu vermuten wäre. Es ist also ungeschickt, daß bei dem von Microsoft verwendeten Verfahren zu wenig Konfusion (vgl. Kapitel 2, *Kryptographische Verfahren zur Gewährleistung von Vertraulichkeit*) erzeugt wird, wodurch ein Brute-Force-Angriff möglich wird, ohne daß eine Kryptanalyse der Hashfunktion nötig wäre.

Der Brute-Force-Angriff ist allerdings immer noch recht zeitaufwendig. Deswegen lohnt es sich für einen Angreifer, zunächst einen *Wörterbuchangriff* zu starten, indem er einfach große, im Internet erhältliche Listen von deutschen und englischen Wörtern, Vor- und Ortsnamen durchprobiert. Selbst Wortlisten mit mehreren 100.000 Einträgen lassen sich innerhalb weniger Minuten durchgehen. (Deswegen sollten gute Paßwörter nie in solchen Listen zu finden sein!)

Die Bostoner L0pht-Truppe hat mit dem Programm *L0phtCrack* ein Shareware-Programm zur Verfügung gestellt, das Windows-Paßwörter nach den eben beschriebenen Methoden knackt.[8] Beim Brute-Force-Angriff zeigt sich, daß Paßwörter, die nur aus Buchstaben (A bis Z, groß oder klein) bestehen, auf einem heute üblichen PC in höchstens einem Tag gefunden werden können. Paßwörter, die auch Ziffern enthalten, benötigen bereits fast zehnmal so lange, und wenn alle Sonderzeichen einer normalen Tastatur berücksichtigt werden müssen, dann steigt der Zeitbedarf für die Suche weiter um den Faktor 80. Deswegen sollten Paßwörter stets auch nichtalphanumerische Zeichen enthalten.

Ein Testlauf in einer Umgebung mit ca. 40 Benutzern ergab innerhalb von weniger als zehn Minuten 24 geknackte Paßwörter. Darunter waren Wörterbucheinträge wie »bye«, »felix«, »bonn«, »post«, »montag«, »paddy« und »troja«, aber auch Folgen aus nur drei bis vier Buchstaben, die in der Brute-Force-Phase bereits nach wenigen Sekunden (!) auf dem Bildschirm standen. Die weitere Brute-Force-Suche lieferte binnen zwei Tagen zahlreiche weitere Paßwörter. Insgesamt war dies eine ernüchternde Erfahrung, was die Sicherheit eines Netzes angeht.[9]

---

8 Dem Programm liegen technische Erläuterungen in Textform bei. Es ist im Internet unter http://www.l0pht.com zu finden. (Der Name beginnt mit einem L, gefolgt von der Ziffer Null.)

9 Die weitaus meisten Benutzer stiegen nach der Information über diese Ergebnisse sehr schnell auf wesentlich bessere Paßwörter um, so daß ein weiterer Test einige Monate später nurmehr eine geringe Ausbeute ergab. Dies ist ein sehr positives Beispiel dafür, daß Information und Aufklärung oft genug zum Ziel führen, ohne daß Druck ausgeübt werden müßte.

6.2 Sicheres Schlüsselmanagement

Viele der Überlegungen zur Sicherheit von Paßwörtern gelten auch für die Schlüssel, die in kryptographischen Verfahren verwendet werden. Auch sie müssen gut gewählt und sicher aufbewahrt werden, denn die Sicherheit eines Verschlüsselungssystems hängt wesentlich davon ab, ob ein Angreifer den verwendeten Schlüssel ermitteln kann. Denn wie die vorangegangenen Kapitel gezeigt haben, sind gute Verschlüsselungsverfahren so sicher, daß sie ohne Kenntnis des Schlüssels nur unter unvertretbar hohen Kosten geknackt werden könnten. Selbst *theoretisch* unsichere Verfahren können in der Praxis so hohe Kosten bei der Kryptanalyse verursachen, daß ein Angreifer auf andere Wege ausweicht. Besonders verlockend ist für ihn die Aussicht, Kenntnis über den verwendeten Schlüssel zu erlangen.

Wahl der Schlüssellänge

Einer der Parameter, der die praktische Sicherheit eines Verfahrens wesentlich beeinflußt, ist die Länge der verwendeten Schlüssel, die normalerweise in Bit angegeben wird. Für ein kryptographisch sicheres symmetrisches Verschlüsselungsverfahren, bei dem die Brute-Force-Methode die aussichtsreichste Form eines Angriffes ist, sind 64 Bit als unterste Grenze für die Schlüssellänge einzustufen. Auch dieser Wert kann nur noch akzeptiert werden, wenn kurzlebige Sitzungsschlüssel verwendet werden und die Informationen nicht allzu vertraulich sind. WWW-Browser, die aus den USA exportiert werden, mußten sich wegen der bisherigen amerikanischen Exportbestimmungen sogar auf Schlüssel von 40 Bit Länge beschränken. Schlüssel dieser Länge sind heutzutage innerhalb weniger Stunden zu knacken. Sie sind insofern gefährlicher als gar keine Verschlüsselung, weil sie die Benutzer in falscher Sicherheit wiegen.

Als sichere Schlüssellänge kann man 128 Bit betrachten, wie sie beispielsweise IDEA und die AES-Kandidaten aufweisen. Auch Triple-DES mit 112 Bit weist einen Schlüsselraum akzeptabler Größe auf. (Die AES-Bewerber sollte man jedoch nicht vorschnell in eigene Produkte einbauen. Solange diese Algorithmen einer konzentrierten öffentlichen Prüfung nicht lange genug standgehalten haben, können sie nicht für den allgemeinen Einsatz empfohlen werden.)

Bei der Verwendung hybrider Verfahren sollte die Schlüssellänge des Public-Key-Verfahrens dem des symmetrischen »angemessen« sein, denn mangelnde Sicherheit des einen kann durch übergroße Sicherheit des anderen nicht ausgeglichen werden. Was als angemessen gilt, kann sich im Laufe der Zeit ändern.

Beide Gruppen von Verfahren sind etwa gleich stark von Erhöhungen der Rechenleistung betroffen, aber Verbesserungen der Faktorisierungstechnik haben nur Auswirkungen auf Public-Key-Verfahren. Tabelle 6-1 gibt eine Orientierungshilfe.[10] Jeweils zehn Bit entsprechen etwa drei Dezimalziffern. Die Tabelle enthält die Längenangaben in Bit und zum Vergleich auch in Dezimalziffern.

Schlüssellänge in Bit			**Schlüssellänge in Dezimalziffern**		
Symmetrisches Verfahren	**RSA oder ElGamal**	**Elliptische Kurven**	**Symmetrisches Verfahren**	**RSA oder ElGamal**	**Elliptische Kurven**
64	512	175	20	155	53
80	768	190	25	232	58
112	1792	210	34	540	64
128	2304	235	39	694	71

Tabelle 6-1: Vergleich von Schlüssellängen mit vergleichbarer Sicherheit

Bei Verwendung von IDEA oder einem der anderen symmetrischen Verfahren mit 128 Bit Schlüssellänge sollte deswegen beispielsweise ein RSA-Schlüssel von über 2300 Bit Länge benutzt werden, um eine vergleichbare Sicherheit gegen Brute-Force-Angriffe zu bieten. Ein Schlüssel für ein Public-Key-Verfahren wird außerdem eine deutlich längere Lebensdauer als ein symmetrischer Schlüssel haben, der ja häufig nur einmalig als Sitzungsschlüssel verwendet wird. Daher sollten an die Sicherheit asymmetrischer Schlüsselpaare eigentlich noch deutlich höhere Anforderungen gestellt werden.

Nach heutigen Maßstäben ist der Unterschied zwischen den beiden letzten Zeilen der Tabelle jedoch eher akademischer Natur, weil die benötigten Zeiten allesamt deutlich oberhalb von einer Milliarde Jahren Rechenzeit auf einem einzelnen PC liegen. Für vertrauliche Informationen, die höchstens einige Jahre

10 Die Darstellung beruht auf Schneier [1996] und Berechnungen von Michael J. Wiener in *CryptoBytes* vol. 4 no. 1, Sommer 1998. Für die Angaben zu elliptischen Kurven wurden Kostenvergleiche zwischen PCs und Spezialchips herangezogen. Die Entsprechungen sind nur als ungefähre Richtwerte zu verstehen, weil sie stark von einigen Grundannahmen abhängen. Deswegen nennen die RSA Labs in ihrer Veröffentlichung »Frequently Asked Questions About Today's Cryptography« (»FAQ«) [1998] andere Äquivalenzwerte.

lang geheimgehalten werden sollen, ist die Differenz daher ohne praktische Bedeutung. Für langfristige Geheimhaltung sollte aber tatsächlich am besten die letzte Zeile als Anhaltspunkt dienen.

Eine grobe Schätzung für die Schlüssellängen, die zu verschiedenen Zeiten unterschiedlichen Anforderungen Genüge tun dürften, findet sich in Tabelle 6-2[11]. Die Spaltenüberschriften (»Einzelpersonen« usw.) beziehen sich hier sowohl auf den Eigentümer der Daten als auch auf die Gruppe, aus der ein möglicher Angreifer stammt.

Jahr	**Einzelpersonen**	**Unternehmen**	**Regierungen**
2000	1024	1280	1536
2005	1280	1536	2048
2015	1536	2048	2048

Tabelle 6-2: Empfohlene Schlüssellängen (in Bit) für Public-Key-Verfahren, wie z. B. RSA

Bei diesen Angaben kann es sich nur um ungefähre Richtwerte handeln, da niemand die weitere Entwicklung in der Faktorisierungstechnik und auch in der Computertechnik vorhersehen kann. Andere Kryptographen geben abweichende Empfehlungen an. Beispielsweise empfahlen die RSA Labs bereits 1995 eine Länge von 2048 Bits für den Gebrauch in Regierungen. Dabei ist noch nicht berücksichtigt, daß es derzeit (noch?) phantastisch anmutende Vorschläge gibt, »Biocomputer« immenser Größe und Rechenleistung zur Faktorisierung einzusetzen. Auch nach Computern, die quantenmechanische Effekte nutzen, wird geforscht. Sollte tatsächlich eine dieser Ideen je realisiert werden, würden damit alle Vorhersagen hinfällig. Auf absehbare Zeit ist damit aber nicht zu rechnen.

Wahl des Schlüssels

Auch eine große Schlüssellänge schützt eine Verschlüsselung oder eine Signatur nicht, wenn ein Angreifer den Schlüssel erraten kann. Dabei müssen zwei Fälle unterschieden werden: die maschinelle Erzeugung von Schlüsseln und die Wahl eines Schlüssels durch einen Menschen.

11 Zitiert nach Schneier [1996]. Ein Überblicksartikel steht im Internet unter http://www.counterpane.com/keylength.html.

Für eine Wahl, die ein Mensch trifft, gelten ähnliche Empfehlungen, wie sie im Abschnitt *Paßwortschutz in lokalen Netzen* in Kapitel 6.1 gegeben wurden. Schlüsselwörter, die sich durch »Social Engineering« erschließen lassen, stellen ein Sicherheitsrisiko dar. Andererseits ist ein Schlüsselwort, das sich auch der legitime Benutzer nicht merken kann, natürlich ebenfalls sinnlos.

Die weitaus meisten Schlüsselwörter werden jedoch nicht von Menschen gewählt, sondern von Maschinen erzeugt. Auch diese maschinelle Erzeugung muß sorgfältig vorgenommen werden. Das Problem ist nicht so sehr ein Mangel an Auswahlmöglichkeiten. Bereits die Griechen des Altertums wußten beispielsweise, daß es unendlich viele Primzahlen gibt, so daß das RSA-Verfahren nie daran scheitern wird, daß schon alle großen Primzahlen »ausgebucht« wären.[12] Schwieriger ist es, die Primzahlen so wählen, daß sich diese Wahl nicht rekonstruieren läßt.

Genauso wichtig ist eine möglichst zufällige Erzeugung der Sitzungsschlüssel bei hybriden Verschlüsselungsverfahren oder beim Diffie-Hellman-Schlüsselaustausch. Wenn ein Angreifer etwas über die Struktur der Schlüssel weiß, kann er dieses Wissen bei der Kryptanalyse einsetzen. Bei einem Brute-Force-Angriff kann die Kenntnis über den Aufbau des Schlüssels dazu dienen, die Menge der durchzuprobierenden Schlüssel so stark zu verringern, daß der Angriff trotz großer Schlüssellänge Aussicht auf Erfolg hat.

So wichtig es deswegen auch ist, den Sitzungsschlüssel zufällig zu wählen, so schwer läßt sich dies jedoch mit einem Computer erreichen. Als deterministische Maschine kann er letztlich nur streng determinierte Werte liefern.[13] Manchmal versucht man, diese Schwierigkeit zu umgehen, indem man programmintern einfach die Zeit gemäß der eingebauten Uhr des Rechners als Schlüssel verwendet. Dabei hofft man darauf, daß die genaue Startzeit eines (Verschlüsselungs-)Programms von so vielen externen Faktoren abhängt, daß sie als praktisch zufällig angesehen werden kann. Für kryptographische Zwecke ist das allerdings zu unsicher, denn die Uhrzeit kann ein Angreifer ziemlich leicht abschätzen.

---

12 Bei Benutzung von 2048 Bit langen RSA-Schlüsseln werden Primzahlen von etwa 1024 Bit Länge benutzt. Zwischen 2^{1023} und 2^{1024} sind etwa 10^{305} verschiedene Primzahlen zu finden, also um Größenordnungen mehr, als es Atome im Universum gibt.

13 Der Computerpionier John von Neumann bemerkte hierzu: »Wer denkt, mit arithmetischen Methoden ließen sich Zufallsziffern erzeugen, lebt selbstverständlich im Stande der Sünde.«

Für Systeme mit hohen Sicherheitsanforderungen gibt es deshalb Peripheriegeräte, die aus physikalischen Werten, beispielsweise den minimalen Änderungen des Erdmagnetismus, Zufallswerte ableiten. Eine andere Möglichkeit besteht darin, subtile Schwankungen in der Laufgeschwindigkeit von Festplatten auszunutzen, die durch chaotische Strömungseffekte verursacht werden. Ein weiterer Ansatz besteht darin, schwer vorhersagbares menschliches Verhalten als Zufallsquelle zu verwenden. So mißt beispielsweise PGP die zeitliche Abfolge von Aktionen des Benutzers (Tastatureingaben und Mausbewegungen) in der Hoffnung, daß ein Mensch zumindest auf dieser Skala nur sehr schlecht vorhersehbares Verhalten zeigt. Während diese Methode bei Servern, die ohne direkten Kontakt zu Benutzern betrieben werden, nicht angewendet werden kann, liefert sie bei Rechnern mit interaktiver Nutzung gute Ergebnisse.

All dies reicht aber nicht aus, um genügend zufällige Schlüssel zu erzeugen, besonders dann nicht, wenn sehr viele solcher Werte innerhalb kurzer Zeit benötigt werden. Deswegen kommen *Zufallszahlengeneratoren* zum Einsatz, die aus einem vorgegebenen Startwert eine Folge zufällig aussehender Zahlen erzeugen. Da diese Folge dem Augenschein zum Trotz dennoch determiniert ist, sollte man besser den Begriff *Pseudozufallszahlengenerator* (*pseudo random number generator, PRNG*) verwenden. Die Qualität eines solchen Generators ist von entscheidender Bedeutung, damit ein Angreifer keine Regelmäßigkeiten feststellen kann. Viele der üblicherweise für PRNGs verwendeten Algorithmen zur Zufallszahlenerzeugung erfüllen jedoch die besonders hohen Anforderungen der Kryptographie nicht. Insbesondere die Zufallsgeneratoren, die als Teil der Standardbibliotheken zahlreicher Programmiersprachen geliefert werden, sind nicht gut genug. Vielmehr müssen die Verfahren auch von Kryptographen auf ihre Brauchbarkeit überprüft worden sein. Beispielsweise können Verschlüsselungs- oder Hashalgorithmen dazu »mißbraucht« werden, um aus einem möglichst geheimgehaltenen Anfangswert zusammen mit einer extern hergeleiteten, mäßig zufälligen Größe (etwa der Uhrzeit) einen Zufallswert zu berechnen, der gleichzeitig als Startwert für die nächste Schlüsselerzeugung dient. Nach Möglichkeit sollte jedoch außer einer relativ leicht von außen bestimmbaren Größe wie der Uhrzeit gelegentlich weitere »Zufälligkeit« in die Quelle hineingemischt werden, etwa so, wie im vorigen Absatz beschrieben.

Wie wichtig es ist, daß sowohl der Zufallszahlengenerator als auch seine Initialisierung wohlüberlegt sind, zeigte sich beispielsweise 1995, als zwei amerikanische Studenten die SSL-Verschlüsselung des Netscape-Browsers knackten. Zur

Initialisierung wurde nämlich lediglich die Systemzeit zusammen mit zwei Prozeß-IDs des Clients verwendet. Auf einem Multiuser-System sind diese ID-Nummern für einen Lauscher leicht festzustellen, und die Systemzeit beim Start einer Verbindung läßt sich mit einer gewissen Spannbreite ebenfalls leicht ermitteln. Statt der theoretisch etwa 10^{18} verschiedenen SSL-Schlüsselwerte, bei denen ein Brute-Force-Angriff sinnlos gewesen wäre, waren nur noch wenige tausend Möglichkeiten übriggeblieben, und diese ließen sich schnell durchprobieren. Die Schwäche lag also nicht im verwendeten Verfahren oder gar im SSL-Protokoll, sondern nur in der Art der Schlüsselerzeugung. Aber schon diese eine Schwachstelle machte das Gesamtsystem hochgradig angreifbar.

Aufbewahrung von Schlüsseln

Genau wie Paßwörter müssen auch Schlüssel nicht nur sorgfältig gewählt, sondern auch sicher aufbewahrt werden. Dies gilt natürlich nur für die Schlüssel mit längerer Lebensdauer, während Sitzungsschlüssel überhaupt nicht gespeichert werden sollten. Bereits in Kapitel 2, *Kryptographische Verfahren zur Gewährleistung von Vertraulichkeit*, hat sich gezeigt, daß es auch wichtig ist, die zur Erzeugung beispielsweise von RSA-Schlüsselpaaren benötigten Primzahlen sofort nach der Schlüsselerzeugung wieder zu vernichten.

Während Paßwörter jedoch idealerweise nur im Gedächtnis gespeichert und nirgends notiert werden, ist dies für Schlüssel schon deswegen nicht möglich, weil sie aus sehr langen Zahlen (300 und mehr Stellen) bestehen. Deswegen müssen sie irgendwo gespeichert werden, und zwar an einer möglichst sicheren Stelle. Einige Programme (wie beispielsweise PGP) speichern die maschinell erzeugten Schlüssel in ihrerseits verschlüsselten Dateien ab. Der Zugriff auf diese Dateien und damit die Benutzung der Schlüssel ist nur nach Eingabe einer sogenannten *Paßphrase* (pass phrase, bei PGP auch als *Mantra* bezeichnet) möglich. Das kann beispielsweise ein ganzer Satz, am besten vollständig mit Satzzeichen, sein. Zur Verschlüsselung der eigentlichen Schlüsseldatei wird ein Hashwert des Paßausdrucks benutzt. Auf diese Weise werden Brute-Force- ebenso wie Wörterbuchangriffe massiv erschwert, und dennoch läßt sich der einzugebende Ausdruck gut merken. Allerdings müssen Paßwörter und auch Mantras normalerweise blind eingegeben werden, damit sie während der Eingabe nicht so leicht ausgespäht werden können. Das blinde Eingeben eines Mantras ist jedoch vergleichsweise aufwendig, und man kann sich dabei leicht vertippen.

Ein anderer Ansatz besteht darin, den Schlüssel auf einer Chipkarte zu speichern. In den vergangenen Jahren sind Chipkartenlesegeräte erschwinglich geworden, so daß dies zumindest für ein Unternehmen mit höheren Sicherheitsanforderungen eine Option darstellt. Andererseits können Chipkarten im Gegensatz zu Paßphrasen verlorengehen oder gestohlen werden. Je nach Anwendungsfall kann es sinnvoll sein, die eine Hälfte des Schlüssels auf dem Rechner selbst zu speichern, die andere auf der Chipkarte. Mit einer Hälfte allein kann ein Dieb oder unehrlicher Finder nichts anfangen.

Die Entwicklung weiterer Alternativen für die diebstahlsichere Speicherung von Schlüsseln wird an vielen Stellen betrieben. Dabei werden z.B. biometrische Daten verwendet wie etwa Netzhautmuster, Fingerabdrücke, der Klang der Stimme, das Aussehen des Gesichts oder neuerdings auch eine maschinelle Analyse der Unterschrift unter Berücksichtigung von Schreibgeschwindigkeit und Druckverläufen. Ein privater Schlüssel im herkömmlichen Sinne ist dann nicht mehr nötig, weil diese Informationen den Eigentümer bereits vollständig identifizieren sollen. Wird ein solcher »Schlüssel« jedoch je kompromittiert, beispielsweise durch Anzapfen der Leitung zwischen dem externen Erkennungsgerät und dem verarbeitenden Computer, dann ist der Wechsel zu einem anderen »Schlüssel« schlechterdings nicht möglich. Deswegen können diese Ansätze für spezielle Anwendungen sinnvoll sein, eine abschließende Antwort auf Probleme der Schlüsselerzeugung und -verwaltung sind sie jedoch nicht.

Schlüsselhinterlegung

Unter bestimmten Umständen entsteht jedoch nicht aus einer unsicheren Aufbewahrung von Schlüsseln, sondern gerade aus der hohen Effektivität eines Sicherheitssystems ein Problem. Dies geschieht z.B. dann, wenn ein Angestellter einer Firma zu einem anderen Unternehmen wechselt oder gar stirbt. Wenn der betreffende Angestellte seine Paß- und Schlüsselwörter gut gewählt hatte, kann die Firma genauso wenig auf die von ihm verschlüsselten Daten zugreifen wie einer der Spione, gegen die die Sicherheitsmaßnahmen eigentlich gerichtet waren.

Mit den in Kapitel 5.4 erwähnten Secret-Sharing-Verfahren kann man verhindern, daß unternehmenskritische Daten in solchen Situationen verlorengehen. Ein derartiges Schema wird man aber in der Regel nur für sehr wichtige Daten einführen können und nicht für zum Tagesgeschäft gehörende Daten, E-Mails usw. Um in allen solchen Fällen die legitimen Interessen des Unternehmens wahren zu können, wurde die *Schlüsselhinterlegung* (*key escrow*) als übergreifendes Mittel zum Zugriff auf verschlüsselte Informationen entwickelt.

Es gibt mehrere Möglichkeiten, die Schlüsselhinterlegung zu realisieren. Zunächst könnte jeder Angestellte verpflichtet werden, seinen Schlüssel bzw. seine Paßphrase bei einer zentralen, vertrauenswürdigen Stelle in einem versiegelten Brief zu hinterlegen. Das ist ein gangbarer Weg, der auch möglichen Mißbrauch durch den Arbeitgeber offenbar werden ließe. Alternativ könnte jeder Angestellte verpflichtet werden, seine Schlüsselinformation mit dem öffentlichen Schlüssel einer vertrauenswürdigen Stelle zu verschlüsseln und dieser zur Verfügung zu stellen. Ein Vertrauensbruch durch den Schlüsselverwalter wäre dann allerdings nur sehr schwer nachzuweisen.

Zudem garantieren beide Ansätze dem Unternehmen nicht, daß der Angestellte den Schlüssel nicht abändert und dann (tatsächlich oder vorgeblich) vergißt, den geänderten Schlüssel zu übergeben. Deswegen bieten einige kryptographische Produkte die Möglichkeit, über einen Hauptschlüssel routinemäßig jeden individuellen Schlüssel rekonstruieren zu können, ähnlich wie man mit dem Hauptschlüssel eines Gebäudes jede Tür darin öffnen kann, auch ohne daß der Besitzer des eigentlich zu der Tür gehörenden Schlüssels einwilligt oder auch nur davon weiß.

In neueren Versionen von PGP ist ein etwas anderer Mechanismus zur Schlüsselhinterlegung implementiert. Dort wird jeder Sitzungsschlüssel zweimal übermittelt: einmal verschlüsselt mit dem öffentlichen Schlüssel des Empfängers und zusätzlich einmal mit dem des Unternehmens, bei dem der Absender arbeitet. Damit kann ein Beauftragter des Arbeitgebers, der den privaten Unternehmensschlüssel kennt, jede Nachricht mitlesen. Diese Neuerung war Gegenstand heftiger Kontroversen und kann in PGP individuell abgeschaltet werden.

Bei Systemen mit Schlüsselhinterlegung ist es übrigens wichtig, daß zum Verschlüsseln und zum Signieren unterschiedliche Schlüsselpaare eingesetzt werden. Es gibt keinen guten Grund dafür, warum ein Arbeitgeber auf einen Signaturschlüssel zugreifen können muß. Hätte er diesen Zugriff, dann könnte er die Unterschriften seiner Angestellten fälschen.

Die Abwägung zwischen den Interessen des einzelnen und denen seines Arbeitgebers ist naturgemäß heikel. Mit dem Wunsch des Arbeitgebers, auf betriebsinterne Informationen möglichst umfassend zugreifen zu können, gerät das Bedürfnis des Arbeitnehmers nach Schutz der Privatsphäre leicht in Konflikt.

Ein noch größerer Konflikt besteht jedoch zwischen dem individuellen Anspruch auf Privatheit und staatlichen Versuchen, eine umfassende Schlüsselhinterlegung zur Pflicht zu machen. Entsprechend heftig ist in den vergangenen Jahren um gesetzliche Verpflichtungen zur Schlüsselhinterlegung gestritten worden.[14]

Insbesondere von den USA gingen verschiedene Versuche aus, die Verwendung kryptographischer Verfahren zu reglementieren. Anfang der neunziger Jahre sollte der *Escrowed Encryption Standard* (*EES*) verpflichtend gemacht werden. Dieser Standard schrieb vor, daß eine Verschlüsselung nur noch unter Verwendung der von der NSA entwickelten Chips *Clipper* (für Telefonate) und *Capstone* (für Datenverkehr) sowie des *Skipjack*-Algorithmus erlaubt sein sollte. Die Chips waren so entworfen, daß die damit verschlüsselten Nachrichten mit einem hochgeheimen, nur ausgesuchten Regierungsbeamten bekannten Hauptschlüssel hätten gelesen werden können. Schon dies wurde von vielen Amerikanern als ungerechtfertigter staatlicher Angriff auf ihre Privatsphäre empfunden.

Die Einzelheiten des Skipjack-Algorithmus, der ursprünglich nur in geheimer Hardware implementiert werden sollte, wurden zunächst nicht veröffentlicht. Deswegen entstand schnell der Verdacht, in das Verfahren sei eine zusätzliche Schwachstelle (eine »Hintertür«) eingebaut, die den Supercomputern der NSA das Knacken auch ohne Aufdeckung des offiziellen Hauptschlüssels der Regierung ermöglicht hätte. Im Jahre 1998 wurde das Verfahren aber doch öffentlich dokumentiert, so daß es seitdem analysiert und auf Hintertüren untersucht werden kann. Hinzu kommt, daß schon bald nach der Veröffentlichung des EES jemand entdeckte, wie man auch bei Verwendung der Chips die Schlüsselhinterlegung mit relativ wenig Aufwand unterlaufen konnte. Diese Schwachstelle, die nicht etwa durch die verwendeten kryptographischen Algorithmen verursacht wurde, war beim Entwurf dieses Key-Escrow-Systems anscheinend nicht bedacht worden.

Die EES-Initiative stieß insgesamt auf so breite Ablehnung, daß der Versuch der Einführung scheiterte. Der zu erwartende Nutzen von EES, also beispielsweise die möglicherweise effizientere Verbrechensbekämpfung, hätte in keinem gesunden Verhältnis zu den Einschränkungen legitimer Bürgerinteressen gestanden. Derartige Überlegungen sind typisch für die Entwurfsphase praktikabler

14 Vergleiche Kapitel 8.4, *Rechtliche Aspekte der Schlüsselhinterlegung*.

kryptographischer Systeme. Auch wenn man etwa plant, wie man vertrauliche Daten eines Betriebes schützt, muß man den Aufwand und den Nutzen sinnvoll gegeneinander abwägen.

6.3 Aufspüren möglicher Angriffspunkte gegen kryptographische Systeme

Um ein insgesamt hinreichend sicheres System zum Schutz von Vertraulichkeit, Integrität und Authentizität von Daten realisieren zu können, muß man eine Vorstellung davon haben, an welcher Stelle ein Gegner angreifen könnte. Dazu gehört zunächst ein Bild davon, wie ein möglicher Angreifer aussehen könnte bzw. welche Mittel ihm zur Verfügung stehen. Daraus läßt sich ein Bild möglicher Angriffspunkte ableiten. Dieses Bild wird sicher nie vollständig sein und muß periodisch überprüft und angepaßt werden. Sicherheit ist kein Zustand, der sich ein für allemal erreichen läßt, sondern ein prekärer Prozeß. Die Schwachstellenanalyse wird am besten nicht von einer Person allein durchgeführt, weil die Gefahr, daß dabei etwas übersehen wird, zu groß ist. Für höhere Sicherheitsanforderungen gibt es Consultingfirmen, die sich auf diesen Bereich spezialisiert haben, denn es wäre zu riskant, diese Aufgabe Laien zu überlassen.

Mangelhafte Software

Viele Angriffe lassen sich schon dadurch ausschließen, daß man tatsächlich *gute* kryptographische Software einsetzt. Diese Forderung mag banal klingen, ist es aber nicht. Bei Datenbank- oder Textverarbeitungssoftware etwa ist auch einem Laien ein Vergleich verschiedener Produkte relativ problemlos möglich. Benutzungsfreundlichkeit, Verarbeitungsgeschwindigkeit, Funktionsumfang und die Qualität der Ausgabe lassen sich weitgehend klar beurteilen, und zahlreiche Produkt-Tests in Zeitschriften geben Hilfestellung.

Der Markt für kryptographische Programme ist wesentlich kleiner und die Lösungen sind sehr viel spezieller, so daß ein Benchmarking schnell an seine Grenzen stößt. Außerdem ist ein gutes Chiffrat nicht leicht von einem schlechten zu unterscheiden. Es werden jedoch zu viele Produkte mit reinem Placebo-Charakter angeboten, um sich darauf verlassen zu können, man werde schon kein solches erwischen. Derartige Programme, die dem Anwender ein falsches Gefühl von Sicherheit geben, werden auf Englisch auch als *Snake Oil* bezeichnet, in Anlehnung an die Allheilmittel, die reisende Quacksalber im Wilden Westen verkauften.

Letztlich könnte nur eine volle Kryptanalyse solche Produkte zuverlässig ausschließen, und das wäre ein sehr teures Unterfangen. Es lassen sich jedoch einige Faustregeln dafür angeben, wie man eine Fehlinvestition in »Schlangenöl« vermeiden kann:

- Ein Anbieter sollte die verwendeten Algorithmen und Parameter klar benennen, unabhängig davon, ob es sich um den Hersteller eines fertig angebotenen Programmpakets oder aber ein eigens beauftragtes Software-Unternehmen handelt. Eine Aussage wie »Das ist ein hochgeheimes Verfahren, das absolut sicher ist« sollte man als Grund betrachten, das Gespräch abzubrechen und sich ernsthaften Anbietern zuzuwenden.
- Nur ein Verfahren, das die öffentliche Untersuchung überstanden hat, kann akzeptabel sein. Deshalb sind Anpreisungen wie »Das Verfahren habe ich selbst entwickelt, und nicht einmal ich selbst könnte es knacken« wertlos. Subjektiv mögen sie durchaus zutreffen, doch die Erfahrung der vergangenen Jahrzehnte hat gezeigt, daß zu viele Verfahren, die von ihren Erfindern für sicher gehalten wurden, gravierende Mängel aufwiesen. Auch der Markenname eines großen Herstellers ist keine Garantie für Qualität.[15]
- Man sollte sich nicht durch technisches Kauderwelsch beeindrucken lassen. Gute und bewährte Methoden sollten klar genannt sein. Das Versprechen, es handle sich um einen »revolutionären Durchbruch« in der Kryptographie oder um »hochaktuelle mathematische Forschungen«, weist normalerweise darauf hin, daß der Hersteller sich nicht in diesem Feld auskennt. Auch das Attribut »unknackbar« würde kein Fachmann verwenden. »Für militärische Ansprüche entworfen« ist eine ebenfalls praktisch wertlose Klassifizierung.
- Umgekehrt ist allerdings auch eine Formulierung wie »ein intuitives Verschlüsselungsverfahren, das ohne komplizierte Mathematik auskommt« ein schlechtes Zeichen.
- Die Behauptung, es handle sich um ein One-Time-Pad, ist entweder falsch, oder das Produkt ist mit hoher Wahrscheinlichkeit praktisch nicht einsetz-

15 Die Schwächen der eingebauten Verschlüsselungsmechanismen von Microsoft Word und WordPerfect sind bereits erwähnt worden. Auch die optionale Verschlüsselung bei der weit verbreiteten Dateikomprimierung im Zip-Format ist unsicher.

bar. Die Aussage, das verwendete Verfahren sei »so sicher wie ein One-Time-Pad«, ist ein Beweis für Ahnungslosigkeit. Anpreisungen von Schlüsseln immenser Länge sind in der Regel unsinnig. (Schon eine Million Bit sind in Werbetexten gesichtet worden!)

- Idealerweise sollte der Quelltext des Programms verfügbar sein bzw. eingesehen werden können, denn die Entscheidung für ein gutes Verfahren stellt eine notwendige, jedoch keinesfalls hinreichende Voraussetzung für Sicherheit dar. Auch sichere Algorithmen können so implementiert werden, daß das Gesamtprodukt unsicher ist. Dazu gehören simple Implementierungsfehler ebenso wie Unsauberkeiten in der Schlüsselverwaltung. [16] Außerdem sollte eine der Aufgabe angemessene Betriebsart für einen Verschlüsselungsalgorithmus gewählt werden, und das ist in den meisten Fällen gerade nicht der Electronic-Codebook-Modus, der dennoch häufig in kryptographischer Software verwendet wird. Weiterhin müssen Initialisierungsvektoren sinnvoll festgelegt bzw. generiert werden. Um all dies prüfen zu können, sollte auch die Implementierung einer sorgfältigen, unabhängigen Überprüfung unterzogen werden.
- Hinweise auf »hervorragende Beurteilungen durch namhafte Sicherheitsexperten« sind wertlos, wenn diese Fachleute nicht namentlich benannt sind. Wenn man ihren Namen kennt, kann man nachprüfen, ob sie wirklich in ihrem Fachgebiet bekannt sind. Man sollte Einsicht in ihre Gutachten nehmen und sich nicht auf aus dem Zusammenhang gerissene Halbsätze in Marketingbroschüren verlassen.

Keines dieser Kriterien ist untrüglich, und es gibt auch gute Produkte, die lediglich unter schlechtem Marketing leiden. Insofern können die angegebenen Faustregeln nur als Hinweise darauf dienen, welche Aspekte eingehend überprüft werden sollten. Wieviel Aufwand man in all diese Entscheidungen einfließen läßt, hängt natürlich immer auch von der Kosten-Nutzen-Überlegung im Einzelfall ab.

---

16 Vergleiche das Beispiel des Netscape-Browsers im Abschnitt *Wahl des Schlüssels* in Kapitel 6.1. Ein weiteres Beispiel hat Microsoft bei seiner Umsetzung des (an sich sicheren) PPTP-Protokolls geliefert, das im Abschnitt *Schutz vor Lauschangriffen in größeren Netzen* in Kapitel 6.1 erwähnt wurde. Im Jahre 1998 wurden klaffende Sicherheitslücken bemerkt, die einen Einbruch in Windows-VPNs ermöglichen. Im Gegensatz zur Netscape Corp., die den Fehler eingestand und schnell behob, reagierte Microsoft jedoch in erster Linie mit Beschwichtigungen. Siehe Schneier und Mudge [1998] sowie Microsoft [1998].

Eine Überprüfung des Quelltextes schafft zusätzlich noch einen weiteren Nutzen: Es gibt Techniken, in verschlüsselten Nachrichten außer dem zu verschlüsselnden Text noch weitere Daten unterzubringen. Zum einen können natürlich einfach zusätzliche Bytes in den Geheimtext eingestreut werden in der Hoffnung, daß niemand sie dort bemerkt. Darüber hinaus bieten einige Algorithmen die Möglichkeit *verdeckter Kanäle* (*subliminal channels*), in denen sich Informationen transportieren lassen, die auch jemand, der legitim die Nachricht entschlüsselt, nicht bemerkt. Transportiert der Geheimtext auf diese Weise unbemerkt Informationen über den verwendeten Schlüssel mit, dann kann jemand, der die Einzelheiten kennt, unbefugt den Klartext rekonstruieren. Gegen eine solche »trojanische Verschlüsselung« kann man sich nur wehren, indem man den Programmtext analysiert bzw. analysieren läßt.

Kryptanalytische Angriffspunkte

Wenn eine kryptographische Software die Qualitätsanforderungen erfüllt, wird es für einen Angreifer sehr schwer werden, die Verschlüsselung durch Kryptanalyse zu brechen. Einige Vorsichtsmaßregeln helfen dabei, ihm die Arbeit möglichst schwerzumachen.

Dazu gehört selbstverständlich die bereits erwähnte Sorgfalt im Umgang mit Schlüsseln. Auch bruchstückhafte Informationen über den Schlüssel helfen ihm bereits weiter, und sei es nur, weil sie die Menge der per Brute Force zu durchsuchenden Schlüssel einschränken.

Wie Kerckhoffs' Maxime besagt, sollte man stets davon ausgehen, daß der Angreifer das verwendete Verfahren bereits kennt. Der Versuch einer Kryptanalyse allein anhand von Geheimtext ist dann normalerweise dennoch sehr schwierig. Je mehr Geheimtext der Angreifer hat, desto besser ist dies für ihn. Eine viel größere Hilfe bedeutet es für einen Kryptanalytiker jedoch, wenn er kleine oder größere Mengen von Klartext mit zugehörigem Geheimtext erhält. Kennt er den Klartext nur, ohne Einfluß auf seine Auswahl ausgeübt zu haben, spricht man von einem *Known-Plaintext*-Angriff. Noch leichter wird es für ihn, wenn er den Klartext sogar selbst vorgeben kann, wenn er also einen *Chosen-Plaintext-Angriff* durchführen kann. Dann kann er moderne Methoden wie die differentielle oder lineare Kryptanalyse einsetzen. Dabei wählt er Klartexte, die sich in genau vorgegebener Weise voneinander unterscheiden, und analysiert die Auswirkungen dieser Unterschiede auf den Geheimtext.

Für Known-Plaintext-Angriffe reicht es mitunter auch, Stücke des Klartextes erraten zu können, beispielsweise übliche Grußformeln am Anfang oder Ende oder auch Datei-Header bekannten Inhalts bei standardisierten Dateiformaten. Auch Chosen-Plaintext-Angriffe sind nicht so unwahrscheinlich, wie es zunächst scheinen mag, denn gerade im Datenaustausch mit einem vollautomatisch arbeitenden Server kann auch eine größere Anzahl von Nachrichten offensichtlich sinnlosen Inhalts unbemerkt bleiben. Verfahren, die mit Whitening [17] arbeiten, machen solche Angriffe erheblich schwerer.

Generell sollte man vermeiden, auf Wunsch anderer eine vorgegebene Nachricht zu ver- oder entschlüsseln oder unverändert zu signieren. Diese Nachrichten können speziell für kryptanalytische Zwecke entworfen worden sein. Schon kleine Änderungen an der Nachricht wie das Einfügen von Leerzeichen in der Nähe des Anfangs können die Gefahr beseitigen.

Bei einigen Verfahren gibt es weitere Angriffsmöglichkeiten, die bereits in Kapitel 2, *Kryptographische Verfahren zur Gewährleistung von Vertraulichkeit*, erwähnt worden sind. Beispielsweise ist es bei der Verwendung von RSA riskant, die gleiche Nachricht an verschiedene Leute mit verschiedenen Moduln, aber dem gleichen kleinen Exponenten zu senden. Man sollte die einzelnen Nachrichten minimal unterschiedlich gestalten, indem man beispielsweise am Anfang einen individuellen Zeitstempel oder eine Seriennummer einfügt. Zudem sollte eine mit einem Verfahren wie RSA verschlüsselte Nachricht nicht zu kurz sein. Wenn der öffentliche Exponent beispielsweise den (häufig benutzten) Wert 3 hat und die Nachrichtenlänge geringer als ein Drittel der Schlüssellänge ist, läßt sich die Exponentiation mit elementarer Mathematik rückgängig machen.

Eine weitere, relativ neue Art von Angriffen zeichnet sich dadurch aus, daß sie »unfair« zu sein scheinen, weil sie nicht direkt dem Algorithmus gelten. (Die Wertung »unfair« wird natürlich keinen Angreifer daran hindern, diese Angriffswege dennoch zu nutzen.) Ein Timing-Angriff beruht beispielsweise darauf, daß Schlüsseloperationen je nach Beschaffenheit des Schlüssels unterschiedlich lange dauern können. Dies gilt z.B. für RSA. Wer den Zeitbedarf kryptographischer Operationen sehr genau messen kann, kann daraus wertvolle Rückschlüsse auf den verwendeten Schlüssel ziehen. Es sind allerdings RSA-Implementierungen entwickelt worden, die für diesen Angriff nicht anfällig sind.

17 Siehe den Abschnitt *DES und seine Varianten* in Kapitel 2.2.

Andere Angriffe messen die elektromagnetischen Abstrahlungen, die ein Kryptochip während seiner Arbeit aussendet. Wieder andere Angriffe versuchen auf elektrischem oder mechanischem Wege, einen Kryptochip zu fehlerhaftem Verhalten zu bringen, und schließen aus seiner Reaktion auf den im Chip gespeicherten Schlüssel.

Weitere Schwachstellen

Abgesehen von kryptanalytischen Angriffen, seien sie nun »fair« oder »unfair«, gibt es noch zahlreiche andere Möglichkeiten für jemanden, der sich für anderer Leute Geheimnisse interessiert. Wenn man die Angriffe auf das Rechnerumfeld außer acht läßt, ist der harmloseste Fall der eines *passiven Lauschers*. Angriffen dieser Art kann man begegnen, indem man die gesamte Kommunikation verschlüsselt führt. Schlüsselvereinbarungen sollten mit sicheren Protokollen (z.B. nach Diffie-Hellman) stattfinden, so daß der Lauscher nichts über die verwendeten Schlüssel erfährt. Wenn nun noch die Sitzungsschlüssel hinreichend zufällig erzeugt werden, ist die Kommunikation ziemlich gut vor einem passiven Zuhörer geschützt. Wenn dieser allerdings schon allein aus der Tatsache, daß diese beiden Partner miteinander kommunizieren, unerwünschte Schlüsse ziehen kann, dann muß ein gänzlich anderer Ansatz gewählt werden. Ist es hingegen nur die Verschlüsselung, die die Kommunikation verdächtig macht, kann zusätzlich (nie ausschließlich!) der Einsatz steganographischer Methoden erwogen werden. Dann sollte aber eine plausible Erklärung vorliegen, warum diese beiden Partner sich so häufig gegenseitig Bild- oder Klangdateien zusenden, und es sollte stets neues Basismaterial verwendet werden.

Auch jemand, der zunächst nur gelauscht hat, kann später jedoch einen *Replay-Angriff* starten, indem er aufgezeichnete Datenpakete erneut an den Empfänger sendet. Diese Form des Angriffs kann er nur sehr begrenzt steuern, vor allem, wenn er den genauen Paketinhalt nicht kennt. Eine mögliche Wirkung besteht aber darin, daß der Empfänger im Glauben, echte Pakete zu erhalten, Aktionen fälschlicherweise wiederholt durchführt (beispielsweise eine Geldüberweisung). In Einzelfällen kann es einem Angreifer auch schon reichen, daß der Empfänger (beispielsweise ein Server) die zunächst korrekt erscheinenden Datenpakete letztlich zwar doch als gefälscht erkennt, aber so lange für die Bearbeitung vieler solcher Nachrichten benötigt, daß er seinen normalen Aufgaben nicht mehr nachkommen kann. Einen solchen *Denial-of-Service-Angriff* kann man durch Einfügen von Zeitstempeln in die Nachrichten zu verhindern versuchen, weil sie eine schnelle Erkennung wiederholt gesendeter Nachrichten ermöglichen.

Ein aktiver Angreifer, der sich in den Datenverkehr zwischen zwei Partnern einschaltet, kann sehr viel mehr Schaden anrichten, wie der Abschnitt *Signaturen* in Kapitel 3.2 gezeigt hat. Aber auch bei Verschlüsselungsverfahren kann der Angriff eines *Man in the Middle* gefährlich werden. Seine Tätigkeit beruht im wesentlichen darauf, Pakete jeweils abzufangen und durch eigene zu ersetzen. Bei einem Schlüsselaustausch würden die beiden eigentlichen Kommunikationspartner nicht, wie sie glauben, mit dem jeweils anderen einen Schlüssel vereinbaren, sondern statt dessen jeder einen eigenen mit dem unbemerkt bleibenden Angreifer in der Mitte. Ein reiner Diffie-Hellman-Schlüsselaustausch reicht zur Verhinderung eines solchen Angriffs nicht mehr aus. Ein Verfahren wie das Interlock-Protokoll[18] hilft dann weiter, sofern die beiden Partner bereits über eine dafür verwertbare gemeinsame Information verfügen. Alternativ kann der Austausch von Schlüsseln auf einem oder mehreren anderen Wegen vorgenommen werden, oder es können Schlüsselzertifikate eingesetzt werden. Keiner dieser Mechanismen läßt sich jedoch aus dem Nichts heraus durchführen, ein Minimum an Vorbereitungen muß bereits außerhalb des kryptographischen Protokolls geleistet worden sein.

Ein weiterer möglicher Angriff ergibt sich aus der Kompromittierung von Schlüsseln, die ähnlich schwerwiegende Folgen wie der Verlust einer Kreditkarte haben kann. Ein Angreifer, dem ein geheimer Schlüssel in die Hände fällt, kann sich ungehindert als der rechtmäßige Eigentümer ausgeben. Nur ist es mitunter sehr schwer, das Bekanntwerden eines geheimen Schlüssels überhaupt zu bemerken, denn es gibt ja keinen Gegenstand, dessen Fehlen man bemerken könnte. Ein vorsichtiger »Finder« wird sich möglicherweise auch nicht sofort verraten, sondern auf eine Gelegenheit warten, bei der er den größten Nutzen für sich erreichen kann.

Wenn ein häufig wechselnder Schlüssel, etwa ein Sitzungsschlüssel, bekannt wird, kann das ärgerlich genug sein, es bleibt in seinen Auswirkungen jedoch zumindest überschaubar. Unabsehbare Folgen kann hingegen das Bekanntwerden der geheimen Hälfte eines Public-Key-Schlüsselpaars haben, denn diese Schlüsselpaare haben in der Regel eine hohe Lebensdauer.

Man muß hier zwischen Schlüsseln für die Verschlüsselung und solchen für elektronische Unterschriften unterscheiden. Wird ein für den Empfang verschlüsselter Nachrichten benutzter Schlüssel kompromittiert, dann können alle

18 Siehe den Abschnitt *Das Interlock-Protokoll* in Kapitel 5.2.

an den Eigentümer gerichteten vertraulichen Nachrichten gelesen werden. Dies gilt auch rückwirkend für alle früher empfangenen Nachrichten, die der Lauscher möglicherweise aufgezeichnet hat, ohne sie damals bereits entziffern zu können. Sobald die Kompromittierung bekannt wird, sollte man in jedem Falle sofort ein neues Schlüsselpaar erzeugen und das alte zurückrufen, also für ungültig erklären. Wie im Abschnitt über PGP in Kapitel 5.3 bereits erwähnt wurde, kann ein solches Rückrufverfahren im »Web of Trust« allerdings sehr langwierig sein.

Die Folgen für den Verlust eines Signaturschlüssels sind möglicherweise noch gravierender. Der unrechtmäßige Besitzer kann damit Verträge im Namen und zu Lasten des wahren Eigentümers schließen, und dessen Möglichkeiten, die daraus entstehenden Verpflichtungen abzustreiten, sind mager. Selbst bei dem erheblich unsichereren Zugangsschutz im T-Online-Dienst haben deutsche Gerichte in der Vergangenheit regelmäßig zugunsten von Banken und anderen Anbietern entschieden, wenn Kunden Aufträge bzw. den Bezug von Dienstleistungen abzustreiten versuchten.[19] Jemand, dessen Signaturschlüssel kompromittiert ist, kann sogar Schwierigkeiten haben, den Schlüssel zurückzurufen, weil er eigentlich gerade mit diesem Schlüssel nachweisen müßte, daß er dessen rechtmäßiger Eigentümer ist. Protokolle, die zertifizierte Zeitstempel verwenden, können die Folgen begrenzen, weil sich dort immerhin nachweisen läßt, ob eine Unterschrift vor oder nach dem Rückruf des Schlüssels geleistet wurde.

In jedem Falle ist es sinnvoll, für Verschlüsselungen und Signaturen unterschiedliche Schlüssel zu verwenden, um für den Fall einer Kompromittierung den Schaden zu begrenzen. Wegen der weitreichenden Folgen einer Kompromittierung sollte man nach Kräften versuchen, ein Bekanntwerden privater Schlüssel zu vermeiden, genau wie man im Alltagsleben gut auf einen Hausschlüssel achtgibt.

19 Diese Praxis kann sich nach der Aufdeckung der inhärenten Unsicherheiten von T-Online allerdings ändern. Siehe beispielsweise Luckhardt [1998].

Standardisierung kryptographischer Systeme

7

Für viele Situationen kann man aus der Vielfalt von Algorithmen und Protokollen die geeigneten Methoden auswählen und so eine maßgeschneiderte Lösung für ein konkretes Sicherheitsproblem zusammenbauen. Das wird auch gut funktionieren, solange sich das Problem auf einen fest umrissenen Bereich begrenzen läßt. So kann man beispielsweise bei der Realisierung eines firmeninternen Systems zur Speicherung oder Übertragung vertraulicher Daten zunächst einige Verfahren bestimmen, die einen ausreichenden Grad von Sicherheit bieten. Aus diesen Methoden kann man mit Hilfe einer Kosten-Nutzen-Abwägung eine bestimmte Lösung auswählen. Darüber hinaus braucht man keine weiteren Aspekte zu berücksichtigen und keine Kompromisse einzugehen.

Aber selbst in einer solchen Situation können noch Schwierigkeiten auftreten. Vielleicht wird es zu einem späteren Zeitpunkt nötig, daß ein neuer Algorithmus unterstützt wird, während gleichzeitig weitgehende Kompatibilität mit dem bisher bestehenden System gewahrt bleiben muß. Wirklich schwierig wird es aber erst, wenn eine proprietäre Lösung nicht mehr ausreicht. Manchmal muß beispielsweise sichergestellt werden, daß eine neu erstellte Anwendung mit bereits existierenden Produkten anderer Hersteller zusammenarbeiten kann. Besonders dann, wenn mehrere Kooperationspartner gleichzeitig ein Netzwerk für die geschützte Kommunikation entwickeln, muß man sich auf Standards einigen, auf einheitliche Formate und Schnittstellen. Ein prominentes Beispiel hierfür ist der Datenaustausch zwischen Banken, deren Software-Systeme miteinander kompatibel sein müssen, obwohl sie getrennt voneinander entwickelt werden.

In einer solchen Situation sollten Fragen der Syntax, die im einzelnen zu verwenden ist, möglichst von Fragen nach den zu verwendenden Algorithmen getrennt werden. Zur ersten Art von Fragen gehört etwa die Wahl des Zeichensatzes oder die Schreibweise für Internet-Adressen. Die Entscheidung, ob beispielsweise RSA oder ElGamal zur Verschlüsselung verwendet wird, gehört hingegen in den zweiten Bereich. In Tabelle 7-1 sind einige Aspekte aufgeführt, die beim Entwurf sicherer Systeme eine Standardisierung erfordern können.

Anwendung	**Standardisierbare Merkmale**
Verschlüsselung	Algorithmus-unabhängige Formatierung für verschlüsselte Nachrichten Konkrete symmetrische Algorithmen (für die Verschlüsselung der Nachricht) Konkrete asymmetrische Algorithmen (für die Verschlüsselung des symmetrischen Sitzungsschlüssels bei Hybridverfahren)
Signatur	Algorithmus-unabhängige Formatierung unterzeichneter Nachrichten Konkrete Hashalgorithmen Konkrete asymmetrische Algorithmen zur Verschlüsselung der Hashwerte Algorithmus-unabhängige Formatierung für verschlüsselte Speicherung geheimer (privater) Schlüssel Formatierung für geheime (private) Schlüssel konkreter asymmetrischer Algorithmen Konkrete paßwort-basierte Verschlüsselungsalgorithmen für die Speicherung geheimer (privater) Schlüssel
Schlüsselvereinbarung	Algorithmus-unabhängige Formatierung für Nachrichten zur Schlüsselvereinbarung Konkrete Algorithmen für die Schlüsselvereinbarung
Zertifikate	Algorithmus-unabhängige Formatierung für Zertifizierungsanträge Algorithmus-unabhängige Formatierung für Zertifikate Algorithmus-unabhängige Formatierung für den Rückruf von Zertifikaten Formatierung für öffentliche Schlüssel konkreter asymmetrischer Algorithmen Konkrete Signaturalgorithmen

Tabelle 7-1: Standardisierbare Aspekte bei kryptographischen Systemen

Eine Standardisierung deckt also die Ebenen »Algorithmen-unabhängige Formatierung«, »Algorithmus-spezifische Formatierung« und »Konkrete Algorithmen« ab. Dabei bleiben immer einige Fragen gezielt unberücksichtigt, damit der Standard nicht zu umfangreich oder zu unflexibel wird. Hierzu gehört beispielsweise die Klärung, wie sich jemand bei der Beantragung eines Zertifikats für seine Unterschrift bei einer Certification Authority ausweisen muß. Diese Spezifikationen können Kooperationspartner eigenständig durch Vereinbarungen vervollständigen, oder Hersteller können sie so festlegen, wie es für den Einsatzzweck ihrer Produkte am sinnvollsten ist.

Auf allen diesen Abstraktionsebenen gibt es Bemühungen verschiedener nationaler wie internationaler Organisationen, die das Zusammenarbeiten verschiedener Produkte ermöglichen sollen. Dabei gibt es sehr allgemeine und umfassende Ansätze wie etwa den der ISO, aber auch sehr konkrete, pragmatisch ausgerichtete wie den SPKI-Vorschlag der IETF. Die wichtigsten dieser Standards werden in den folgenden Abschnitten dargestellt.

7.1 Standards von Normierungsgremien

Die Verabschiedung von Standardisierungsempfehlungen durch Organisationen, insbesondere durch große internationale Organisationen, ist ein langwieriger Vorgang, weil sehr unterschiedliche Interessen dabei berücksichtigt werden müssen. Fielen derartige Empfehlungen zu einseitig oder zu beschränkt aus, bestünde die Gefahr, daß der vorgeschlagene Standard scheitert. Da die Gremien nicht über Sanktionsmechanismen verfügen, sind sie darauf angewiesen, daß ihre Übereinkünfte freiwillig angenommen werden. Daß ein befriedigender Konsens oft nur in einem längeren Prozeß gefunden werden kann, stellt in einem sich schnell entwickelnden Gebiet wie der Kryptographie ein Handicap dar. Dies wiegt besonders schwer im Feld der Datenkommunikation, in das schließlich viele kryptographische Anwendungen gehören, denn dieser Bereich bedürfte eigentlich in besonderem Maße der Standardisierung, um möglichst weitgehende Interoperabilität sicherzustellen.

Trotz der schnellen Entwicklung der Feldes muß ein Standard jedoch eine gewisse Mindestlebensdauer erwarten lassen, da es sich für einen Hersteller sonst nicht lohnen würde, ihn umzusetzen. Außerdem muß sichergestellt sein, daß der Standard nicht schon bei seiner Verabschiedung veraltet ist. Ein Kompromiß zwischen den widerstreitenden Anforderungen sieht daher häufig so aus, daß nur ein allgemeiner Rahmen festgelegt wird, der noch viele Freiheiten bei der Auswahl der konkreten Einzelheiten läßt. Diese Standards bewegen sich daher normalerweise überwiegend auf einer der höheren Abstraktionsebenen. Der Rahmen legt dann fest, wie zwei Anwendungen feststellen können, ob sie miteinander kompatibel sind oder wie sie sich ggf. auf eine Schnittmenge gemeinsam unterstützter Merkmale einigen können. Dazu können beispielsweise Verhandlungsmechanismen definiert werden, mit deren Hilfe zwei Anwendungen Informationen über ihre jeweiligen Fähigkeiten austauschen und ein konkretes Kommunikationsprotokoll vereinbaren können.

Internationale Normierung durch ISO und ITU-*T*

Die wichtigste internationale Standardisierungsorganisation, die *ISO* (*International Organization for Standardization*), hat durch ihr Komitee *IEC* (*International Electrotechnical Commission*) einen solchen allgemeinen Standard für die Authentifizierung mit Hilfe von Public-Key-Verschlüsselung vorgelegt. Der Standard ISO 9594-8 ist auch von anderen Organisationen übernommen worden, von denen wohl die bekannteste die *International Telecommunications Union* (*ITU-T*)[1] sein dürfte. ISO 9594-8 ist identisch mit dem ITU-*T*-Standard X.509 und wird normalerweise unter diesem Namen zitiert. X.509 bildet einen Teil des umfassenden *OSI*-Systems (*Open Systems Interconnection*), das den Datenaustausch zwischen verschiedensten Systemen sicherstellen soll.

Standardisierungen der Public-Key-Handhabung werden häufig auch kurz als *PKI* (*Public Key Infrastructure*) bezeichnet. Im Fall von X.509 hat ein von einer Certification Authority (CA) ausgestelltes Zertifikat den in Tabelle 7-2 gezeigten Aufbau. Als Algorithmus wird in dem Standard RSA vorgeschlagen. Da aber in dem Zertifikat sowohl der von der CA wie auch der vom Schlüsselbesitzer verwendete Algorithmus ausdrücklich genannt wird, können auch andere Verfahren problemlos verwendet werden.

Die Angaben in der Tabelle lassen allerdings noch vieles offen, zum Beispiel die konkrete Form der Datumsangaben, der Algorithmen-Identifikation und des Namens. Einige dieser Formate sind im Standard X.509 abschließend geregelt, andere hingegen nicht. Beispielsweise müssen die eindeutigen Identifikationen der CA und des Besitzers der Struktur entsprechen, die in einem anderen ITU-

1 Die ITU-*T* ist als Unterorganisation der Vereinten Nationen die Nachfolgerin des früheren *CCITT* (*Comité Consultatif International Télégraphique et Téléphonique*).

Feld	Bedeutung
Version	legt das Format des Zertifikats fest
Serial Number	eindeutige Nummer innerhalb der CA
Algorithm Identifier	Angaben zum konkreten hier benutzten Algorithmus
Algorithm	Benennung des Algorithmus
Parameters	ggf. Parameter, die der Algorithmus zur Berechnung benötigt
Issuer	Aussteller, also Name der CA
Period of Validity	Geltungsdauer
Begin	
End	
Subject	Name des Schlüsselbesitzers
Subject's Public Key	Öffentlicher Schlüssel des Schlüsselbesitzers
Algorithm Identifier	Angaben zum konkreten vom Besitzer benutzten Algorithmus
Parameters	ggf. Parameter, die der Algorithmus zur Berechnung benötigt
Public Key	öffentlicher Schlüssel
Issuer Unique Identifier	Eindeutige Identifikation der CA
Subject Unique Identifier	Eindeutige Identifikation des Schlüsselbesitzers
Extensions	Raum für Erweiterungen
Signature	Unterschrift der CA für das gesamte Zertifikat

Tabelle 7-2: Der Aufbau eines Zertifikats nach X.509, Version 3.

T-Standard (X.500) festgelegt ist. Sie soll die eindeutige Identifizierbarkeit einer Person oder Organisation sicherstellen. Im Feld »Erweiterungen« können z.B. Angaben zu den Zertifizierungsrichtlinien der CA stehen. Bei einem Angestellten etwa, der eigenverantwortlich im Namen seines Arbeitgebers Verträge abschließen kann, jedoch nur bis zu einem gewissen maximalen Vertragswert, könnte dieser Höchstbetrag ebenfalls im Erweiterungsfeld vermerkt werden, so daß ein Vertragspartner bei der Prüfung des Zertifikats feststellen kann, ob der Angestellte vielleicht seine Kompetenzen überschreitet. X.509 spezifiziert darüber hinaus auch eine Syntax für Schlüsselrückrufe (*Certificate Revocation Lists, CRL*).

Das Standardisierungsgremium des Internet, die Internet Engineering Task Force (IETF), hat eine eigene Konkretisierung des X.509-Standards unter dem Namen *pkix* (*Public-Key Infrastructure X.509*) begonnen. Hier sollen die allgemeinen Festlegungen durch *Profile* konkretisiert werden, die das Format und die gültigen Werte im einzelnen festlegen. Auch pkix legt nicht endgültig fest, welche Werte im einzelnen verwendet werden müssen. Der Zweck besteht vielmehr darin, Regeln festzuschreiben, die so genau spezifiziert sind, daß mit ihrer Hilfe jede konkrete Implementierung mit anderen Implementierungen kooperieren kann. pkix stellt somit ein zusätzliches Konkretisierungsniveau zwischen X.509 und den einzelnen Protokollspezifikationen dar. Der allgemeine Rahmen des X.509-Zertifikat-Standards wird beispielsweise bereits jetzt von Lotus Notes eingehalten. Nach Aussagen von Lotus ist pkix-Kompatibilität für die Zukunft geplant.

Die Anwendung der Signaturen bei der Unterzeichnung von Nachrichten wird im ISO/IEC-Standard 9796 geregelt. Hier wird ebenfalls kein Algorithmus verbindlich vorgeschrieben, RSA wird jedoch in einem Anhang namentlich genannt.

Der Standard ISO/IEC 9979 regelt allgemein die Registrierung von kryptographischen Algorithmen. Die Registrierung durch die damit beauftragte Stelle setzt jedoch keine Überprüfung der Sicherheit des Verfahrens voraus und stellt demzufolge auch keine Qualitätsbestätigung dar. Dies mag man im Hinblick darauf, daß Qualitätssicherung bereits während der Standardisierung eigentlich wünschenswert wäre, bedauern. Andererseits läßt die schnelle Entwicklung der Kryptographie wahrscheinlich keine andere Lösung zu. Außerdem wäre es sicherlich nicht wünschenswert, eine übermächtige, nicht öffentlich kontrollierbare Behörde wie beispielsweise die NSA, die rein technisch wohl noch am besten zu einer Beurteilung befähigt wäre, mit einer letztinstanzlichen Bewertung zu beauftragen. Die Erfahrung der vergangenen Jahre zeigt, daß Empfehlungen der NSA von Kryptographen mit großem Mißtrauen aufgenommen werden, und dieses Mißtrauen ist durch die bekanntgewordenen Fälle gerechtfertigt, in denen die Geheimdienstbehörde auf Wissenschaftler Einfluß zu nehmen versucht hat.[2]

---

2 Offiziell hat die NSA nie zugegeben, daß sie beispielsweise versuchte, die Veröffentlichung des RSA-Verfahrens durch mehr oder weniger subtile Drohungen zu verhindern. Aus ihrer Sicht ganz zu Recht betrachtete sie diesen Algorithmus wohl als Gefährdung ihres Wissens- und Technologievorsprungs.

Weitere ISO-Standards (8730 und 9807) decken die Nachrichtenauthentifizierung im Bankenwesen ab, entsprechend den ANSI-Standards X9.9 und X9.19 (siehe unten), ohne sich allerdings wie diese auf den Einsatz von DES zu beschränken. Die Standards ISO/IEC 10116 und 10118 beschreiben Blockverschlüsselungen bzw. Hashfunktionen.

Auch von der ITU-*T* gibt es weitere Standards zum sicheren Austausch von Nachrichten. So wurden beispielsweise im E-Mail-Standard *X.400* (*Message Handling System*, *MHS*) bereits 1988 Aspekte der Datenverschlüsselung berücksichtigt, die besonders für den Geschäftsverkehr (*Electronic Data Interchange*, *EDI*) relevant sind. Allerdings hat sich im Internet nicht X.400, sondern das strukturell einfachere *SMTP* (*Simple Mail Transfer Protocol*) durchgesetzt. Mit *S/MIME* (eine Erweiterung der *Multipurpose Internet Mail Extensions* unter Sicherheitsaspekten) bietet auch SMTP mittlerweile eine Standardisierung für den verschlüsselten und signierten Nachrichtenaustausch.

Eine weitere international orientierte Organisation, das *IEEE (Institute of Electrical and Electronics Engineers)*, entwickelt unter dem Namen P1363 eine umfassende Standardisierung für Public-Key-Systeme. Dabei sind bisher außer Systemen auf der Grundlage von Faktorisierungsproblemen (RSA) auch solche auf der Basis diskreter Logarithmen und elliptischer Kurven (siehe Kapitel 2, *Kryptographische Verfahren zur Gewährleistung von Vertraulichkeit*) berücksichtigt worden.

Amerikanische Standardisierungen durch NIST und ANSI

Da die Weiterentwicklung des elektronischen Datenverkehrs zu einem großen Teil in den USA stattfindet, üben nicht nur die internationalen Standardisierungsorganisationen einen großen Einfluß aus, sondern auch die amerikanischen Normierungsinstitutionen. Hier sind das *National Institute of Standards and Technology* (*NIST*), eine Abteilung des US-amerikanischen Wirtschaftsministeriums, sowie das *American National Standards Institute* (*ANSI*) als Gründung privatwirtschaftlicher Firmen aktiv geworden.

Das NIST ist bereits an verschiedenen Stellen in diesem Buch genannt worden. Es veröffentlicht die *Federal Information Processing Standards* (*FIPS*). Diese Vorschläge sind streng genommen zwar nicht verpflichtend, haben jedoch dadurch faktisch eine starke Wirkung, daß US-Behörden bei Ausschreibungen normalerweise auf die Einhaltung der FIPS achten. So wurde beispielsweise

DES als FIPS PUB 46 sehr schnell zu einem De-facto-Standard der Verschlüsselung in den USA und in der Folge dann auch im weltweiten Geschäftsverkehr. Der konkrete Einsatz wurde mit weiteren NIST-Standards geregelt.[3]

Auch das Clipper-System zur Schlüsselhinterlegung wurde vom NIST festgelegt, und zwar als FIPS PUB 185 nach intensiver Zusammenarbeit mit der NSA. Wie in Kapitel 6, *Sicherheitsbewußte Organisation von Abläufen*, beschrieben, hat sich dieser Standardisierungsvorschlag allerdings nicht durchsetzen können. Ein wenig mehr Glück war DSS, dem Standard für digitale Signaturen, beschieden, der als FIPS PUB 186 veröffentlicht wurde. Der im DSS festgelegte Algorithmus verwendet den Secure Hash Algorithm (SHA), der seinerseits im FIPS PUB 180 beschrieben ist und ebenfalls von der NSA entwickelt wurde.[4] Im Februar 1999 gab das NIST auch die Unterstützung RSA-basierter Signaturen im Rahmen von FIPS PUB 186 bekannt.

Derzeit ist das NIST mit der Standardisierung eines DES-Nachfolgers befaßt. Für den Advanced Encryption Standard[5] soll die NSA jedoch nicht selbst einen Kandidaten entwickeln, sondern vielmehr das NIST bei der Evaluierung unterstützen. Dabei wird sich zeigen, ob die NSA-Experten zu ähnlichen Empfehlungen wie die öffentlich tätigen kryptographischen Forscher kommen.

Das privatwirtschaftliche Gegenstück zum NIST ist das ANSI. Einige ANSI-Standards übernehmen daher lediglich den Wortlaut der entsprechenden FIPS-Veröffentlichung, um den Standard auch für den privatwirtschaftlichen Bereich festzuschreiben. Tabelle 7-3 enthält eine Zusammenstellung der wichtigsten ANSI-Spezifikationen im Bereich kryptographischer Systeme.

ANSI-Standard	Inhalt
X3.92	Data Encryption Algorithm (DEA; äquivalent zu DES)
X3.105	Standard für netzweite Verschlüsselung
X3.106	Betriebsarten von DES

Tabelle 7-3: Einige ANSI-Standards für kryptographische Systeme

3 FIPS PUB 74: Richtlinien zu Implementierung und Gebrauch von DES; FIPS PUB 81: Betriebsarten von DES; FIPS PUB 112: Paßwortgebrauch; FIPS PUB 113: Authentifizierung von Computerdaten.

4 Zu SHA und DSS siehe den Abschnitt *Der Secure Hash Algorithm* in Kapitel 3.1.

5 Siehe den Abschnitt *Die nächste Generation: AES* in Kapitel 2.2.

ANSI-Standard	Inhalt
X9.8	Bankenstandard zur PIN-Verwaltung
X9.9	Bankenstandard zur Authentifizierung, basierend auf DES-MAC
X9.17	Schlüsselmanagement der Finanzindustrie unter Benutzung von Triple-DES
X9.19	Erweiterte Fassung von X9.9
X9.23	Verschlüsselung
X9.24	Schlüsselverteilung
X9.26	Authentifizierung von Personen und Rechnern
X9.28	Erweiterung von X9.17
X9.30	Digitale Signaturen entsprechend dem DSS
X9.31	Digitale Signaturen unter Verwendung von RSA
X9.42	Diffie-Hellman-Schlüsselvereinbarung
X9.44	Schlüsselaustausch mit RSA unter Verwendung von OAEP
X9.52	Betriebsarten für Triple-DES
X9.57	Verschlüsselung für Zertifikate
X9.63	Schlüsselvereinbarung und -management auf der Basis elliptischer Kurven
X9.65	Triple-DEA (TDEA, äquivalent zu Triple-DES)
X9.66	Sicherheit kryptographischer Module

Tabelle 7-3: Einige ANSI-Standards für kryptographische Systeme (Fortsetzung)

Die Normierungsinstitute zahlreicher anderer Länder haben ebenfalls Standards für viele dieser Bereiche formuliert. In der Regel unterscheiden sie sich nicht von den Formulierungen der ISO. Dabei haben es Politik und Industrie in Europa versäumt, die Entwicklung von Standards aktiv mitzubestimmen, obwohl das amerikanische Verbot der Ausfuhr von kryptographischer Software (siehe Kapitel 8, *Rechtliche Rahmenbedingungen*) es ihnen eigentlich leicht gemacht hätte, hier eine führende Rolle einzunehmen, weil ausländische Märkte für amerikanische Unternehmen bisher praktisch unzugänglich sind.

7.2 Konkretisierungen in »Industriestandards«

Nationale Standardisierungsinstitute wie NIST und ANSI können zwar prinzipiell schneller zu konkreten Ergebnissen kommen als internationale Organisationen, weil die Anzahl zu berücksichtigender Standpunkte etwas geringer ist. Dennoch bleiben auch sie in ihren Formulierungen mitunter noch so allgemein, daß auch Anwendungen, die standardkonform implementiert sind, nicht miteinander kooperieren können, weil der Standard noch zu viel Freiraum läßt. Initiativen wie die oben beschriebenen pkix-Anstrengungen können diese unbefriedigende Situation pragmatisch zu lösen helfen.

Der Secure Sockets Layer (SSL)

Eine pragmatische Lösung für den sicheren Informationsaustausch im Internet wurde in den letzten Jahren von der Firma Netscape unter dem Namen *SSL* (*Secure Sockets Layer*) entwickelt. Ursprünglich nur für WWW-Verbindungen zwischen Client und Server gedacht, wird es mittlerweile auch für andere Internet-Protokolle (z.B. FTP) verwendet. Eine SSL-gesicherte Verbindung im WWW ist normalerweise daran zu erkennen, daß die Server-URL nicht mit »http://« beginnt, sondern mit »https://«. Zunächst sendet dann der Server seinen öffentlichen Schlüssel zusammen mit einem Zertifikat, das der WWW-Browser überprüfen kann. Dieser erzeugt dann eine Zufallszahl als Sitzungsschlüssel und sendet sie, verschlüsselt mit dem soeben erhaltenen Serverschlüssel, an den WWW-Server. Außerdem teilt der Client mit, welches symmetrische Verschlüsselungsverfahren und welchen Hashalgorithmus er benutzen möchte, denn SSL unterstützt mehrere (RC2, RC4, IDEA, DES und Triple-DES bzw. MD5 und SHA). Der Server sendet daraufhin eine Bestätigung zurück. Das Protokoll wurde so entworfen, daß Replay- und Man-in-the-Middle-Angriffe ausgeschlossen sind.

Beim weiteren Datenaustausch werden dann nur noch verschlüsselte Daten zwischen Client und Server ausgetauscht. Die Verschlüsselung geschieht dabei innerhalb der Anwendungsprogramme (WWW-Browser bzw. -Server), wobei die unteren Ebenen des Internet-Protokolls von der Verschlüsselung »nichts merken«. Der Benutzer einer SSL-gesicherten Verbindung braucht also lediglich einen SSL-fähigen Browser, muß aber an der Netzwerkkonfiguration seines

Rechners keine Anpassungen vornehmen. Auch der gesamte Vorgang der Schlüsselvereinbarung läuft normalerweise automatisch ab, ohne daß der Benutzer davon irgend etwas mitbekommt. Dies dürfte ein wesentlicher Grund für den Erfolg von SSL sein.[6] Ausgehend von SSL hat die Internet Engineering Task Force (IETF) das TLS-Protokoll (*Transport Layer Security*) entwickelt, das seit Anfang 1999 im RFC 2246 als Internet-Standard festgeschrieben ist.

Die *Secure Request Technology* (*SRT*) des deutschen Software-Hauses Brokat, die vielfach beim Online-Banking eingesetzt wird, deckt sich weitgehend mit dem SSL-Standard.

Die Public Key Cryptography Standards (PKCS)

Eine umfassende, über reine Internet-Anwendungen hinausgehende Lösung für alle Fragen der asymmetrischen Verschlüsselung versucht die Firma RSA Data Security mit dem PKCS-Programm zu formulieren. Diese Public Key Cryptography Standards werden in Rücksprache mit anderen Firmen erarbeitet, letztlich jedoch allein von RSA Data Security festgelegt. Es handelt sich hier also weniger um einen weithin getragenen Konsens, sondern mehr um konkrete Lösungsvorschläge für praktische Kompatibilitätsprobleme. Dementsprechend sind die einzelnen PKCS-Dokumente keine endgültigen Festlegungen, sondern werden von Zeit zu Zeit überarbeitet und neuen Erkenntnissen und Anforderungen angepaßt. Da die Firma RSA die Mehrheitsbeteiligung an der Firma Public Key Partners hat, die ihrerseits Eigentümerin des Patents am RSA-Algorithmus ist, ist dabei eine gewisse Bevorzugung dieses Verfahrens nicht verwunderlich.

Die Dokumente bauen unter anderem auf ISO- und ITU-*T*-Standards auf. PKCS #1 beschreibt eine hybride Verschlüsselung auf der Basis des RSA-Verfahrens, seit der Version 2 auch unter Verwendung von OAEP[7] zur Erhöhung der Sicherheit. Zusätzlich werden Signaturen unter Benutzung der Hashfunktionen MD2, MD4 bzw. MD5 zusammen mit RSA spezifiziert. Dabei sind die einzelnen Angaben im Sinne von Tabelle 7-1 sehr weitgehend spezifiziert, so daß konkrete Implementierungen tatsächlich interoperabel sein sollten. Die Formatierung von Nachrichten ist nicht hier, sondern im Standard #7 geregelt.[8]

---

6 Weitere Informationen zu SSL und anderen Internet-Standards finden Sie beispielsweise in dem Buch »Internet-Kryptographie« von Richard E. Smith (1998).

7 Siehe Fußnote 28 in Kapitel 2.2.

8 Die ehemaligen Dokumente #2 und #4 sind mittlerweile in #1 eingeflossen.

PKCS #3 befaßt sich mit der Schlüsselvereinbarung nach Diffie-Hellman.

PKCS #5 beschreibt ein Verfahren, um Daten mit einem paßwortbasierten Verfahren zu verschlüsseln. Aus dem beliebig langen Paßwort oder -ausdruck wird mit MD2 oder MD5 ein Hashwert abgeleitet, mit dessen Hilfe die zu sichernde Information im CBC-Modus DES-verschlüsselt wird. Dies ist in erster Linie für die sichere Speicherung privater Schlüssel gedacht.

PKCS #6 legt die Formatierung erweiterter Informationen in Zertifikaten fest. Dadurch können X.509-Zertifikate um zusätzliche Informationen erweitert werden. Ein X.509-Zertifikat ist immer auch ein gültiges Zertifikat nach PKCS #6. Umgekehrt kann ein solches durch Weglassen der Zusatzinformationen immer leicht in eine X.509-Bescheinigung umgeformt werden. Die einzelnen Attribute, die hier spezifiziert werden können, sind ihrerseits in #9 beschrieben.

PKCS #7 konkretisiert im einzelnen die Formatierung von durch Verschlüsselung gesicherten Nachrichten. Dabei ist dafür gesorgt, daß mehrere kryptographische Verfahren nacheinander ausgeführt werden können, so daß also ein »elektronischer Umschlag« sich in einem weiteren solchen Umschlag befinden kann. Beispielsweise werden beim S/MIME-Protokoll, das einen sicheren E-Mail-Austausch ermöglicht, nach PKCS #7 formatierte MIME-Blöcke versendet. Diese MIME-Blöcke sind ihrerseits durch Verschlüsselung der eigentlich zu übertragenden MIME-Blöcke entstanden. Der Standard PKCS #7 ist mittlerweile unter dem Namen *CMS* (*Cryptographic Message Syntax*) von der IETF übernommen worden.

PKCS #8 legt fest, wie – aufbauend auf #5 – Informationen über geheime (private) Schlüssel gespeichert bzw. sicher von einem Computersystem zu einem anderen übertragen werden können.

PKCS #9 beschreibt erweiterte Attribute für die Standards #6, #7 und #8. Diese Liste versteht sich nicht als abschließende Aufzählung.

PKCS #10 gibt Regeln zur Formatierung von Zertifizierungsanträgen an, soweit dies durch elektronischen Nachrichtenaustausch möglich ist. Insbesondere wird festgelegt, wie zusätzliche Informationen zur Person (beispielsweise E-Mail- und Postadresse) anzugeben sind.

PKCS #11 beschreibt *Cryptoki*, den *Cryptographic Token Interface Standard*. Dies ist eine konkrete Spezifikation eines *CAPI* (*Cryptographic Application Programming Interface*), also einer Programmierschnittstelle für den Zugriff auf kryptographische Chipkarten und ähnliche Geräte. Sie soll sicherstellen, daß solche Karten unabhängig von einer konkreten Anwendung entworfen und implementiert werden können. Dadurch können zum einen Karten verschiedener Hersteller problemlos gegeneinander ausgetauscht werden, und zum anderen können bereits existierende Karten leicht auch in einem neuen Kontext eingesetzt werden. Der Anwendungsprogrammierer braucht die Programmiertechniken zum Zugriff auf das Gerät nicht zu beherrschen, weil diese durch die Schnittstelle gekapselt sind.

PKCS #12 legt einen Standard zur Speicherung und zum Austausch persönlicher Informationen fest. Darunter wird die sichere Speicherung von öffentlichen und privaten Schlüsseln, von Zertifikaten und Attributen in einer einheitlichen Schlüsseldatei verstanden.

PKCS #13 befaßt sich mit der Standardisierung von kryptographischen Systemen auf der Grundlage elliptischer Kurven.

PKCS #14 gibt Hinweise zur Erzeugung kryptographisch brauchbarer Zufallszahlen durch Pseudozufallszahlengeneratoren (PRNGs).

PKCS #15 schließlich beschreibt ein Datenformat für kryptographische Systeme, die in Chipkarten realisiert sind. Dadurch können Treiber, die #11 implementieren, stärker vereinheitlicht werden.

Die PKCS-Dokumente sind zwar durchaus nicht verbindlich, liefern aber an vielen Stellen Vorschläge für gute, praktisch brauchbare Implementierungen. Insofern kann ihre Lektüre auch dann sinnvoll sein, wenn kein konkreter Bedarf zur Kompatibilität mit anderen, bereits bestehenden PKCS-konformen Systemen besteht. Auch hier bleiben jedoch einige Fragen ungeklärt, beispielsweise die Frage maximaler Modullängen für RSA bzw. Einschränkungen dafür, welche Längen eine PKCS-basierte Anwendung mindestens verarbeiten können muß.

Weitere Standardisierungsvorschläge

Letztlich läßt sich Kompatibilität ohnedies nicht erzwingen, weil es weiterhin konkurrierende Modelle gibt. Dies gilt selbst bei einem relativ weithin akzeptierten Standard wie dem für Zertifikate nach X.509. Die IETF, die mit pkix ein X.509-kompatibles Zertifikatmodell formuliert hat, macht sich selbst mit SPKI (*Simple Public Key Infrastructure*) Konkurrenz, einem Ansatz, der nicht zu X.509 kompatibel ist. Die benutzte Syntax ist vielmehr an die von variablen Listenstrukturen angelehnt. Damit soll die leichte maschinelle Verarbeitung mit hoher Flexibilität kombiniert werden. Ein SPKI-Zertifikat könnte wie folgt aussehen:

```
(cert
  (issuer  (hash sha1 |TLCgPLFlGTzgUbcaYLW8kGTEnUK=|))
  (subject (hash sha1 |VelL/7MqiJcj+LSa/110fl3tuTQ=|))
  (tag (http http://www.tapirsoft.de/vertraulich ))
  (not-before "1999-06-10_08:15:42")
  (not-after  "2012-01-01_00:00:00")
)
```

Mit diesem Zertifikat würde eine Certification Authority (»issuer«), deren Signatur oben angegeben ist, bestätigen, daß der Benutzer (»subject«), dessen Signatur ebenfalls ausgewiesen ist, im angegebenen Zeitraum auf die genannte WWW-Seite zugreifen darf. Offensichtlich unterscheidet sich der Aufbau eines SPKI-Zertifikats deutlich von seinem X.509-Gegenstück (vgl. Tabelle 7-2). Pikant ist an diesem Beispiel übrigens auch, daß gerade Ron Rivest, einer der Gründer der RSA Labs, als einer der Autoren von SPKI gegen den RSA-Standard PKCS #6 antritt.

Insgesamt läßt der Grad an praktizierter Standardisierung also noch zu wünschen übrig. Angesichts dieser Lage erweisen sich für praktische Fragen häufig die De-facto-Standards des Internet als hilfreich, die mit ein wenig Understatement als *Bitten um Kommentare* (*Requests for Comment* oder kurz *RFC*) bezeichnet werden. In diesen Dokumenten werden zahlreiche Aspekte des Datenverkehrs im Internet geregelt, und dazu zählt auch der Einsatz von Verschlüsselung. Einige der RFCs beschreiben sehr detailliert einzelne Algorithmen, andere wiederum regeln Protokollfragen durch exakte Festlegungen bis hinunter auf die Ebene der einzelnen zu sendenden Bytes. Es gibt mittlerweile deutlich über 2500 der frei verfügbaren RFCs zu den veschiedensten Themen, und die Zahl wächst ständig weiter.[9]

Ob man sich bei der Realisierung eines kryptographischen Systems an einen der Normierungsvorschläge hält, muß man im Einzelfall selbst entscheiden. Es gibt jedenfalls keine zwingenden Gründe, sich auf die teilweise recht hohe Komplexität der normierten Modelle einzulassen, wenn nicht ein entsprechender Nutzen, beispielsweise durch Kompatibilität mit bereits bestehenden, standard-

9 Eine gute Internetquelle für RFCs ist http://www.faqs.org.

konformen Anwendungen, zu erwarten ist. Die Kompliziertheit der Normen bringt schließlich höhere Entwicklungskosten und möglicherweise ineffizienteres Laufzeitverhalten mit sich und kann daher auch die praktische Anwendung ungünstig beeinflussen.

Im übrigen sind viele Entscheidungen unter anderem sicherlich eine Frage des persönlichen Geschmacks. So schreibt das NIST im Digital Signature Standard DSS den ElGamal-Algorithmus für die Public-Key-Verschlüsselung des Hashwertes vor, während die ISO/IEC-Norm 9796 RSA benennt, ohne dies jedoch zwingend vorzuschreiben. Ein mögliches Entscheidungskriterium zwischen den beiden Vorschlägen besteht darin, daß bei RSA das Verifizieren deutlich schneller abläuft als das Signieren, während es sich beim NIST-Verfahren genau anders herum verhält. In vielen Anwendungsfällen wird eine Unterschrift aber mehrmals verifiziert werden, so daß das RSA-Verfahren dann effizienter ist.[10]

Bis Standards vorliegen, die tatsächlich weit verbreitet sind, sollte man die diversen Normierungsvorschläge also wohl am besten als Sammlungen unverbindlicher Vorschläge betrachten, aus denen man sich je nach dem eigenen Bedarf bedienen kann.

10 In jüngster Zeit hat das NIST jedoch erklärt, auch RSA-basierte Algorithmen sollten nun vom Standard unterstützt werden.

Rechtliche Rahmenbedingungen

8

Für alle diejenigen, die mit sensiblen Daten umgehen, sind Verfahren zur Verschlüsselung von großer Bedeutung, weil sie die *Mittel* zur Verfügung stellen, wie Vertraulichkeit, Integrität und Authentizität der Daten garantiert werden können. Inwieweit diese *Ziele* politisch überhaupt wünschenswert sind, darum hat es in den letzten Jahren zum Teil heftige Diskussionen gegeben.

Bürgerrechtlich orientierte Gruppen haben sich beispielsweise immer dafür eingesetzt, daß Kryptographie ohne Einschränkung verwendet werden darf, denn sie sehen darin einen Schutz vor staatlicher Überwachung. Polizei und Staatsschutz hingegen betrachten dies als Gefährdung der staatlichen Ordnung. Sie befürchten, Verbrecher könnten unter dem Schutz der Verschlüsselung ungehindert ihre Missetaten planen. Besonders die »organisierte Kriminalität« wird als bedrohlich empfunden, aber auch links- und rechtsradikale Gruppen stehen im Verdacht, ihre Aktionen kryptographisch gesichert per Internet zu organisieren.

Große Teile der Wirtschaft treten ebenso wie Bürgerrechtler gegen Kryptoregulierungen ein, wenngleich nicht aus basisdemokratischen Überlegungen. Ein Unternehmen hat vielmehr großes ökonomisches Interesse am Schutz seiner vertraulichen Geschäftsdaten. Könnte ein Konkurrent von Entwicklungsplänen oder Kundendatenbanken Kenntnis erlangen, wäre das ein schwerer Schlag für eine Firma. Auch Verhandlungen zwischen Geschäftspartnern sollten möglich sein, ohne daß Dritte mithören. Daß sich durch kryptographische Verfahren Integrität und Authentizität sicherstellen lassen, eröffnet auch neue Vertriebswege. Das als Wachstumsmarkt der Zukunft angesehene Online-Shopping läßt sich nur realisieren, wenn verbindliche Verträge auf elektronischem Wege geschlossen werden können, und das ist ohne Signaturverfahren nicht möglich. Andererseits gibt es auch starke ökonomische Gründe, die gegen einen guten Datenschutz sprechen. Der Zugriff auf möglichst umfassende personenbezogene Daten potentieller Kunden ist für ein Unternehmen unter Marketingaspekten sehr verlockend. Sie erlauben es, Zielgruppen genau abzugrenzen und durch maßgeschneiderte Angebote effizient Werbung zu betreiben.

In Forschungskreisen gibt es durchaus auch widerstreitende Ansichten zum Datenschutz. Einerseits bedarf die Forschung weitgehender Freiheit von staatlichen Beschränkungen, und auch ihr emanzipatorischer Charakter widerspricht der Unterwerfung unter fremde Regulierungen. Andererseits bringt der Schutz persönlicher Daten, den Individuen ganz in diesem klassisch-liberalen Sinne für sich einfordern, besonders für die empirische Sozialforschung und ähnliche Bereiche eine herbe Einschränkung in ihrem Bedarf nach Daten mit sich.

Die Fronten in den Auseinandersetzungen über Nutzen und Gefahren der Verschlüsselung sind also ein wenig verworren und verlaufen nicht nach den einfachen Mustern von »links« und »rechts« oder »Opposition« und »Regierung«. Diese gesellschaftliche Lage spiegelt sich denn auch in den Positionen innerhalb von Regierung und Behörden wider. Im wesentlichen treten die Ministerien für Justiz, Wirtschaft und Forschung für einen freizügigen Umgang mit Kryptographie ein. Dementgegen möchten Innenministerium und Polizei sowie natürlich die Geheimdienste das staatliche Machtmonopol um ein staatliches Kryptomonopol ergänzt wissen. Aus staatlicher Sicht gibt es daher auch keine prinzipiellen Einwände gegen *Signaturverfahren*, sondern nur gegen *Verschlüsselungsverfahren* im engeren Sinne.

Die Ergebnisse der langen Debatten um Nutzen und Gefahren der Verschlüsselung sind in Gesetze eingeflossen, die einige Rahmenbedingungen dafür vorgeben, wie Kryptographie eingesetzt werden kann. Die folgenden Abschnitte stellen einige der relevanten gesetzlichen Bestimmungen kurz dar, die beim Umgang mit schutzwürdigen Daten berücksichtigt werden müssen.[1]

8.1 Der Schutz personenbezogener Daten

Der wohl prominenteste Bereich von Informationen, die vor Mißbrauch geschützt werden müssen, sind *personenbezogene Daten*, also Einzelangaben, die einer konkreten Person zugeordnet werden können. Bevor der breite Einsatz elektronischer Datenverarbeitung überhaupt erst die Möglichkeit schuf, große

1 Diese Ausführungen haben nur Überblickscharakter und sind nicht als verbindliche Rechtsauskünfte zu verstehen.

Mengen solcher Angaben effizient zu durchsuchen, war auch das Mißbrauchspotential so gering, daß es keine besonderen gesetzlichen Regelungen hierzu gab. Ins öffentliche Bewußtsein traten die Gefahren, die von einer unbeschränkten Sammlung von Informationen über Einzelpersonen ausgehen können, wohl erst, nachdem sich bei der Rasterfahndung im »Deutschen Herbst« 1977 auch zahlreiche unbescholtene Bürger plötzlich unter polizeilicher Observation befanden.

Nach dem weitverbreiteten Boykott der Volkszählung in Westdeutschland im Jahre 1982 stellte das Bundesverfassungsgericht 1983 in einem richtungsweisenden Urteil fest, daß der Bürger ein Recht auf »informationelle Selbstbestimmung« hat. Dieses Recht wurde unmittelbar aus den Grundgesetzbestimmungen über die freie Entfaltung der Persönlichkeit und die Menschenwürde abgeleitet. Der Schutz vor unbegrenzter Erhebung, Speicherung, Verwendung und Weitergabe persönlicher Daten hat demnach Verfassungsrang, und Einschränkungen dieses Rechts sind nur in engen Grenzen möglich.

Einzelheiten des Datenschutzes, den öffentliche wie private Stellen bieten müssen, sind im *Bundesdatenschutzgesetz* (BDSG) geregelt, das 1978 in Kraft getreten und 1990 an neuere Entwicklungen angepaßt worden ist. Seinen Strukturen folgen auch die einzelnen Landesdatenschutzgesetze, die für die öffentlichen Stellen der Länder gelten. Ganz im Sinne des Volkszählungsurteils zielt dieses Gesetz darauf, »den einzelnen davor zu schützen, daß er durch den Umgang mit seinen personenbezogenen Daten in seinem Persönlichkeitsrecht beeinträchtigt wird« (§ 1). Dabei wird an vielen Stellen zwischen diesem persönlichen Interesse und allgemeineren öffentlichen Interessen abgewogen. So gibt es etwa Einschränkungen bei der Verfolgung von Straftaten oder der »Abwehr erheblicher Nachteile für das Gemeinwohl« (§ 14).

Der Grundgedanke, der sich durch das Gesetz zieht, besteht jedoch einfach darin, daß personenbezogene Daten nur mit Wissen und Einwilligung der Betroffenen gesammelt werden dürfen. Außerdem dürfen sie nur für den Zweck verwendet, gespeichert oder weitergegeben werden, für den sie erhoben worden sind, sofern die einzelnen Betroffenen nicht ausdrücklich eine weitergehende Nutzung gestatten. Beispielsweise dürfen Kundendaten nicht ohne weiteres für Marketingzwecke weiterverwendet werden.

Auch Wissenschaft und Forschung fallen prinzipiell unter dieselben Nutzungsbeschränkungen. Allerdings sind hier Ausnahmen möglich, wenn das wissenschaftliche Interesse das Interesse des Betroffenen »erheblich überwiegt« und »der Zweck der Forschung auf andere Weise nicht oder nur mit unverhältnismäßigem Aufwand erreicht werden kann« (§§ 14 und 28). Was das genau bedeutet, kann nur im Einzelfall entschieden werden.

Auch dann muß darauf geachtet werden, daß Informationen, die einen Rückschluß auf die konkrete Person ermöglichen, so gut wie möglich von allgemeineren Angaben getrennt aufbewahrt werden müssen. Daten, die keiner »bestimmten oder bestimmbaren natürlichen Person« (§ 3) zugeordnet werden können, gelten nämlich nicht als personenbezogene und damit schutzwürdige Daten. Informationen wie »10% der Anwohner in der Kerckhoffsstraße besitzen einen Computer« sind also datenschutzrechtlich ebenso harmlos wie die Aussage »Einer der befragten Angestellten bekannte sich dazu, Windows-Hasser zu sein«. Hingegen wäre eine Aussage wie »Der einzige Mathematiker unter den Angestellten äußerte sich abfällig über Windows« wohl nicht durch das Datenschutzgesetz gedeckt, denn durch die Angabe läßt sich leicht erschließen, wer der Betreffende ist. Auch hier muß im Einzelfall abgewogen werden, ob ein Rückschluß auf die konkrete Person möglich ist oder nicht. Einen absoluten Schutz verlangt das Gesetz nicht, es fordert nur, daß die Identifikation der Betroffenen »nur mit einem unverhältnismäßig großen Aufwand an Zeit, Kosten und Arbeitskraft« (§ 3) gelingen kann.

Als Richtschnur gilt jedenfalls, daß die Daten anonymisiert werden müssen, wenn der Zweck der Forschung auch dann noch erreicht werden kann. Im Laufe eines Forschungsprojektes mag zu Anfang ein Personenbezug nötig sein, in einem fortgeschrittenen Stadium jedoch nicht mehr. Spätestens dann müssen die Datensätze vom unmittelbaren Personenbezug befreit werden. Diese Anonymisierung muß ebenfalls keinen absoluten Ansprüchen genügen. Es reicht, wenn sie nur mit unverhältnismäßigem Aufwand wieder rückgängig gemacht werden könnte.

Eine solche Anonymisierung kann in vielen Fällen am besten mit kryptographischen Methoden erreicht werden. So ist es bei vielen Forschungsvorhaben, die mit empirischen Personendaten arbeiten, zwar nötig, Angaben aus verschiedenen Quellen zusammenzuführen. Beispielsweise arbeitet eine Studie zur Sicherheit von Arzneimitteln vielleicht mit Diagnose- und Verschreibungsdaten, die von verschiedenen Ärzten stammen, sowie mit Informationen über Krankenhausbehandlungen. Dabei ist es wichtig zu wissen, welche Datensätze aus den verschiedenen Quellen zu ein und demselben Patienten gehören. Um welche konkrete Einzelperson es sich dabei handelt, wo sie wohnt usw., ist jedoch für den Forschungszweck unerheblich. Es kommt nur darauf an, zusammengehörende Daten als solche erkennen zu können. Ist beispielsweise als eindeutiges Merkmal in allen Daten die Krankenversichertennummer des Patienten (oder seine Personalausweisnummer oder irgendein anderes geeignetes Kennzeichen) enthalten, dann kann man statt dessen eine der gängigen Einweg-Hashfunktionen (siehe Kapitel 3.1, *Der Fingerabdruck einer Nachricht: One-Way-Hashfunktionen*) auswählen und überall statt der ursprünglichen Nummer ihren Hashwert speichern. Ein solcher Hashwert wird im Rahmen des IuKDG (siehe unten) auch als Pseudonym bezeichnet.

Dieser Ansatz erfüllt natürlich nur dann die Belange des Datenschutzes, wenn die ursprünglichen Nummern dem Forscher in ihrer Gesamtheit unbekannt sind, denn sonst könnte er ja einfach durchprobieren, welche Nummer welchen Hashwert ergibt. Alternativ könnte man deswegen eine ganz konventionelle Verschlüsselung vornehmen. Es muß lediglich durch organisatorische Maßnahmen sichergestellt sein, daß der Forscher die verwendeten Schlüssel nicht kennt. Eine solche Verschlüsselung kann beispielsweise durch einen Treuhänder (ein Trust-Center) oder durch einen speziell verpflichteten Angestellten, etwa den Datenschutzbeauftragten einer Forschungseinrichtung, vorgenommen werden.

Muß bei einem solchen Projekt vielleicht doch einmal die konkrete Person ermittelt werden, weil beispielsweise in einem Interview zusätzliche Informationen gewonnen werden sollen, dann ist es unter Datenschutzaspekten jedenfalls ratsam, die »Deanonymisierung« und die eigentliche Befragung von anderen Mitarbeitern vornehmen zu lassen als denen, die mit den zusammengeführten Einzeldaten arbeiten. Das Datenschutzgesetz läßt jedoch auch eine weitere Lösung zu: Wenn der Betroffene der weitergehenden, nicht anonymisierten Verwendung seiner persönlichen Daten zustimmt, brauchen die zunächst vom Gesetz vorgeschriebenen Regeln nicht mehr eingehalten zu werden.

Insgesamt also versucht das Bundesdatenschutzgesetz, das zu Unrecht bei manchen als »Forschungshemmnis« verschrien ist, einen praktikablen Kompromiß zwischen dem Schutz des Persönlichkeitsrechts einerseits und dem vielfältigen Bedarf nach der Nutzung empirischer Daten zu finden. Kryptographische Anonymisierungsverfahren können bei der praktischen Umsetzung der Datenschutzanforderungen eine große Hilfe sein.

8.2 Gesetzliche Regelungen der Datenkommunikation

Während das Bundesdatenschutzgesetz einen relativ allgemeinen Rahmen liefert, befassen sich andere Gesetze und Verordnungen damit, wie dies in einzelnen Bereichen umzusetzen ist. Die konkreten Ausformulierungen sind deswegen über zahlreiche Gesetzestexte verteilt. Beispielsweise sind Aspekte, die das im vorigen Abschnitt genannte Beispiel eines Forschungsprojektes zur Arzneimittelsicherheit betreffen, im Sozialgesetzbuch geregelt, während die Möglichkeiten eines Arbeitgebers, Daten über seine Arbeitnehmer zu sammeln und zu speichern, durch das Betriebsverfassungsgesetz beschränkt werden.

Für den elektronischen Nachrichtenaustausch ist besonders das *Gesetz zur Regelung der Rahmenbedingungen für Informations- und Kommunikationsdienste (Informations- und Kommunikationsdienste-Gesetz)* oder kurz IuKDG wichtig, das häufig auch als »Multimediagesetz« bezeichnet wird. Tatsächlich handelt es sich bei diesem 1997 in Kraft getretenen Gesetz um eine Sammlung von drei Einzelgesetzen. Sie besteht aus dem Teledienste-, dem Teledienstedatenschutz- und dem Signaturgesetz. Zusätzlich zu diesem Gesetz und den zugehörigen Durchführungsverordnungen hat auch die Fernmeldeverkehr-Überwachungs-Verordnung große Bedeutung für den Schutz von Daten.

Das Signaturgesetz

Den größten Raum innerhalb des IuKDG nimmt das *Signaturgesetz* (SigG) ein, das die Rahmenbedingungen für den rechtsverbindlichen Einsatz elektronischer Unterschriften festlegt.

Zwar können Geschäftspartner sich grundsätzlich auf jede ihnen geeignet erscheinende Regelung dafür einigen, wann sie eine Identifikation als ausreichend und einen Vertrag als geschlossen betrachten wollen. So wurden Verträge früher per Handschlag geschlossen, und heute akzeptieren Banken das Einschieben einer eurocheque-Karte zusammen mit der Eingabe einer vierstelligen PIN als hinlängliche Identifikation.

Um den Einsatz neuer Techniken wie Homebanking oder E-Commerce im allgemeinen zu fördern, ist es aber sinnvoll, einen rechtlichen Rahmen zu schaffen, der für alle Beteiligten eine gemeinsame Grundlage bietet. Spätestens wenn elektronische Signaturen auch von Behörden akzeptiert werden sollen, wie es beispielsweise für eine Steuererklärung per E-Mail nötig ist, muß dafür auf jeden Fall eine Rechtsgrundlage geschaffen worden sein.

Deswegen wurde das Signaturgesetz vom deutschen Bundestag beschlossen. Es beschreibt den Vorgang, wie öffentliche Signaturschlüssel zertifiziert werden. Es legt im einzelnen fest, wie eine Zertifizierungsstelle ihre Zertifikate vergibt, wie eine derart sensible Einrichtung einen sicheren Betrieb sicherstellen muß, und sogar, was sie beachten muß, wenn sie ihre Tätigkeit wieder einstellen will. Darüber hinaus werden Fragen der Geltungsdauer von Schlüsseln, des inhaltlichen Aufbaus von Zertifikaten, der Sperrung von Zertifikaten und der Vergabe von Zeitstempeln geregelt. Große Teile des Gesetzes haben die Aufgabe, den Endnutzer vor unsauber arbeitenden Zertifizierungsstellen und vor unsachgemäßer und deswegen sicherheitsgefährdender Anwendung von Signaturverfahren zu schützen.

Welche Verfahren konkret verwendet werden sollen, ist im Gesetz nicht festgelegt, aber in der zugehörigen Umsetzungsvorschrift, der *Verordnung zur digitalen Signatur* (SigV) vom Oktober 1997, ist allgemein von Hashverfahren die Rede. Dort wird auch festgelegt, daß eine Bundesbehörde regelmäßig Übersichten darüber veröffentlichen muß, welche Algorithmen unter welchen Rahmenbedingungen (zum Beispiel mit welchen Hash- oder Schlüssellängen) jeweils offiziell als sicher gelten.

Prinzipiell können alle in Kapitel 3, *Kryptographische Verfahren zur Sicherstellung von Integrität und Authentizität,* aufgeführten Verfahrensklassen nach dem SigG eingesetzt werden. Das Gesetz regelt nicht, ob und wie Kompatibilität zwischen verschiedenen Verfahren erreicht werden kann. Lediglich die Frage, wie Zertifizierungshierarchien aussehen sollen, wird konkret geregelt: Nach dem Signaturgesetz gibt es außer der Genehmigungsbehörde[2] (der sogenannten Root-CA) nur eine Ebene von (prinzipiell gleichberechtigten) Zertifizierungsstellen. Die Root-CA, die Ende 1998 ihren Betrieb aufgenommen hat, zertifiziert die einzelnen Zertifizierungsstellen, aber eine mehrstufige Zertifizierungshierarchie ist nicht vorgesehen, und ein Web of Trust wie bei PGP natürlich erst recht nicht. Die erste genehmigte Zertifizierungsstelle wird von der Deutschen Telekom betrieben.[3]

---

2 Diese Genehmigungsbehörde, die *Regulierungsbehörde für Telekommunikation und Post,* kann im WWW unter http://www.regtp.de angesprochen werden. Dort sind auch die einschlägigen Gesetze und Verordnungen nachzulesen.

3 Die Telekom-CA ist unter http://www.telesec.de zu finden.

Vor der Zertifizierung prüft die *Genehmigungsbehörde,* ob ein Antragsteller die formalen Bedingungen von SigG und SigV erfüllt, und überwacht später den ordnungsgemäßen Betrieb. Die Sicherheitsanforderungen sind recht scharf. Eine kommerzielle Zertifizierungsstelle muß die sogenannte Prüfstufe »E4 hoch« erfüllen, die in den »Kriterien für die Bewertung der Sicherheit von Systemen der Informationstechnik« von 1992 festgelegt ist. Weil es sehr aufwendig ist, diese Bedingungen zu erfüllen, gab es in der Wirtschaft starken Widerstand gegen die in SigG und SigV formulierten Auflagen. Problematisch ist auch die Anwendung des SigG im internationalen Bereich. Die Bedingungen, unter denen ausländische CAs anerkannt werden, sind sehr allgemein formuliert. Eine überstaatliche Zertifizierungsstelle ist im Gesetz nicht vorgesehen. Sowohl innerhalb der EU als auch weltweit werden die Regelungen in Zukunft noch harmonisiert werden müssen. Für den Bereich der Europäischen Union gibt es deswegen bereits eine Richtlinie über gemeinsame Rahmenbedingungen für elektronische Signaturen.

Aus dem Signaturgesetz geht nicht hervor, daß eine elektronische Unterschrift im Einzelfall nicht anfechtbar ist. Genau wie bei herkömmlichen Unterschriften muß im Fall eines Rechtsstreits der Richter im Einzelfall abwägen, ob er sie als echt anerkennt. Diese Prüfung kann er auch für nicht SigG/SigV-konforme Signaturen vornehmen. Für diese Prüfung kann das Gesetz nur Anhaltspunkte liefern. Im Moment (Winter 1999/2000) bietet das Gesetz ohnehin noch keinen praktischen Nutzen, denn keines der gängigen E-Mail- oder Workflow-Systeme ist derzeit SigG-konform.

Das Teledienstegesetz und das Teledienstedatenschutzgesetz

Einen weiteren Teil des IuKDG bildet das *Teledienstegesetz* (TDG). Es stellt beispielsweise einen Provider von der Verantwortung für Inhalte frei, die seine Nutzer über ihn versenden oder anderweitig veröffentlichen. Dies gilt jedoch nur dann, wenn der Provider keine Kenntnis von diesen Inhalten hat.

Für den Benutzer von Telediensten sind die Bestimmungen des *Teledienstedatenschutzgesetzes* (TDDSG) interessant. Hier wird der Umfang der Daten, die ein Provider über seine Nutzer personenbezogen speichert, strikt eingeschränkt, und zwar auf solche Angaben, die »dem Nutzer die Inanspruchnahme von Telediensten« ermöglichen (Nutzungsdaten) oder die zur Abrechnung benötigt werden, und auch dies nur, solange es für diese Zwecke notwendig ist. Angaben, die beispielsweise anhand eines individuellen »Surf-Profils« ein personenorientiertes Marketing ermöglichen, dürfen also weder gesammelt noch gar an Dritte weitergegeben werden. Hingegen kann ein Provider durchaus Nutzungsprofile erstellen und etwa an Marketingunternehmen verkaufen, wenn diese Profile statt einer realen Benutzeridentifikation nur ein Pseudonym enthalten, das keinen Rückschluß auf den konkreten Nutzer zuläßt.

Die Fernmeldeverkehr-Überwachungs-Verordnung

Die Regelungen des TDDSG nehmen den Bedarf nach individuellem Datenschutz sehr ernst. Sie schränken das Sammeln von Daten durch den Anbieter des Teledienstes selbst ein. Staatlichen Stellen ist allerdings durch die *Fernmeldeverkehr-Überwachungs-Verordnung* (FÜV) von 1995 ein fast unbegrenztes Recht eingeräumt worden, Telefongespräche und andere Formen von Telekommunikation abzuhören. Obwohl die FÜV nur eine Verordnung ist, also nicht durch den Bundestag gebilligt wurde, schränkt sie das Fernmeldegeheimnis und andere individuelle Grundrechte empfindlich ein, und auch der durch das TDDSG gewährte Schutz wird ausgehöhlt.

Die FÜV stellt hohe Anforderungen an alle, die eine Fernmeldeanlage für den öffentlichen Verkehr betreiben, also beispielsweise auch an Mailboxbetreiber. Jeder Betreiber muß nämlich auf Verlangen von Sicherheitsbehörden jedes Telefongespräch, jede Datenübermittlung, ja sogar jeden Anwahlversuch per Telefon zeitgleich an eine staatliche Abhörstelle weiterleiten, und zwar so, daß der Betroffene dies nicht merken kann. Diese Übermittlung muß prinzipiell für beliebig viele Kommuniktionsverbindungen gleichzeitig und auch für mehrere Sicherheitsbehörden zur gleichen Zeit möglich sein. Etwaige Verschlüsselungen, die beispielsweise ein Funktelefondienst standardmäßig anbietet, müssen für die abhörende Stelle vom Betreiber selbst wieder rückgängig gemacht werden.

Damit müssen die Anbieter auf eigene Kosten die Infrastruktur für eine flächendeckende Überwachung zur Verfügung stellen. Die Abhörmöglichkeiten werden von staatlichen Stellen ausgiebig genutzt. Es wird geschätzt, daß Jahr für Jahr über eine Million Bundesbürger beim Telefonieren staatlich belauscht werden. In Deutschland werden somit doppelt so viele Telefonate abgehört wie in den USA. Berücksichtigt man, daß in den Vereinigten Staaten deutlich mehr Menschen leben als in der Bundesrepublik, wird hierzulande pro Kopf der Bevölkerung etwa zehnmal so häufig abgehört wie dort.[4]

4 Siehe beispielsweise die Erklärung *des Forums InformatikerInnen für Frieden und gesellschaftliche Verantwortung (FIfF)* unter http://www.thur.de/ulf/ueberwach/fiff.html.

Die Anforderungen der FÜV sind so umfassend, daß auch ein weitgehend automatisiertes Abhören und Durchkämmen von Nachrichten nach »interessanten« Wörtern möglich wird.[5] Einen weitgehenden Schutz vor diesen Abhöraktionen kann der Endanwender nur erreichen, wenn er selbst gute Verschlüsselungsverfahren einsetzt. Nur dann kann der Betreiber der Fernmeldeanlage schlechterdings nicht dazu genötigt werden, den Kommunikationsinhalt zu entschlüsseln. Auch dieser Schutz ist jedoch nicht perfekt, denn zumindest die Information, wer wann wie lange mit wem kommuniziert hat, bleibt ungeschützt verfügbar, und auch diese Erkenntnis kann für einen Horcher bereits wertvoll sein.

An dieser rechtlichen Situation wird nur eine gesetzliche Regelung etwas ändern können. Ob sich hier in Zukunft der Schutz der persönlichen Freiheitsrechte gegenüber der Angst vor Terrorismus und vor dem neueren Lieblingsschreckgespenst, der »organisierten Kriminalität«, durchsetzt, läßt sich im Moment noch nicht absehen. Zumindest hat sich die neue Bundesregierung Anfang Juni 1999 deutlich zu einer liberalen Haltung zur Verschlüsselung bekannt. In den fünf »Eckpunkten der deutschen Kryptopolitik« kündigt die Bundesregierung an, sie werde »die Verbreitung sicherer Verschlüsselungsverfahren in Deutschland aktiv unterstützen« und sich »für am Markt entwickelte offene Standards und interoperable Systeme« einsetzen. Bei dieser Entscheidung mögen Berichte darüber, daß das Echelon-Projekt anscheinend auch zur Industriespionage eingesetzt wurde, eine Rolle gespielt haben.[6]

Allerdings ist noch ein Hintertürchen in den Eckpunkten zu finden: Gleichzeitig mit dem Einsatz der Kryptographie sollen auch die Abhör- und Entschlüsselungsmöglichkeiten der Sicherheitsbehörden ausgebaut werden, und in zwei Jahren soll berichtet werden, ob die Förderung der Verschlüsselung die innere Sicherheit gefährdet. Immerhin steht nun diese Ansicht, die bisher stets unbewiesen als wahr unterstellt wurde, erstmals auf dem Prüfstand. Bis dahin ist dann vielleicht auch die FÜV durch die bereits seit längerem angekündigte Telekommunikatons-Überwachungs-Verordung (TKÜV) abgelöst worden.

---

5 Im internationalen Maßstab findet dies im Rahmen des Echelon-Projekts statt, das hauptsächlich von den USA und Großbritannien getragen wird. Ausführliche Darstellungen bieten die Artikel von Ruhmann und Schulzki-Haddouti [1998] sowie Ruhmann [1998].

6 Vgl. http://www.techweb.com/wire/story/TWB19990518S0004

8.3 Exportregulierungen

Ein Umdenken in der Kontrolle über kryptographische Verfahren hat nun auch in den USA eingesetzt. Bis vor einiger Zeit war der Export von Software, die sichere Verschlüsselung gestattete, grundsätzlich verboten. Ohne Einschränkungen exportierbar waren nur Programme, deren effektive Schlüssellänge 40 Bit nicht überschritt. Wie wir gesehen haben, wird durch Schlüssel dieser Länge kein ernstzunehmender Schutz mehr geboten. Aus Amerika stammende Internet-Browser bieten also keinen adäquaten Schutz bei der Übermittlung sensibler Daten (beispielsweise Kreditkartennummern) über das WWW.

Solchen Bestimmungen liegt die Vorstellung zugrunde, Kryptographie stelle eine Waffe dar, deren Verbreitung eingeschränkt werden müsse. In der Praxis führt dies allerdings zu absurden Konsequenzen. Beispielsweise könnte ein in Deutschland lebender Software-Autor ein Verschlüsselungsprogramm schreiben und es problemlos auf einem Server in den USA zum Download bereitstellen, jedoch nicht einmal er selbst dürfte es von dort wieder herunterladen. Der Betreiber des Servers müßte diese Möglichkeit sogar technisch ausschließen. Andererseits gilt die Exportkontrolle nur für elektronisch gespeicherte Software, nicht jedoch für Druckerzeugnisse. Demnach kann ein Verschlüsselungsprogramm innerhalb der USA ausgedruckt und anschließend ohne Einschränkungen weltweit vertrieben werden. Daß das nicht nur eine theoretische Möglichkeit ist, zeigt das Beispiel PGP, das tatsächlich auf diese Weise legal exportiert und anschließend in Europa komplett eingescannt wurde.

Das Ziel, verbrecherischen Einzelpersonen, Banden oder mißliebigen fremden Regierungen die Segnungen der Verschlüsselung vorzuenthalten, ist also nicht realistisch. Im Gegenteil begünstigen solche Exportkontrollen gerade diejenigen, die genügend kriminelle Energie besitzen und sich die benötigte Software illegal beschaffen. Jede solche Organisation, die es sich leisten kann, einen Programmierer »einzukaufen«, könnte ohnedies auf der Grundlage veröffentlichter, frei zugänglicher Forschungsliteratur Kryptosoftware erstellen lassen. Das Nachsehen haben hingegen mittellose Gruppen wie beispielsweise Bürgerrechtler in restriktiven Staaten. Für sie ist es sehr schwer, an Verschlüsselungsprodukte zu gelangen, durch die sie sich vor staatlichen Abhörmaßnahmen schützen können.

Für die amerikanische Wirtschaft wirkte sich das Exportverbot jedenfalls nachteilig aus. Amerikanische Krypto-Software konnte nur innerhalb der USA verwendet werden, und größere Systeme etwa zum Online-Banking konnten nicht grenzüberschreitend eingesetzt werden. Die Verluste für amerikanische Unternehmen als Folge der Exportkontrollen liegen nach inoffiziellen Schätzungen im zweistelligen Milliardenbereich. Europäische Software-Häuser haben diese ökonomische Nische genutzt und Online-Transaktionssysteme entwickelt, die sie weltweit einschließlich der USA vermarkten.[7]

Schon länger hatte es allerdings gewisse Möglichkeiten gegeben, effektivere Krypto-Software zu exportieren. Dazu mußte in einem Genehmigungsverfahren nachgewiesen werden, daß US-Sicherheitsbehörden die Verschlüsselung knakken konnten, beispielsweise, indem sie durch eine Hintertür den Schlüssel wiedergewinnen konnten (Key Recovery) oder indem Teile des Schlüssels bei einer US-Behörde hinterlegt wurden (Key Escrow).

Im September 1998 traten weitere Erleichterungen in Kraft, die klar auf die Bedürfnisse der US-Wirtschaft zugeschnitten waren. Zum einen wurden Produkte mit Schlüssellängen bis 56 Bit weitgehend von Beschränkungen befreit. Angesichts der weltweiten Verfügbarkeit von DES war dies allerdings ein eher kosmetischer Akt, vor allem, weil auch diese Schlüssellänge keine starke Sicherheit mehr bietet. Darüber hinaus konnten Banken und andere amerikanische Unternehmen ihren Tochterfirmen und anderen festen Geschäftspartnern in vielen (jedoch bei weitem nicht allen) Ländern nun starke kryptographische Verfahren anbieten. Dies galt insbesondere im Versicherungs- und Gesundheitswesen sowie für elektronischen Warenverkehr.

Wenngleich diese Ausfuhrbeschränkungen zunächst eine amerikanische Besonderheit zu sein scheinen, hatten Exportkontrollen auch für Europäer praktische Bedeutung. Das Wassenaar-Abkommen von 1996 liefert ein Rahmenwerk für den Export solcher Güter, die sowohl militärisch als auch zivil genutzt werden können. In der Vollversammlung im Dezember 1998 haben die 33 Vertragsstaaten nun beschlossen, Key-Recovery- oder Key-Escrow-Mechanismen nicht zur Vorbedingung für den Export von Kryptoprodukten zu machen. Schlüssellängen bis 56 Bit unterliegen keinerlei Beschränkungen, und frei verkäufliche Software ist bis zu 64 Bit ohne weiteres exportierbar. Für stärkere Verfahren kann, zunächst befristet auf zwei Jahre, durch nationale Gesetze eine Exportkontrolle festgelegt werden. Wenn diese Regelung am Ende des Jahres 2000 nicht einver-

---

7 Der Geschäftsführer eines deutschen Software-Hauses bemerkte dazu vor einiger Zeit, er trete für strikte Exportkontrollen ein – und zwar in den USA...

nehmlich verlängert wird, fällt sie ersatzlos weg. Signaturverfahren sind ohnedies von Beschränkungen ausgenommen. Die bundesdeutsche *95. Verordnung zur Änderung der Ausfuhrliste* vom 2. Dezember 1998 stellt bis dahin klar, daß Software, die für den Massenmarkt gedacht ist,[8] nicht der Ausfuhrkontrolle unterliegt.

Zu diesem Ergebnis haben die gemeinsamen Positionen von Bürgerrechtlern und Vertretern der Wirtschaft sicher beigetragen. Nachdem die deutsche Position hier schon lange eher gegen Kontrollen gerichtet war, treten seit kurzem auch Länder wie Frankreich und Großbritannien für eine liberalere Kryptopolitik ein. Die Chancen für restriktive Regelungen sehen nun so schlecht aus, daß die amerikanische Regierung Mitte September 1999 ankündigte, die Exportkontrollen ab Ende des Jahres fast vollständig aufzuheben. Für Software, die Schlüssellängen von mehr als 64 Bit verwendet, soll demnach nur noch eine Exportmeldung (keine Genehmigung!) und ein sogenannter »Technical Review« nötig sein. Lediglich die sieben »den Terrorismus unterstützenden Länder« (Libyen, Syrien, Iran, Irak, Sudan, Nordkorea und Kuba) sollen von den Segnungen guter Kryptographie verschont bleiben. War also schon bislang die Exportkontrolle kein großes Problem für deutsche Software-Autoren, ist wohl auch für die Zukunft keine Verschlechterung zu befürchten.

8.4 Rechtliche Aspekte der Schlüsselhinterlegung

Auch eine weitere Form staatlicher Regelung, die Entwickler und Anwender von kryptographischen Produkten befürchtet hatten, ist in Deutschland kaum noch zu erwarten: die Verpflichtung, Schlüssel bei einer staatlichen Stelle zu hinterlegen.[9] Das Innenministerium hatte zwar lange damit geliebäugelt, auf diese Weise den Schutz, den kryptographische Verfahren bieten, durchbrechen zu können, obwohl vielfältige Argumente dagegen sprachen: Die Schlüsselhinterlegung wäre praktisch nicht zu kontrollieren gewesen. Sie hätte im internationalen Verkehr große praktische Schwierigkeiten bereitet, denn die Schlüssel

8 In unnachahmlicher Exaktheit formuliert die Verordnung: »Software, die entweder a) frei erhältlich ist und 1. im Einzelhandel ohne Einschränkungen mittels einer der folgenden Geschäftspraktiken verkauft wird: a) Barverkauf; b) Versandverkauf oder c) Telefonverkauf und 2. dazu entwickelt ist, vom Benutzer ohne umfangreiche Unterstützung durch den Anbieter installiert zu werden, oder b) allgemein zugänglich ist«.

9 Vergleiche den Abschnitt zur Schlüsselhinterlegung in Kapitel 6.2.

hätten vermutlich in jedem Land deponiert werden müssen, das an einem Kommunikationsvorgang beteiligt ist, und sei es nur im Transit. Das hätte wiederum Industriespionage im großen Maßstab begünstigt. Die Schlüsselhinterlegung hätte die Entwicklung und den Einsatz neuer Verschlüsselungsverfahren behindert. Die mangelnde Erfahrung mit einem so umfassenden Kontrollsystem hätte wahrscheinlich dazu geführt, daß Wirtschaft wie Einzelpersonen diesem System mißtrauisch gegenübergestanden hätten, was sich wiederum nachteilig auf die Nutzung neuer Kommunikationstechniken ausgewirkt hätte. Schließlich war auch der Nutzen, der aus dem hohen technischen und organisatorischen Aufwand zu ziehen war, unsicher.

Nach einer langen öffentlichen Debatte, in der das Forschungs-, das Justiz- und das Wirtschaftsministerium die technischen, rechtlichen und politischen Argumente gegen eine Kryptoregulierung aufgriffen, verzichtete das Innenministerium 1997 darauf, diese Pläne weiter zu verfolgen. Im Rahmen einer Tagung machten Vertreter dieses Ministeriums jedoch klar, daß dies für sie nur vorläufig gelte, weil sie weiterhin Schlüsselhinterlegung im Kampf gegen die »organisierte Kriminalität« für zwingend nötig hielten. Durch die im Juni 1999 veröffentlichten Eckpunkte der Bundesregierung[10] dürfte diese Position jedoch hinfällig geworden sein.

Während US-amerikanische Behörden weiterhin für eine Schlüsselhinterlegung eintreten, lassen immer mehr Staaten vergleichbare Pläne fallen, so beispielsweise Frankreich in einer Erklärung von Premierminister Jospin vom Januar 1999.[11] Auch die 33 Vertragsstaaten des Wassenaar-Abkommens, das Exportkontrollen für Waffen regelt, haben sich im Dezember 1998 gegen Key-Escrow-Systeme ausgesprochen.[12]

---

10 Siehe den Abschnitt über die Fernmeldeverkehr-Überwachungs-Verordnung in diesem Kapitel.

11 In einer vollständigen Kehrtwendung gegenüber der früheren französischen Politik verkündete der Premierminister Lionel Jospin am 19. Januar 1999: »Die Kryptologie erscheint als wesentliches Mittel zum Schutz der Vertraulichkeit beim [Daten-]Austausch und des Privatlebens. [... Die Regierung plant daher,] vollständige Freiheit bei der Nutzung der Kryptologie zu gewähren.« (Jospin [1999])

12 Aus der Pressemitteilung des Bundesministeriums für Wirtschaft vom 8. Dezember 1998: »Einzelne Staaten, die ursprünglich eine Sonderbehandlung [für den Export] von ‚Key Recovery'-Produkten gefordert hatten, konnten sich nicht durchsetzen.« [http://www.bmwi.de/presse/1998/1208prm2.html]

Unabhängig von gesetzlichen Regelungen kann eine Firma natürlich für ihre Angestellten ein Schlüsselhinterlegungssystem intern vorschreiben. Diesem Bedürfnis tragen sogar neuere Versionen von PGP Rechnung. Dabei sollte zumindest darauf geachtet werden, daß die Schlüsselhinterlegung nur für die eigentliche Verschlüsselung, nicht aber für Signaturverfahren gilt, weil sonst der Arbeitgeber die elektronischen Unterschriften seiner Mitarbeiter fälschen könnte. Darüber hinaus gelten in Ermangelung spezieller Regeln lediglich die allgemeinen gesetzlichen Bestimmungen etwa des Datenschutzgesetzes oder des Betriebsverfassungsgesetzes, die durch Key Escrow nicht verletzt werden dürfen.

8.5 Patentschutz von Algorithmen

In Deutschland sind Ideen nicht patentierbar. Algorithmen sind nach §1 des Patentgesetzes sogar ausdrücklich vom Patentschutz ausgenommen. Die technische Umsetzung eines Algorithmus, also etwa in Form von Hardware, ist hingegen patentierbar.

In den USA und in der Schweiz ist die Rechtslage etwas anders. Unter bestimmten Bedingungen ist es dort möglich, Algorithmen bzw. ihre Anwendung durch ein Patent schützen zu lassen. Beispielsweise ist das RSA-Verfahren in den USA patentiert und das IDEA-Verfahren u.a. dort und in der Schweiz. Das Schweizer Patent erstreckt sich auch auf das übrige Europa, obwohl der IDEA-Algorithmus in Deutschland eigentlich nicht geschützt werden kann.

Bevor man einen kryptographischen Algorithmus einsetzt, sollte man sich gründlich über die Patentlage informieren. Leider ist das leichter gesagt als getan, und eine Patentrecherche kann zeitaufwendig und teuer sein, wenn sie rechtsverbindliche Auskünfte liefern soll. Einen guten Anhaltspunkt liefert in vielen Fällen aber bereits die kryptographische Fachliteratur[13].

In einigen Fällen gestattet der Patentinhaber übrigens die kostenfreie Nutzung, besonders dann, wenn diese nicht kommerziell erfolgt. Davon kann man aber natürlich nicht ohne weiteres ausgehen.

Für den Inhaber eines Patents über ein kryptographisches Verfahren ist dessen Nutzen häufig sehr beschränkt. Es gibt zahlreiche gute und bewährte Verfahren, die frei zur Verfügung stehen, und der AES-Wettbewerb wird hier sicherlich ein

13 Beispielsweise die Bücher von Schneier [1996] und Wobst [1998].

weiteres tun. Deswegen ist es grundsätzlich nicht leicht, potentielle Kunden davon zu überzeugen, daß sie Geld für etwas ausgeben sollen, was sie mehr oder weniger gleichwertig auch kostenfrei haben können. Sind die Lizenzgebühren niedrig gehalten, ist auch der zu erwartende Gewinn niedrig. Sind sie hingegen hoch, dann schadet dies dem Ruf des Algorithmus. Einen guten Ruf kann er schließlich nur erlangen, wenn erfahrene Kryptanalytiker möglichst lange und gründlich versuchen, ihn zu knacken und er diesen Angriffen widersteht. Je höher aber die Lizenzgebühren sind, desto weniger werden unabhängige Forscher bereit sein, diesen Betrag zu bezahlen oder auch nur mit ihrer Arbeit den Gewinn des Patentinhabers zu maximieren. Schon deswegen lohnt es sich für den Entwickler eines neuen kryptographischen Verfahrens in aller Regel nicht, Lizenzgebühren zu verlangen.

Von der *Erfindung* eines neuen kryptographischen Algorithmus kann man also vielleicht bekannt, aber wohl kaum reich werden. Vom Verzicht auf den *Einsatz* kryptographischer Verfahren kann man hingegen sehr schnell arm werden – wenn die Konkurrenten clever und entschlossen genug sind!

Ressourcen im Internet

A

Newsletter

Crypto-Gram (Bruce Schneier)	http://www.counterpane.com
CryptoBytes (RSA Labs)	http://www.rsasecurity.com/rsalabs/

Mailing-Listen[1]

cryptix@cryptix.org	»subscribe announce« bzw. »subscribe user« an majordomo@cryptix.org
cryptography@c2.net	»subscribe cryptography« an majordomo@c2.net
eucrypto@fitug.de	»subscribe eucrypto« an majordomo@fitug.de
krypto@thur.de	»subscribe« an krypto-request@thur.de
ukcrypto@maillist.ox.ac.uk	»subscribe ukcrypto« an majordomo@maillist.ox.ac.uk

Newsgroups

sci.crypt...	wissenschaftliche Aspekte der Kryptographie
alt.security...	allgemeine Aspekte der Kryptographie
comp.security	technische Fragen zur Kryptographie
alt.freedom.of.information.act	allgemeine Fragen des Datenschutzes

1 Die hier genannten Mailing-Listen können per E-Mail abonniert werden. Schicken Sie dazu eine E-Mail mit dem in der rechten Spalte der Tabelle aufgeführten Text an die ebenfalls dort aufgeführte Adresse.

alt.privacy	allgemeine Fragen des Datenschutzes
comp.society.privacy	allgemeine Fragen des Datenschutzes
de.soc.datenschutz	deutschsprachige Newsgroup zum Datenschutz
comp.lang.java.security und andere sprachenspezifische Gruppen	Sicherheitsaspekte bei einzelnen Programmiersprachen

URLs mit allgemeinen Informationen zum Thema Kryptographie

North American Cryptography Archives	http://www.cryptography.org
Counterpane (Bruce Schneier)	http://www.counterpane.com
Online-Magazin Telepolis	http://www.heise.de/tp
DFN/CERT	http://www.cert.dfn.de
Electronic Frontier Foundation (EFF)	http://www.eff.org
Electronic Privacy Information Center (EPIC)	http://www.epic.org
International Association for Cryptographic Research	http://www.iacr.org
Humboldt-Universität Berlin	http://www.rewi.hu-berlin.de/Datenschutz/
Universität Saarbrücken (Suchmaschine)	http://www.jura.uni-sb.de
RSA Labs	http://www.rsasecurity.com/rsalabs/
Snake Oil	http://www.interhack.net/people/cmcurtin/snake-oil-faq.html

Standards

RFCs (Internet-Standards)	http://www.faqs.org
ANSI-Standards des X.9-Komitees	http://www.x9.org
FIPS (Federal Information Processing Standards)	http://www.itl.nist.gov/fipspubs/
IEEE (Institute of Electrical and Electronics Engineers)	http://www.ieee.org
IETF (Internet Engineering Task Force)	http://www.ietf.org

ISO/IEC (International Electrotechnical Commission der International Organization for Standardization)	http://www.iso.ch
ITU-*T* (Telecommunication Standardization Sector der International Telecommunication Union; Nachfolgeorganisation des CCITT)	http://www.itu.ch
IuKDG (Gesetze und Verordnungen im Telekommunikationsbreich)	http://www.regtp.de
NIST (National Institute of Standards and Technology)	http://www.itl.nist.gov
Open Group	http://www.opengroup.org
PKI (Public Key Infrastructure)	http://www.sandybay.com/pc-web/PKI.htm
PKCS (Public Key Cryptography Standards)	http://www.rsa.com/rsalabs/pubs
SSL (Secure-Sockets-Layer-System)	http://home.netscape.com/eng/ssl3/ssl-toc.html
X.509	http://www.cs.auckland.ac.nz/~pgut001/pubs/x509guide.txt

Algorithmen und Protokolle

AES	http://csrc.nist.gov/encryption/aes/aes_home.htm
Blowfish, Twofish	http://www.counterpane.com/blowfish.html http://www.counterpane.com/twofish.html
Chaffing and Winnowing, Alles-oder-Nichts-Transformation	http://theory.lcs.mit.edu/~rivest/chaffing.txt http://theory.lcs.mit.edu/~rivest/fusion.ps
Cryptix	http://www.cryptix.org/resources.html
DES-Betriebsarten	http://www.CerberusSystems.com/INFOSEC/
IDEA	http://www.ascom.ch/infosec/
Steganographie	http://ttrip.fh-worms.de/sem/ss96/steganographie/stegano.htm http://www-stud.fht-esslingen.de/projects/krypto/stega/stega-1.html
SSH (Secure Shell)	http://www.ssh.fi

Programme und Programmbibliotheken

Allgemeine Quellen für kryptographische Software	http://www.replay.com http://www.home/port.org/~adam/crypto ftp://ftp.funet.fi/pub/crypt
Blowfish Advanced	http://tucows.uni-erlangen.de/adnload/nt/dlbfishnt.html
Crack (Paßwort-Knackprogramm für Unix-Systeme)	ftp://ftp.cert.org/pub/tools/crack
Cryptix-Library	http://www.cryptix.org
cryptlib	http://www.cs.auckland.ac.nz/~pgut001/cryptlib/main.html
Crypto-Library	http://www.notatla.demon.co.uk/CRYPTO/crypto.html
DigiCash	http://www.ecashtechnologies.com
libdes, libeay	ftp://ftp.psy.uq.oz.au/pub/Crypto/DES/ ftp://ftp.psy.uq.oz.au/pub/Crypto/libeay/
L0phtCrack (Paßwort-Knackprogramm für Windows NT)	http://www.l0pht.com (Der Name fängt an mit dem Buchstaben L, gefolgt von derZiffer Null.)
PGP, GNU Privacy Guard	http://www.pgpi.com http://www.nai.com http://www.uk.pgp.net/pgpnet/pgp-faq/ http://www.gnupg.org http://www.gnupg.org/de/gnupg.html http://www.technocage.com/~caskey/gpg/
SSLeay	ftp://ftp.psy.uq.oz.au/pub/Crypto/SSL/
Trust Center der Deutschen Telekom AG	http://www.telesec.de
X.509-Beispielprogramm	http://www.ddj.com/articles/1999/9907/9907c/9907c.htm?topic=security

Literaturverzeichnis

B

Gesetz zur Fortentwicklung der Datenverarbeitung und des Datenschutzes vom 20. Dezember 1990.

Gesetz zur Regelung der Rahmenbedingungen für Informations- und Kommunikationsdienste (Informations- und Kommunikationsdienste-Gesetz – IuKDG). In: Bundesgesetzblatt Jahrgang 1997 Teil I Nr. 52. Bonn.

Verordnung zur digitalen Signatur (Signaturverordnung – SigV). In: Bundesgesetzblatt Jahrgang 1997 Teil I Nr. 70. Bonn.

Bauer F. L., Kryptologie – Maximen und Methoden. 2. Auflage. Springer, Heidelberg usw. 1994.

Bauer F. L., Entzifferte Geheimnisse. 2. Auflage. Springer, Heidelberg usw. 1997.

Beutelspacher A., Schwenk J., Wolfenstetter K.-D., Moderne Verfahren der Kryptographie, 2. Aufl. Vieweg, Wiesbaden 1998.

Blaze M., Diffie W., Rivest R., Schneier B., Shimomura T., Thompson E., Weiner M., Minimal Key Lengths for Symmetric Ciphers to Provide Adequate Commercial Security. 1996. Im WWW zu finden unter http://www.counterpane.com/keylength.html.

Bundesamt für Sicherheit in der Informationstechnik, IT-Grundschutzhandbuch (CD-ROM-Version). Bonn 1998. (zu bestellen per E-Mail an gshb@bsi.de)

Bundesministerium für Wirtschaft, Pressemitteilung vom 8. Dezember 1998: Wassenaar-Abkommen: Exportkontrolle für Verschlüsselungstechnologie gelockert. Auch künftig kein »Key-Recovery« für Kryptografieprodukte. Im WWW verfügbar unter http://www.bmwi.de/presse/1998/1208prm2.html.

Dhom G. (Hrsg.), Epidemiologische Forschung und Datenschutz in der Medizin. Symposium der Akademie der Wissenschaften und der Literatur, Mainz am 22./23. Februar 1991. Gustav Fischer, Stuttgart/Jena/New York 1992.

Diffie W., Hellman M. E., New Directions in Cryptography. In: IEEE Transactions on Information Theory, v. IT-22, n. 6, 1976.

Dobbertin H., The Status of MD5 After A Recent Attack. In: CryptoBytes vol. 2 n. 6. 1996.

Dobbertin H., Bosselaers A., Preneel B., RIPEMD-160, A Strengthened Version of RIPEMD. Fast Software Encryption, LNCS 1039 (Hrsg.: Gollmann D.). Springer, Heidelberg usw. 1996.

Dörr E., Schmidt D., Neues Bundesdatenschutzgesetz: Handkommentar und Arbeitshilfe für Wirtschaft und Verwaltung. Datakontext, Köln 1991.

Electronic Frontier Foundation, Cracking DES. Secrets of Encryption Research, Wiretap Politics & Chip Design. O'Reilly, Sebastopol, CA (USA) 1998.

ElGamal, T., A Public-Key Cryptosystem and a Signature Scheme Based on Discrete Logarithms. In: Advances in Cryptology: Proceedings of Crypto 84. Springer, Heidelberg usw. 1985.

Garfinkel S., Pretty Good Privacy. Verschlüsselung von E-Mail. O'Reilly, Köln 1996.

Gliss H., Wuermeling U. (Hrsg.): Datenschutzberater. Informationsdienst zu den Problemen von Datenschutz, Datensicherung und Ordnungsmäßigkeit der Datenverarbeitung. Erscheint monatlich im Handelsblatt Fachverlag.

Goethe J. W. von, Faust. Der Tragödie erster Teil. Zitiert nach der Hamburger Ausgabe. Beck, München 1981.

Harris R., Enigma. 7. Auflage. Heyne, München 1995.

Hodges A., Alan Turing, Enigma. 2. Auflage. Springer, Wien/New York 1994.

Kahn D., Seizing the Enigma. Houghton-Mifflin, Boston 1991.

Kahn D., The Codebreakers: The Story of Secret Writing. 2. Auflage. Scribner, New York 1996.

Knuth D. E., The Art of Computer Programming, vol. 2: Seminumerical Algorithms. 3. Aufl. Addison-Wesley, Reading, MA (USA) 1998.

Kuri J., Privatissimo. Virtual Private Networks als Abhilfe gegen Lauschangriffe. In: c't 4/1999.

Jospin L., Discours et interventions. Conférence de presse à l'issue du Comité interministériel pour la société de l'information. 1999. Im WWW zu finden unter http://www.premier-ministre.gouv.fr/PM/D190199.HTM.

Luckhardt N., Nicht ganz dicht. Jugendliche Hacker knacken T-Online. In: c't 7/1998.

Menezes A. J., van Oorschot P. C., Vanstone S. A., Handbook of Applied Cryptography. CRC Press. Boca Raton, FL (USA) 1996.

Microsoft Corp., Microsoft® Windows NT® Server Market Bulletin. PPTP Security – An Update. 1998. Im WWW zu finden unter http://www.microsoft.com/communications/pptpfinal.htm.

Orwant J., Hietaniemi J., Macdonald J., Mastering Algorithms with Perl. O'Reilly & Associates, Sebastopol, CA (USA) 1999. Deutsche Fassung erhältlich ca. im Frühjahr 2000.

Press W. H., Flannery B. P., Teukolsky S. A., Vetterling W. T., Numerical Recipes. The Art of Scientific Computing. Cambridge University Press, Cambridge (England) 1986.

Quisquater J.-J., Quisquater Myriam, Quisquater Muriel, Quisquater Michaël, Guillou, L, Guillou M. A., Guillou Gaïd, Guillou A., Guillou Gwenolé, Guillou S., Berson T., How to Explain Zero-Knowledge Protocols to your Children. In: Advances in Cryptology – Crypto '89 Proceedings, Springer, Heidelberg usw. 1990.

Rink J., Hinters Licht geführt. Bits in Bild- und Audiodateien verstecken. In: c't 6/1997.

Rivest R., All-Or-Nothing Encryption and The Package Transform. In: Proceedings of the 1997 Fast Software Encryption Conference. Springer, Heidelberg usw. 1997.

Rivest R., Chaffing and Winnowing: Confidentiality without Encryption. In: CryptoBytes vol. 4 no. 1. 1998.

Ruhmann I., Lauscher im Cyberspace. in: FIfF-Kommunikation 2/98. Forum InformatikerInnen für Frieden und gesellschaftliche Verantwortung e. V., Bonn 1998.

Ruhmann I., Schulzki-Haddouti C., Abhör-Dschungel. Geheimdienste lesen ungestört mit – Grundrechte werden abgebaut. In: c't 5/1998.

Schmidt M., Unter Ausschluß der Öffentlichkeit. Virtual Private Networks – vertraulicher Datenaustausch über das Internet. In: c't 8/1998.

Schneier B., Angewandte Kryptographie. Protokolle, Algorithmen und Sourcecode in C. Addison-Wesley, Bonn 1996.

Schneier B., Why Cryptography is Harder Than It Looks. 1997. Im WWW zu finden unter http://www.counterpane.com/whycrypto.html.

Schneier B., A Self-Study Course in Block-Cipher Cryptanalysis. 1998. Im WWW zu finden unter http://www.counterpane.com/self-study.html.

Schneier B., Mudge P., Cryptanalysis of Microsoft's Point-to-Point Tunneling Protocol (PPTP). 1998. Im WWW zu finden unter http://www.counterpane.com/pptp-paper.html.

Schneier B., Mudge P., Cryptanalysis of Microsoft's PPTP Authentication Extensions (MS-CHAPv2). 1999. Im WWW zu finden unter http://www.counterpane.com/pptpv2-paper.html.

Scott C., Wolfe P., Erwin M., Virtuelle private Netzwerke. O'Reilly, Köln 1999.

Smith R. E., Internet-Kryptographie. Addison-Wesley, Bonn 1998.

Stinson D. R., Cryptography: Theory and Practice. CRC Press. Boca Raton, FL (USA) 1995.

Stolpmann M.: Elektronisches Geld im Internet. Grundlagen, Konzepte, Perspektiven. O'Reilly, Köln 1997.

Tremblett P., X.509 Certificates. Moving Towards Secure Communication. in: Dr. Dobb's Journal, Juli 1999.

Wobst R., Abenteuer Kryptologie. Methoden, Risiken und Nutzen der Datenverschlüsselung, 2. Auflage. Addison-Wesley, Bonn 1998.

Stichwortverzeichnis

Über den Autor

Gisbert W. Selke, ausgebildet als Mathematiker und Philosoph, arbeitet im Wissenschaftlichen Institut der AOK (WIdO). Dort bemüht er sich seit einigen Jahren, etwas Licht in gesundheitsökonomische Probleme zu bringen und schreibt zu diesem Zweck regelmäßig in Büchern und Zeitschriften über den Arzneimittelmarkt. Gemeinsam mit seinem Bruder Harald betreibt er außerdem die Firma TapirSoft und bietet dort Know-how im EDV-Bereich an. Wenn er sich damit gerade einmal nicht ausgelastet fühlt, übersetzt er Fachbücher, wie zum Beispiel *JavaScript – Das umfassende Referenzwerk* und *Bildkompression mit Fraktalen*, oder er probiert neue Rhabarber-Rezepte aus.

World Wide Web

WebMaster in a Nutshell

Deutsche Ausgabe
Stephen Spainhour & Valerie Quercia
408 Seiten, 1997, 49,- DM
ISBN 3-930673-55-X

WebMaster in a Nutshell vereinigt alles, was man über Web-Publishing und Web-Administration wissen muß, in einem übersichtlichen Handbuch. Es behandelt u.a. HTML 3.2 und die Erweiterungen für Netscape Navigator 3.0 und Microsoft Internet Explorer 3.0, CGI-Programmierung (inkl. Windows-CGI), JavaScript, Perl, HTTP 1.1 sowie die Konfiguration der Web-Server Apache, NCSA, CERN, Netscape und WebSite.

JavaScript – Das umfassende Referenzwerk

David Flanagan
720 Seiten, 1997, 69,- DM
ISBN 3-930673-56-8

David Flanagan dokumentiert ausführlich die Programmiersprache JavaScript und liefert viele ausgefeilte Programmbeispiele. Er beschreibt außerdem in einem vollständigen Referenzteil detailliert alle Funktionen, Objekte, Methoden, Eigenschaften und Event-Handler von JavaScript. Die deutsche Übersetzung behandelt die Versionen 1.0 und 1.1 von JavaScript, die von Netscape Navigator 2.0 und 3.0 und Microsoft Internet Explorer 3.0 unterstützt werden, sowie die JavaScript-Version 1.2, die von Netscape Navigator 4.0 unterstützt wird.

CGI-Programmierung im World Wide Web

Shishir Gundavaram
478 Seiten, 1996, 69,- DM
ISBN 3-930673-43-6

Dieses Buch erklärt anhand vieler Beispiele den Einsatz von CGI und damit verbundener Technologie. Die meisten Beispiele basieren auf Unix und verwenden die am häufigsten verwendete Sprache für CGI-Programmierung: Perl. Aber auch für den Einsatz von CGI auf anderen Plattformen und mit anderen Programmiersprachen erfährt der Leser alles Notwendige.

HTML – Das umfassende Referenzwerk

Chuck Musciano & Bill Kennedy
434 Seiten, 1997, 59,- DM
ISBN 3-930673-51-7

HTML – Das umfassende Referenzwerk erklärt die Syntax, die Semantik und den Einsatz von Stilelementen von HTML. Es behandelt die Versionen 2.0 und 3.2 des HTML-Standards, einschließlich aller gängigen Erweiterungen.

Web-Client-Programmierung mit Perl

Clinton Wong
238 Seiten, 1997, 59,- DM
ISBN 3-930673-61-4

Web-Client-Programmierung mit Perl zeigt, wie Browser und Server im WWW miteinander „kommunizieren" und wie man Software entwickelt, die schneller und flexibler ist als die gängigen grafischen Browser.

Web-Design – Gestaltungsgrundlagen für ein neues Medium

Jennifer Niederst & Edie Freedman
180 Seiten, 1996, 59,- DM
ISBN 3-930673-40-1

Web-Design wendet sich vor allem an Grafik-Designer, die sich die speziellen Kenntnisse für Web-Design von Grund auf aneignen möchten.Vom Standpunkt einer Grafikerin aus wird beschrieben, wie man mit HTML-Dokumenten arbeitet, wie man Bilder in Web-Seiten einbindet und welche besonderen Probleme bei der Online-Präsentation von Informationen auftreten können.

Web-Site – Aufbau eigener Web-Server

Susan B. Peck & Stephen Arrants
541 Seiten, 1997, 99,- DM, incl. CD-ROM (WebSite 1.1)
ISBN 3-930673-53-3

Mit WebSite 1.1, der preisgekrönten Server-Software für Windows 95 und Windows NT, können Sie sofort Ihre eigene Web-Präsenz realisieren. Zu der Software erhalten Sie eine praxisorientierte Anleitung, die Ihnen die Einrichtung des Web-Servers erklärt und Ihnen bei allen wichtigen Aufgaben des Web-Managements hilft.

O'REILLY™

anfragen@oreilly.de • http://www.oreilly.de • +49 (0)221-97 31 60-0

Kontaktieren Sie uns

1. Besuchen Sie uns auf unserer Homepage

http://www.oreilly.de/

- Ankündigungen von Neuerscheinungen
- Gesamtkatalog der englischen und deutschen Titel
- Probekapitel und Inhaltsverzeichnisse unserer Bücher

2. Tragen Sie sich in unsere Mailingliste ein

Neuerscheinungen

Wenn Sie automatisch per E-Mail über Neuerscheinungen informiert werden möchten, schicken Sie eine E-Mail an: *majordomo@oreilly.de*

Setzen Sie die folgende Information in die erste Zeile Ihrer Nachricht (nicht in die Subject-Zeile):

- für Informationen über neue englische Titel: *subscribe ora-news* + Ihre E-Mail-Adresse
- für Informationen über neue deutsche Titel: *subscribe oreilly-aktuell* + Ihre E-Mail-Adresse

Oder füllen Sie einfach das entsprechende Formular auf unserem Web-Server aus:

- http://www.oreilly.de/oreilly/majordomo.form.html

3. Bestellen Sie unseren gedruckten Katalog

- über unseren Web-Server: ***http://www.oreilly.de/oreilly/katalog.html***
- oder per Post, telefonisch oder per Fax

4. Beziehen Sie die Beispiele aus unseren Büchern (per FTP)

- ftp an:
  ftp.oreilly.de
  (login: *anonymous*
  password: Ihre E-Mail-Adresse)
- oder mit Ihrem Web-Browser über:
  ftp://ftp.oreilly.de/

5. Treten Sie mit uns per E-Mail in Kontakt

- *anfragen@oreilly.de*
  für generelle Anfragen und Informationen
- *order@oreilly.de*
  für Bestellungen
- *kommentar@oreilly.de*
  für Anmerkungen zu unseren Büchern
- *proposals@oreilly.de*
  um Manuskripte und Buchvorschläge an uns zu senden
- *presse@oreilly.de*
  für Journalisten, die mehr über uns oder unsere Bücher erfahren möchten

O'Reilly Verlag GmbH & Co. KG
Balthasarstraße 81, 50670 Köln
Tel. 49 (0)221/973160-0 • (9 bis 18 Uhr)
Fax 49(0)221/973160-8